鲁光核桃坚果

鲁光核桃青果

辽宁 1 号核桃青果

辽宁 1 号核桃坚果

辽宁 5 号核桃坚果

辽宁 7 号核桃坚果

辽宁 4 号核桃青果

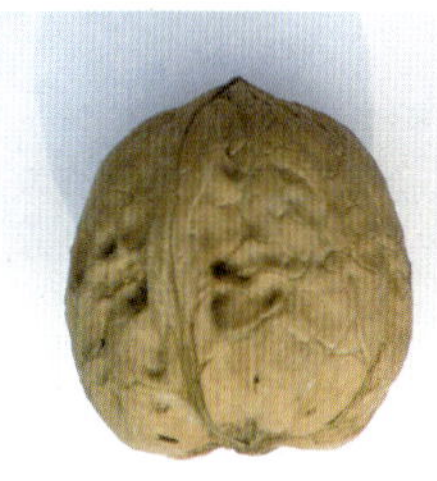

晋龙 1 号核桃坚果

晋龙 2 号核桃青果

济短 1 号核桃坚果

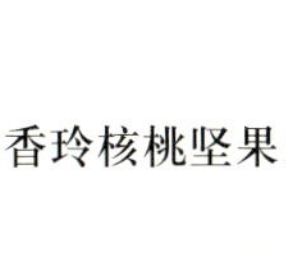

香玲核桃坚果

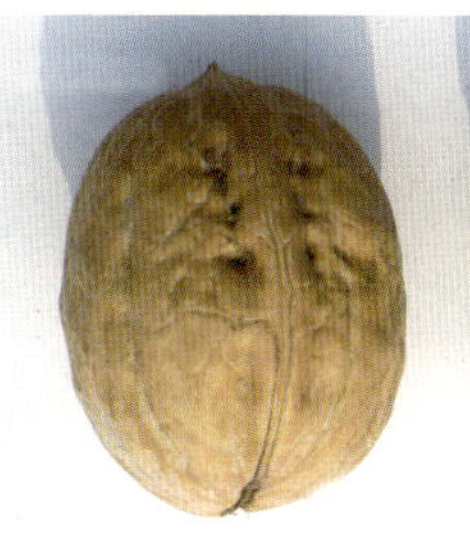

清香核桃坚果

新萃丰核桃坚果

元丰核桃青果

元丰核桃坚果

中核 1 号核桃坚果

中核 2 号核桃坚果

中核 3 号核桃坚果

中林 2 号核桃坚果

中核短枝核桃坚果

西扶 1 号核桃青果

西扶 1 号核桃坚果

新疆 179 核桃坚果

新疆 417 核桃坚果

温 185 核桃坚果

阿扎 343 核桃坚果

绿园 1 号核桃坚果

薄壳核桃园

核桃种子
秋播出苗

核桃大树改接良种

核桃大树移栽

核桃大树结果枝结果状

果材兼用品种

中核短枝核桃
结果状

中核短枝核桃
丰产园

中核短枝核桃曲枝后结果状

中核短枝核桃 3 年生丰产状

核桃一花序结二果

核桃一花序结三果

核桃夏季芽接

核桃小树春季枝接生长状

核桃秋播育苗

核桃起垄育苗

核桃嫁接育苗

核桃高接绑缚完成

中林 1 号核桃幼树结果状

高接核桃树第二年结果状

新疆戈壁滩上
核桃丰产状

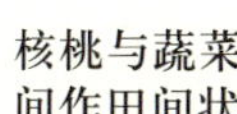

核桃与蔬菜
间作田间状

核桃缺铁症状

核桃缺锌症状

核桃冻害症状

核桃果黑斑病症状

优质核桃规模化栽培技术

主　编
曹尚银
副主编
张久红　倪　勇　杨金勇
编著者
郭俊英　薛华柏　马贯羊　辛长勇
张慧蓉　张　玲　沈程清　司　鹏
谭洪花　刘春法　随新武　王文战
薛茂盛　许彦婷　蒋　雪　姚增福

金盾出版社

内 容 提 要

本书由中国农业科学院郑州果树研究所曹尚银博士和国内部分专家编著。全书共分九章，分别介绍了核桃规模化栽培现状与方向、核桃的生物学与生态学特征特性，核桃规模化栽培的优良品种选择，核桃良种规模化苗木繁育技术，优质核桃规模化栽培园的建立，土肥水管理技术，整形修剪技术，病虫害防治技术，果实处理及加工技术等。内容丰富系统，语言通俗易懂，技术先进实用，可操作性强。适用于农村基层干部、广大园艺、加工产品开发工作者、果树种植专业户和农林院校师生阅读参考。

图书在版编目(CIP)数据

优质核桃规模化栽培技术/曹尚银主编．—北京：金盾出版社，2010.3(2019.1重印)
ISBN 978-7-5082-6080-8

Ⅰ.①优… Ⅱ.①曹… Ⅲ.①核桃—果树园艺 Ⅳ.①S664.1

中国版本图书馆 CIP 数据核字(2009)第 206171 号

金盾出版社出版、总发行
北京市太平路 5 号(地铁万寿路站往南)
邮政编码:100036 电话:68214039 83219215
传真:68276683 网址:www.jdcbs.cn
北京天宇星印刷厂印刷、装订
各地新华书店经销
开本:850×1168 1/32 印张:9.625 彩页:12 字数:228 千字
2019 年 1 月第 1 版第 10 次印刷
印数:44 001～50 000 册 定价:29.00 元

前　言

我国是核桃原产地之一，已有2000多年的栽培历史，核桃栽培面积和产量均居世界首位，出口量居世界第二位。核桃在我国分布广泛，除黑龙江、上海、广东、海南等地外，其他25个省、自治区、直辖市均有栽培。我国有3个核桃栽培中心：一是大西北，包括新疆、青海、西藏、甘肃、陕西；二是华北，包括山西、河南、河北及华东区的山东；三是云南、贵州（铁核桃栽培中心）。世界上六大洲的50多个国家和地区都有核桃的分布和栽培，全世界核桃总产量为68.5万吨，其中亚、欧和北美三大洲的产量占了总产量的97.14%。年产量达万吨以上的国家有17个，中国、美国、土耳其、伊朗、乌克兰和罗马尼亚为世界核桃生产的六大主产国，年产量为20万吨以上的国家只有我国和美国。世界核桃年贸易量为15万～20万吨，其中带壳核桃和核桃仁各占一半。核桃生产国都是核桃出口国。有40多个国家进口核桃，其中德国、法国、西班牙、澳大利亚、新西兰为主要进口国。

虽然，核桃是我国传统的出口创汇商品，曾在国际市场上享有盛誉。但是，我国核桃的生产与世界核桃生产先进的国家相比，还有很大差距。我国核桃长期以来采用种子繁殖，造成核桃结果晚、产量低、品质良莠不齐、优少劣多，产品优劣混杂（壳厚，取仁难度，核仁品质等均不一致），优质产品只占产量的30%～40%，出口商品常因优劣混杂而严重影响声誉，大大降低了市场竞争能力。我国核桃结果树平均产量为30千克/667米^{2}左右，而美国核桃平均产量为200千克/667米^{2}左右，是我国的7倍，且品质优良，规格整齐，因而近年来占据了国际主要核桃市场。其原因就是因为美国在20世纪70年代就实行了栽培良种化，管理标准化，生产规模化，产品品牌化。

国际市场上，20世纪60年代我国核桃就开始出口英国和前联邦德国，这一时期我国核桃的出口量占国际市场的40%～50%。但是到70年代以后，美国核桃由于实现了栽培良种化，产量和品质迅速提高，一跃成为核桃出口大国，占据了国际核桃主要市场。1976年我国核桃出口仅为12867吨，此后出口量持续下降，至1986年核桃出口仅1606吨，1997年以后，持续3年没有核桃出口量的记录，核桃出口价格一般为1000～1400美元/吨。我国的核桃仁，由于颜色乳白，口味香甜，分级细致，在国际市场上备受青睐。1986—1996年核桃仁出口量稳中有升，一直稳定在8000吨左右，1996年达到了13217吨，但近几年出现了持续下降，1999年仅为8282吨，近十几年我国核桃仁的出口价格为2800～3700美元/吨，而美国的核桃仁价格为4000美元/吨，在价格上我国比美国相差1/3左右，可见质量在国际市场上的重要程度。

目前，国内市场方面，我国核桃产量人均占有量不足0.4千克，除出口核桃仁与加工产品外，实际人均消费核桃坚果仅为0.3千克，与美国人均核桃消费量1千克相比，不足1/3。近年来，我国人民的生活水平不断提高，核桃在国内的价格也在不断提高，说明社会需求在不断增加。如果我国人均核桃消费量达到1千克，13亿人口即需要130万吨核桃，在目前50万吨的基础上翻一番还不能满足，可见发展空间之大。

核桃仁还具有药用价值，在我国古医药书籍中，有明确记载，明代医学家李时珍在《本草纲目》中说核桃“补气养血、润燥化痰、益命门、利三焦，温肺润肠。治肺润肠。治虚寒喘咳，腰脚重疼，心腹疝痛，血痢肠风，散肿毒……”可见，我国人民对核桃的营养价值和医药功能，很早就有深入的了解。核桃仁营养丰富而味美，可生食，是很好的滋补品，也是制作糕点的原料。它对防止动脉硬化、抗衰老；健脑益智、改善儿童视力；健脑润肤、养发强肾等都有保健的作用。核桃富含脂肪（70％以上）和蛋白质（20％），是高热能营养食物，又是无胆固醇的绿色保健食品，历来被称为"木本油料"、"铁杆庄稼"，是我国开发山区林业生产的重要经济树种。最新研究成果证明，早实核桃丰产园建园及前5年的管理费用和投资利息共计1.05万元/公顷，以盛果期30年计算，生产1吨坚果的成本约1600元，每吨核桃价值12000元，投入产出比为1∶7.4（间作物的收入未计在内）。为此，我国核桃规模化生产大有可为，有着广阔的国内外市场。特别是我国加入世贸组织和西部大开发，加快核桃规模的现代化改造，在广大贫困山区（特别是华北、西北、西南山地）有计划地建立起现代化高效核桃产业，必将为我国山区综合开发事业和建设新农村做出重大贡献！

为此，我国核桃生产当务之急是实现良种化、标准化、规模化。提高我国核桃的产量、品质和效益，尽快赶上世界发达国家，全面普及良种化、标准化栽培的科学知识，加速新技术、新成果的转化。因此，我们在多年从事核桃科研和生产实践的基础上，引用大量的、最新的有关资料，编著了此书，期望能给读者在完成核桃规模化栽培时提供参考，也希望能给我国的核桃产品更大量地远销国外和出口创汇贡献一份力量。

由于笔者水平有限，经验不足，书中内容有疏漏和不妥之处，恳请同行和读者不吝赐教。

本书除邀请有关专家学者参与编著外，还参考和引用了国内外本研究领域的专著、学术论文和科研成果（由于文献多，篇幅所限，除书中和参考文献中注明外，不再一一列述），在此向他们表示诚挚的感谢。

曹尚银

目　录

第一章　核桃规模化栽培现状与方向

核桃富含脂肪及蛋白质，是高热能营养食物，又是无胆固醇的绿色保健食品，有广阔的国内外市场，被称为“木本油料”和“铁杆庄稼”，是开发山区林业生产的重要经济树种。核桃规模化是在市场经济条件下，农业和农村经济深化改革和进一步发展的必然，是区别于传统农业方式和组织形式的一种新机制，是调整农村收益分配，实现核桃果品市场竞争力增强、农业增效、农民增收的有效形式。

核桃规模化经营生产是以市场为导向，以效益为中心，依靠龙头带动和科技进步，对农业和农村经济实行区域布局、专业化生产、一体化经营、社会化服务和企业化管理，形成贸工农一体化、产加销一条龙的农村经济的经营方式和规模组织形式，其实质是对传统农业技术实行技术改造，推进农业科技进步的过程。加快核桃规模化的发展，将从整体上推进传统农业向现代农业的转变，进而提高土地产出率、农产品商品率和农业科技贡献率。

第一节　核桃规模化栽培现状

一、我国核桃规模化栽培现状

我国是核桃原产地之一，已有 2000 多年的栽培历史。新中国成立前我国核桃产量不足 5 万吨；新中国诞生后，我国核桃生产得到了较快的发展，20 世纪 50 年代中期全国核桃产量上升到 10 万吨左右；60 年代产量下降至 4 万～5 万吨；70 年代产量回升至 7 万～8 万吨；近 20 年来一直在稳步增长，发展速度较快。目前，我国核桃栽培面积、产量均居世界首位，栽培面积约150万公顷，年产量近50万吨。国际市场上，核桃是我国传统的出口创汇商品，曾在国际市场上享有盛誉。1921年我国核桃出口量达6710吨；20世纪30～40年代下降到每年不足1000吨；60年代开始出口英国和前联邦德国，这一时期我国核桃的出口量占国际市场的40％～50％。但是70年代以后，美国核桃由于实现了栽培品种化，产量和品质迅速提高，一跃成为核桃出口大国，占据了国际核桃主要市场。1976年我国核桃出口量为12867吨，此后出口量持续下降，至1986年核桃出口量仅为1606吨，1997年以后，持续3年没有核桃出口量的记录，核桃出口价格一般为1000～1400美元/吨；我国的核桃仁，由于颜色乳白，口味香甜，分级细致，在国际市场上备受青睐。1986—1996年核桃仁出口量稳中有升，一直稳定在8000吨左右，1996年达到了13217吨，但近几年出现了持续下降，1999年为8282吨，近十几年我国核桃仁的出口价格为2800～3700美元/吨，而美国的核桃仁价格为4000美元/吨，在价格上我国比美国相差1/3左右，可见质量在国际市场上的重要程度。

国内市场方面，目前我国核桃产量约为50万吨左右，人均占有量不足0.4千克，除出口核桃仁与加工产品外，实际人均消费核桃坚果仅为0.3千克，与美国人均核桃消费量1千克相比，不足1/3。近年来，我国人民的生活水平不断提高，核桃在国内的价格也在不断提高，说明社会需求在不断增加。如果我国人均核桃消费量达到1千克，13亿人口即需要130万吨核桃，在目前50万吨的基础上翻一番还不能满足，可见发展空间之大。

二、我国核桃规模化栽培存在的主要问题

1. 种子繁殖，良莠不齐 我国核桃由于长期沿用种子繁殖，形成了遗传上的多样性，性状分离现象严重，品质良莠不齐，优少

劣多。优良单株的坚果壳薄，出仁率高，仁色浅，风味香，取仁容易。多数核桃壳厚，取仁较难，种仁色泽较深；结果始期早晚不同，多数结果较晚，一般 8～10 年开始结果；单株产量差异悬殊，成龄树少则 1～2 千克，多者 100～200 千克。这种现象致使我国核桃产量低、品质差、效益低，制约了核桃规模化的发展。

2. 重栽轻管，单产不高　这是多年来一直存在的老问题，有认识上的问题，有体制方面的问题，也有技术和资金方面的问题。面积发展较快，单产增加不快，且产量不够稳定。近几年情况较好，在规划设计上，品种选择上开始考虑了，但在具体操作上较差。总之，不甚理想。因为从品种上看，有些地方仍然栽植实生苗，选购品种苗的地方也不严格。从单产来看，仍然不高，总体平均也没有大的改变。所以，核桃规模化的发展必须引起产区领导和群众的高度重视。

3. 品种苗木混杂，质量不高　品种问题是核桃生产最重要的问题，其次是核桃园的规划设计问题。这两个问题决定了核桃园的前途和效益。从 1996 年核桃品种嫁接苗批量生产以来，涌现出了不少个体育苗户。苗圃管理很不规范，监管不力，致使苗木质量不高、没有保障。

4. 采收较早，果实质量较差　20 世纪 90 年代以来，随着个体户、分散经营形式的出现，核桃产区出现了提早采收的陋习。据调查，目前大部分核桃产区提早采收 10 天左右，严重的地方早采 20 天左右。提早采收的核桃种仁瘦瘪，颜色深，涩味重，种仁品质下降，产量每年损失 6%左右，且在采后脱青皮、漂洗及晾晒等方面不够重视，因此坚果质量较差。

5. 病虫害严重　我国核桃多分布在丘陵山区，立地条件较差，加之对核桃园的管理粗放，致使树体高大(冠幅达 7～8 米，树高 5～6 米)，冠内荫蔽，通风透光差，病虫害孳生蔓延。其中最严重的是核桃举肢蛾、芳香木蠹蛾、黄须球小蠹、小吉丁虫、横沟象、云斑天牛、核桃黑斑病和流黑水病。据调查，太行山区及陕西商洛地区举肢蛾为害率达50%，每年有大量核桃被举肢蛾为害而失去商品价值，有些地方几乎全部被害，造成绝收。近年来发展的早实核桃品种病害也较严重，如黑斑病、流黑水病、腐烂病和溃疡病，对核桃生产的发展极为不利。

6. 加工滞后，效益不高 干果生产目的在于创造经济效益，产品加工有利于增加产品附加值。过去山楂生产出现的问题就是由于加工跟不上，市场销售困难，农民不得不砍树。而今苹果的加工跟不上，销路有困难，也开始出现砍树。根据统计，如山西省现有加工企业1000多个，年加工量约30万吨，约占果品总产量的7.5%，可见加工能力较低。要实现核桃生产的高效益必须使产品变为商品，这一目标正是需要我们努力达到的。过去传统的、落后的采收处理办法需要做较大的改革，依靠科技才是发展经济的有效方法。

7. 科技投入不够，推广工作薄弱 “八·五”以来，我国在核桃科技方面的投入不够，致使一些影响核桃生产的关键问题没能及时得到解决。我国从20世纪70年代开始进行品种选育工作，至今晚实核桃的区试工作仍未进行，这是一项极为重要的工作。晚实核桃品种抗病性强、品质好、适应性广、寿命长，应该及早开展区试工作。科技推广工作更显薄弱，从技术成熟度上看，80年代中期实现品种化栽培的条件已经具备，但至今尚无大的规模，这与领导决策有关，也与旧的管理体制有关，希望在体制创新方面有新的突破，彻底解放生产力。

三、核桃规模化经营存在的主要问题

近年来，虽然我国核桃规模化经营得到一定发展，但核桃规模化总体水平还比较低，基本上处于刚刚起步阶段，存在着许多不容忽视的矛盾和问题。

1. 认识不到位 对于核桃规模化关乎农业和农村经济发展的全局性和方向性认识不足，对其在发展农业和农村经济中的重要性、必要性认识模糊，对新阶段、新形势下发展农业经济的方向不明，对农民持续增收的路子不清。习惯于传统的农业工作模式，跳不出就农业抓农业，就生产抓生产的圈子。对开发市场，发展核桃果品加工、流通、贮运等增值环节重视不够。

2. 龙头企业实力薄弱 目前我国的核桃规模化龙头企业整体发展水平处于起步阶段，企业数量少，规模小，经济实力和市场竞争力弱，辐射面小，带动能力弱，科技含量低、经营水平低。同时由于缺少在国内外市场上有影响的名、优、特产品，导致企业普遍存在着科技创新能力、市场竞争能力和带动农户能力不强的现象。

3. 利益机制不健全 龙头企业与农户之间的“利益共享，风险共担”利益联结机制没有真正形成。基本上处于简单的市场买卖关系，虽然部分企业与农户签有订单关系，但双方履约率不高，彼此缺少诚信，掣肘扯皮，经常出现纠纷裁决，且难度很大。导致龙头企业与中介组织和农户之间难以形成比较稳定的产供销、贸工农一体化关系，难以形成抗御市场风险的整体合力。

4. 管理体制不顺 随着传统农业向现代农业的发展，客观上要求核桃生产、加工、销售必须形成一个有机的统一整体，但现实存在的问题是核桃的产、加、销诸环节分属于不同的部门管理，受经济利益的驱使，不同程度存在着国家权力部门化，部门权力利益化，甚至出现部门利益私人化的现象，导致部门之间难以协调配合，甚至力量相互抵消，不能使政府的扶持政策落到实处，不能及时有效地解决企业在发展中存在的矛盾和问题，制约了企业的健康发展。

5. 规模基础化不牢 受自然条件和社会条件的影响，使核桃规模基地普遍存在着规模小、核桃品种混杂、优少劣多、规范化程度低和标准化水平低的突出问题。导致生产出来的果品质量差，商品率低，生产效益低。同时，也造成企业加工成本高、附加值低、利润低的连锁反应，影响了企业收购、加工核桃果品的积极性。以上这些问题，严重地影响着我国核桃规模化的健康发展，我们必须采取有效措施加以解决。

第二节　核桃规模化栽培发展方向

当前和今后一段时期，我国核桃规模化栽培工作的发展目标是：以国内外市场需求为导向，以核桃基地建设为重点，以农业增效、农民增收为目标，大力培育和发展龙头企业，强化龙头企业与农户之间的利益联结机制，加快发展各种类型的中介组织，推进农业经营体制创新，提高核桃规模化水平，推动农业现代化和社会主义新农村建设。

一、规范种苗繁育基地，加快良种化栽培进程

我国核桃良种化发展程度很不平衡，品种资源较多，嫁接技术掌握较快的地区，发展较快；相反，品种资源较少，技术落后，甚至对当地主栽品种尚未确定的地区发展就较慢。我国核桃良种化栽培刚刚起步，嫁接技术难度较大，投入较高，对将来经济效益的影响也大，因此必须规范育苗基地。政府部门应加强对核桃种苗繁育基地的管理，依法经营，打击假冒伪劣和坑害百姓的不法苗贩。根据各地土壤、气候特点培育良种壮苗，以加快我国核桃良种化栽培的顺利进行。

二、加强对现有结果大树的管理，提高产量和品质

目前，我国核桃产量的95%产自20世纪50～60年代栽的实生核桃树。近年来发展的良种嫁接苗尚未大量结果。因此加强对

老核桃树的管理十分必要。通过各地林业主管部门的组织指导，强化技术培训，使农民充分认识科学管理的重要性，特别是通过示范管理用事实说服教育农民，使农民懂得向科技要产量，向管理要效益。通过实施管理技术，即对树进行修剪，打开光路，去掉无用的细弱枝、雄花枝、病虫枝，回缩交叉枝、重叠枝、冗长枝，更新结果枝组。对老树皮、伤口进行刮治。全树喷药消毒，对树下进行深翻改土，施肥浇水，特别要增施有机肥，改善地下根系生长环境，使树上树下形成良性循环，确实提高核桃的产量、品质和效益。

三、管好幼树，建立高标准集约化核桃丰产园

对近年来发展的新核桃树要倍加关注，新建园绝大多数为优良品种，但存在品种混杂、大小不匀、密度较小等问题。这些问题如果不加以解决，今后效益仍然很差，会出现缺苗断垄、成熟期不一致、病虫害泛滥等问题。因此各地要高度重视，对新建园要遵循高起点、高标准原则，实行规范化管理，以生产出符合国内外市场需求的优质核桃。

四、加强营养宣传，提高国民消费水平

核桃作为保健果品很早就被国内外认识，我国对核桃有“万岁子”、“长寿果”的美称，国外有人称之为“大力士食品”等。我国名医李时珍说核桃仁有“补血养气，润燥化痰，益命门，利三焦，温肺润肠”等功效，2001 年 7 月 13 日巴黎出版的《阿拉伯祖国》周刊发表文章说，美国的一份最新科学研究报告强调，由于核桃含有对血栓和心悸有积极作用的单酸，可有效降低血液中的有害胆固醇，因此，吃核桃有助于保护心脏和血管。

另从有关儿童营养报道讲，我国 38% 的儿童缺乏蛋白质营养。核桃仁中含有人体所必需的 8 种氨基酸。我们应加强核桃营养作用的宣传，使核桃为我国生产，也为国民健康之用。如果在国

民营养结构的调整中，提高核桃仁的消费水平，不仅可以提高国民身体素质，还可促进核桃规模产业的发展。

五、进一步做大做强龙头企业，倾力培育发展核桃规模化经营排头兵

龙头企业是核桃规模化生产的核心，担负着开拓市场、技术创新、引导和组织基地与农户经营的重任。培育壮大龙头企业对提高核桃规模化经营起着“四两拨千斤”的作用。加大政策扶持力度，支持多样化的龙头企业和规模化组织发展。鼓励各类核桃规模化组织大力发展核桃加工、贮藏、保鲜和运销业，特别要大力发展核桃干果精深加工和现代营销业，创造名牌产品。结合实施核桃区域布局规划，优化龙头企业布局。进一步推进龙头企业经营机制和经营方式的创新。积极深化企业改革，使企业真正做到产权清晰、责权明确、政企分开、科学管理，建立具有法人治理结构的现代企业制度。同时把大户经营引入核桃规模化领域，利用大户机制增加龙头企业发展的活力，增加龙头企业的数量，扩大龙头企业的规模，提高龙头企业的效益。

六、创建核桃规模化栽培发展的平台

提高核桃规模化栽培的规模化、规范化、标准化、市场化和社会化水平，是推进核桃规模化的前提和基础。按照“因地制宜，发挥优势，突出特色，壮大规模”的原则，走“小群体，大规模，强规模”的规模化发展路子，从根本上改变规模小、规范化程度低和标准化水平低的突出问题。坚持规范化建园，标准化栽培，科学化管理，加快良种推广步伐。同时要将工作重点转向果品贮藏、加工、市场销售上，着力打造果业品牌；大力开发无公害、绿色和有机果品，实现核桃产品优质化。充分发挥资源优势和区位优势，积极开发名特优产品。一是加强基地建设，进一步扩大无公害优质薄皮核桃

产品开发规模。实施规模开发，扩大基地面积。使优质核桃果品比重有一个大幅度的提升；二是推行标准化技术，提升核桃产品质量安全水平。要积极推广标准化技术，加大果品质量管理的投入，使无公害核桃基地严格按照颁布的生产标准和规程组织生产，切实提高核桃干果质量安全水平。

七、加强果品质量标准体系、检验检测体系和市场信息体系建设

积极引进和采用国际标准，重点推广国家、行业制定的核桃果品质量标准和技术操作规程，使核桃果品的品种、生产、包装、保鲜和贮运等环节都有基本配套的标准体系。加强核桃干果市场信息体系建设，提高核桃的市场化水平。初步形成以定点批发市场为龙头，大中小配套，种类齐全，功能互补，与国外市场紧密联结，统一开发的市场网络体系。加快市场信息服务建设，逐步形成覆盖龙头企业、批发市场、中介组织、特色乡村的信息网络，为农民安排生产、进入市场提供及时准确的信息服务。

八、完善利益联结机制

鼓励和引导龙头企业和核桃生产基地建立稳定的产销协作关系和多种形式的利益联结机制。大力发展订单农业，促进龙头企业与农户形成相对稳定的购销关系。引导龙头企业进一步完善委托生产、订单农业、入股分红、利润返还等利益分配方式，密切与农户的经济联系，形成更加紧密的利益共同体。

九、大力发展各类中介组织

大力发展多种形式的农民专业合作经济组织，坚持“民办、民管、民受益”的原则，积极稳妥地发展各种形式的行业协会，把转变政府职能同加强协会自身建设紧密结合起来，使行业协会在规模

服务、行业自律等方面的作用。加强监督管理，使行业协会真正成为连接农户与龙头企业、农户与市场的桥梁和纽带，提高农民的组织化程度。

第二章　核桃的生物学与生态学特征特性

第一节　生长和结果习性

一、生命周期

核桃树寿命长，几百年生大树仍能结实。如云南省丽江县金庄乡堆美村李德华家一株 200 年生的核桃树，树体高大(高 23 米，干径 2.7 米，冠径 25.4 米)，年产坚果约 500 千克；西藏自治区郎县 300 多年生的核桃树(朗洞 4 号)年结果量仍达 400 千克左右；西藏自治区加查县有一株 970 多年生的老核桃树，树干未朽，每年可产坚果约 50 千克。西藏自治区米林县一株因火烧成三杈的核桃古树，现仍生长旺盛。

依据核桃一生中树体生长发育特征呈现的显著变化，可将其划分为 4 个年龄时期。

1. 生长期　从苗木定植至开始开花结实之前，称为生长期。这一时期的长短，因核桃品种或类型的不同差异甚大。一般晚实型实生核桃 7～10 年，铁核桃 10～15 年，两者的嫁接苗也需 5～8 年；而早实型核桃生长期甚短，播种后 2～3 年就可开花结果，有的甚至在播种当年就能开花。生长期的特征是树体离心生长旺盛，树姿直立，1 年中有 2～3 次生长，有时因停止生长较晚，越冬时易抽条。这一时期在栽培管理上既要从整体上加强其营养生长，注意整形使其尽快形成牢固而均衡的骨架，扩大树冠，又要对非骨干枝条实行控制或缓放，促使提早开花结实。

2. 生长结果期　从开始结果至大量结果以前，称为生长结果期。这一时期，树体生长旺盛，枝条大量增加，随着结实量的增多，分枝角度逐渐开张，直至离心生长渐缓，树体基本稳定，晚实核桃为7～20年，铁核桃为12～24年，或更晚一些。王汉涛等调查表明，晚实型核桃树15年前冠幅增长快，属于营养生长的旺盛期；方文亮等调查表明，铁核桃在结果量逐年增长的同时，营养生长仍很旺盛，离心生长增强。刘万生等观察表明，早实核桃6年生以前的分枝数量大体以倍数增加，以后增长幅度逐渐减少，但结果枝绝对显著增加。此期栽培的主要任务在于加强综合管理，促进树体成形和增加果实产量。

3. 盛果期　盛果期的主要特征是果实产量逐渐达到高峰并持续稳定。早实核桃8～12年生、晚实核桃15～20年生，铁核桃(栽培型)约25年生时开始进入盛果期。核桃和铁核桃树的盛果期可持续很长时间。

在栽植和管理条件较好时，盛果期一般可达几十年，上百年甚至更长。王汉涛、罗秀钧对河南安阳、洛阳、郑州、新乡、卢氏等五个地区630株核桃树的调查表明，核桃树16年生开始产量速增，40～90年生达结果高峰期，60年生以后进入高产稳产期。据中国《核桃丰产与坚果品质》国家标准中晚实核桃丰产指标(根据7个主产地区近3000株树连年果实产量测算提出)表明，不仅核桃，而且泡核桃的果实产量增长和稳产趋势也同上述调查结论相一致。早实核桃引入内地时间短，尚缺数据，而在新疆的一些早实核桃原株，80～100年生时仍能大量结实。盛果期树的树体主要特征是树冠和根系伸展都达最大限度，并开始呈现内膛枝干枯，结果部位外移和局部交替结果等现象。这一时期是核桃树一生中产生最大经济效益的时期。栽培的主要任务是加强综合管理，保持树体健壮，防止结果部位过分外移，及时培养与更新结果枝组，乃至更新部分衰弱的次级骨干枝，以维持高额而稳定的产量，延长盛果期年限。

4. 衰老更新期 果实产量明显下降，骨干枝开始枯死，后部发生更新枝，表示进入衰老更新期。本期开始的早晚与立地和栽培条件有关。晚实核桃和铁核桃从 80～100 年开始，早实核桃进入衰老更新期较早。初期表现为主枝末端和侧枝开始枯死，树冠体积缩小，内膛发生较多的徒长枝，出现向心更新，产量递减；后期则骨干枝发生大量更新枝，经过多次更新后，树势显著衰弱，产量也急剧下降，乃至失去经济栽培意义。这一时期栽培管理的主要任务是在加强土肥水管理和树体保护的基础上，有计划地更新骨干枝，形成新的树冠，恢复树势，以保持一定的产量并延长其经济寿命。核桃树衰老更新期开始的早晚与持续的长短因品种、立地条件和管理水平不同而相差甚多。

二、生长特性

1. 根系生长特点 核桃是深根性树种，其根系发达，分布深广。在土层深厚的黄土台地上，晚实核桃成年树主根可深达 6 米，侧根水平伸展半径可超过 14 米，根冠比(T/R)可达 2 或更多(表 2-1)。

表 2-1 核桃根幅和冠幅的关系 (北京林学院，1983)

树龄(年)	土层厚度(厘米)	冠幅半径(米)	根幅半径(米)	根幅/冠幅
20	41	4.2	9.5	2.3
25	32	4.3	7.0	1.6
25	60	5.0	14.0	2.8
45	20	2.4	5.0	2.1
45	61	4.8	11.0	2.2
>80	52	8.4	14.0	1.7
>80	51	5.7	13.3	2.3

实生苗在1～2年生时，主根生长较快，而地上部分生长缓慢。河北农业大学的调查表明，1年生核桃苗主根垂直生长量为干高的5.33倍，2年生时为干高的2.21倍，3年生以后根系水平生长开始加快。

不同品种和类型的核桃幼苗根系生长表现有较大的差别。在相同立地和栽培条件下，2年生苗木的主根深度和根幅，早实核桃均大于晚实核桃（梁玉堂，1962）（表2-2）。杜国强研究表明（1991），早实核桃根系活力显著高于晚实核桃（表2-3）。早实核桃苗较发达的根系和较强的根系活力，有利于水分、养分的吸收、合成与贮藏，是其得以早实的一个重要基础条件。

表2-2 早实和晚实核桃实生苗木根系比较 （梁玉堂）

核桃类型	苗龄（年）	主根直径（厘米）	主根深度（厘米）	平均根幅（厘米）	根系干重（克）	备注
早实	2	5.0	19.0	287.5	366.6	已结实
晚实	2	4.1	135.0	242.5	237.9	未结实

表2-3 两类核桃实生苗根系活力比较 （毫克/100克）

树龄类型	1	2	3
早实	64.5	78.5	86.0
晚实	39.5	53.5	62.0

*引自杜国强《早实核桃生长及生理生化特性的研究》

核桃树侧生根系主要集中分布于20～60厘米的土层中，约占总根量的80%以上（表2-4）。

成年核桃树根系水平分布，主要在以树干为圆心的半径4米范围内，大体与树冠边缘相一致（表2-5）。随着与树干距离的增加，各级根系数量均呈直线减少之势。

核桃根系生长状况与立地条件，尤其是土层厚度、砾石含量、地下水位状况有密切关系。据北京林学院调查（1983），在细土粒少而含有石块、石砾及沙混合物的砾石滩地，核桃主要根系分布在直径约1米的客土植穴范围内，穿出穴外者极少。在这种条件下，10年生核桃树高仅2.5米左右，成为“小老树”。

表2-4　核桃冠缘下土壤中侧生根系的分布　(北京林学院，1980)

树龄(年)	土壤剖面距树干(米)	根系分布		
		土层深度(厘米)	根量(条数)	百分比(%)
25	4.0	0—20	0	0
		21～40	24	47.1
		41～60	18	35.3
		61～70	9	17.6
		71～100	0	0
100	6.0	0～20	3	6.4
		21～40	14	29.8
		41～60	30	63.8
		61以上	0	0

*在树冠下缘切线挖长1米，深达母质的剖面，分层统计根系数量

核桃具有菌根。Mazur(1968)对核桃研究，以及矢氏征雄(1978)对心形核桃和吉宝核桃研究，均认为核桃菌根为内生菌根。矢氏征雄证明，皮层细胞的菌体消化作用与寄主的生育活动变化相一致。前苏联学者报道，核桃菌根比正常吸收根短8倍，粗1.3倍，集中分布在30厘米土层中。土壤含水量为40％～50％时菌根发育最好，树高、干径、根系和叶片的生长均与菌根的发育呈正相关。

2. 枝和干生长特性

(1)枝茎生长　实生核桃苗初期茎生长缓慢。据观察(龙毓珍1965)，核桃苗木茎的生长特点是胚芽伸出后，茎生长时慢时快，慢时生长几乎停滞，通常在第三片复叶展叶后开始第一次停止生长，此后，

每长出一复叶，茎生长停滞 4～5 天，主茎生长缓慢时复叶长大。

表 2-5 核桃根系水平分布数量与树干距离的关系

（北京林学院，1983）

样株号	树龄(年)	树冠半径(米)	土壤剖面与树干距离(米)	根系数量(条)					各剖面根量总计(条)	各剖根量(%)
				<2(毫米)	2.1～5(毫米)	5.1～10(毫米)	>10(毫米)	合计		
大Ⅳ	25	4.3	2.0	104	6	1	1	112	172	65.1
			4.0	45	3	1	1	50		29.0
			6.0	10	0	0	0	10		5.9
大Ⅴ	25	3.3	2.0	61	9	2	2	74	148	50.0
			4.0	45	3	3	0	51		34.5
			6.0	21	1	1	0	23		15.5
房A	20	4.2	2.0	51	1	0	1	53	133	39.8
			4.0	47	2	2	1	52		39.1
			6.0	24	3	1	0	28		21.1
房C	30	4.2	2.0	66	4	2	1	73	125	58.4
			4.0	28	3	1	0	32		25.6
			6.0	19	0	1	0	20		16.0
大对	80～100	4.2	2.0	92	3	2	2	99	212	46.7
			4.0	81	4	2	1	88		41.5
			10.0	25	0	0	0	25		12.8
大Ⅰ	80～100	8.4	2.0	156	11	3	4	177	387	45.7
			4.0	105	8	1	2	116		30.0
			10.0	61	12	2	2	77		20.0
			14.0	17	0	0	0	17		4.3

在第一个年生长周期中，茎干以 7 月末至 8 月中旬生长最快，但出土晚（5 月下旬以后出土）的苗木，6 月末茎部就停止生长，苗木质量显著降低。晚实核桃苗到第三年地上部分才开始连续加速生长，而早实核桃苗一般 1～2 年生时地上部分生长量较大（表 2-6）。

晚实核桃实生苗发生侧枝年龄较晚，一般在3年生时开始分生侧枝；早实核桃发生侧枝较早，1年生即可有10%左右植株产生侧枝。凡1年生产生分枝的早实型核桃，2年生时大多可开花结实，第二年分枝的，第三年多开花结实。

表2-6 早实和晚实核桃幼树茎生长比较 （梁玉堂，1981）

核桃类型	1年生	2年生		3年生		备注
	平均高（厘米）	平均高（厘米）	地径（厘米）	平均高（厘米）	地径（厘米）	
早实	52.6	139.1	3.1	255.1	4.7	薄壳核桃
晚实	20.0	58.1	2.4	175.4	3.2	薄壳核桃

核桃枝条的生长与树龄、营养状况、着生部位有关。生长期或生长结果期树上的健壮发育枝，年周期内可有两次生长（春梢和秋梢）；长势较弱的枝条，只有一次生长。二次生长现象随着年龄的增长而减弱。核桃枝条顶端优势较强，一般萌芽力和成枝力较弱，但因类群和品种的不同而异，早实核桃往往强于晚实核桃。刘万生等（1985）的观察表明，早实核桃树生长初期，其新枝数量与树龄呈现明显的正相关，但发生新枝数量株间差异较大，其变异率在40%以上。

核桃树背后枝（倒拉枝）吸水力强，生长旺盛，易强于背上枝，是不同于其他树种的一个重要特性。在栽培中应注意控制或利用，以免扰乱树形，影响骨干枝生长。核桃树1年生枝髓心较大，如停止生长过迟，木质化程度差，越冬后易抽条干梢。

成年核桃树的树冠外围枝大多着生混合芽，翌年春顶芽萌生结果枝，侧芽萌发枝条延伸，以利于合轴分枝，容易形成树冠表面结果枝层。

树枝、干受到损伤时容易产生伤流，伤流量以落叶至萌芽初期最盛。据河南省济源县林业试验站的观察（1982），核桃伤流的年变化与物候期密切相关，伤流的起止时间随落叶期、萌芽期的推迟或提早而变化，通常从落叶前10天左右开始，到萌芽前10天左右停止。嫁接时应注意避开伤流期，或采取控制（提前“放水”等）的措施。

核桃树的枝条可分为下列几种：

①营养枝。又称生长枝。指只着生叶芽和复叶的枝条，可分为发育枝和徒长枝两种。发育枝是由上年的叶芽萌发形成的健壮营养枝，顶芽为叶芽，萌发后只抽枝不结果，它是形成骨干枝、扩大树冠、增强营养面积和形成结果母枝的主要枝类。徒长枝是由主干或多年生枝上的休眠芽（潜伏芽）萌发形成，分枝角度小，生长直立，节间长，枝条当年生长量大，但不充实。对徒长枝应加以控制，疏除或利用它摘心变为结果枝组等。而且，它是老树赖以更新复壮的主要枝类。

②结果母枝和结果枝。着生混合芽的枝条称为结果母枝，由混合芽萌发抽生的枝条顶端着生雌花的称为结果枝。晚实核桃的结果母枝仅顶芽及其以下2～3芽为混合芽。早实核桃的粗壮结果母枝，其侧芽均可形成混合芽。由健壮的结果母枝上抽生的结果枝，在结果的同时仍能形成混合芽，可连年结实。

③雄花枝。只有顶芽为叶芽，侧芽均为雄花芽的枝条。雄花枝多较细弱，在树冠内膛，弱树、老树上雄花枝数量较多。

(2)芽类及其功能

①叶芽。萌发后只抽枝长叶。营养枝顶端着生的叶芽芽体大，呈圆锥形或三角形（铁核桃）；侧生叶芽芽体较小，呈圆球形或扁圆形（铁核桃）。着生于枝条上端的叶芽可萌发抽枝，着生于枝的中下部的芽萌发后常干枯脱落或不萌发。

②雄花芽。实为雄花序，塔形，鳞片小，不能覆盖芽体，呈裸芽状，着生于顶芽以下2～10节，萌发后抽生葇荑花序。核桃雄花着生数量与类群或品种特性、树龄、树势等有关，老树、弱树、结果小

年树上的雄花芽量大。雄花芽过多，消耗大量养分水分，影响树势和产量，应加以控制和疏除。

③混合花芽。亦称雌花芽，晚实核桃多着于结果母枝顶端1～3节；早实核桃健壮结果母枝的顶芽及以下各节位腋芽均可形成混合芽。混合芽芽体肥大，圆形，鳞片紧包，萌发后抽生结果枝，顶端开花结果。新疆早实核桃中，还有顶芽开放后，纯雌花密集着生。

④休眠芽。亦称潜伏芽或隐芽，位于枝条基部或中下部。芽体小，一般不萌发，由于枝条增粗而隐埋于皮层中，当枝条受到损伤或向心生长阶段可萌发生枝，有益于树体更新。核桃休眠芽寿命甚长，百年以上的树，其隐芽仍有萌发能力，故核桃树的树冠在生命周期中可多次更新。

核桃树各类芽的着生排列方式甚多，可单生或叠生，有雌芽或叶芽单生的；雌、叶芽叠生；雄、雌芽叠生；叶、雄芽叠生；叶、叶芽叠生；雄、雄芽叠生等。叠生的双芽，着生在前者为副芽，后者为主芽(图2-1)。

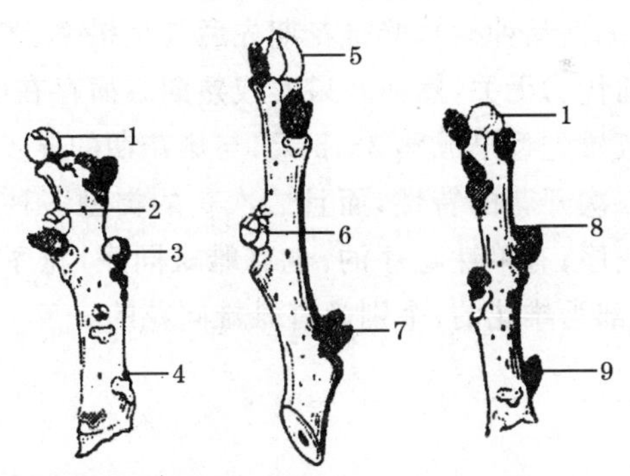

图2-1　核桃芽的类型　(河北农业大学)

1. 顶雌芽　2. 雌雄叠生芽　3. 叶叶叠生芽　4. 潜伏芽
5. 顶叶芽　6. 雌叶叠生芽　7. 雄雄叠生芽
8. 叶雄叠生芽　9. 雄芽

三、开花结果特性

1. 开花特性 核桃雌雄花期多不一致，称为雌雄异熟性。雌花先开的称为雌先型；雄花先开的称为雄先型；个别雌雄花同开的称为雌雄同熟。据观察，核桃雌先型比雄先型树雌花期早5～8天，雄花期晚5～6天。铁核桃主栽品种多为雄先型，雄花比雌花提早开放15天左右。同株的雌雄花期相遇性很差。但不同型树株间的雌雄花期大多能较好地相遇，可相互授粉。雌雄异熟是异花授粉植物的有利特性。张毅萍(1965)，梁丽芬(1988)，张志华(1993)等的研究均表明，核桃植株的雌雄异熟乃是稳定的生物学性状，尽管花期可依当年的气候条件变化而有差异，然异熟顺序性未发现有改变；同一品种的雌雄异熟性在不同生态条件下亦表现比较稳定(表2-7，表2-8)。两类异熟型的实生树群体，株数比例在不同地区虽稍有出入，但大体上各占50%(表2-9)。

雌雄异熟性决定了核桃栽培中配置授粉树的重要性。张志华等研究表明(无性品种树)，雌雄花期先后与坐果率、产量及坚果整齐度等性状的优劣无关，然而在果实成熟期方面存在明显的差异，雌先型品种较雄先型早成熟3～5天，与雌花期的异步相吻合。早实核桃具有二次开花的特性，而且二次花的类型多种多样：雌、雄花多呈穗状花序；有单性花序的；也有雌雄同序，花序轴下部着生数朵雌花，上部为雄花的；个别尚有雌雄同花的。

表 2-7　几个核桃种与品种不同年份的花期表现　（张志华等，1993）

种、品种	花性	观察日期（日/月）			
		1988	1989	1990	1991
上宋 6	雌花	18～25/4	12～18/4	18～24/4	25～30/4
	雄花	26/4～1/5	20～25/4	27/4～1/5	30/4～8/5
元丰	雌花	28/4～3/5	21～26/4	25～29/4	30/4～7/5
	雄花	20～27/4	14～17/4	18～24/4	24～26/4
丰产	雌花	26～30/4	16～24/4	25～29/4	2～10/5
	雄花	19～25/4	13～18/4	20～26/4	26～30/4
阿 364（A364）	雌花	24～29/4	18～23/4	23～28/4	29/4～2/5
	雄花	17～21/4	10～14/4	16～19/4	23～25/5
核桃楸	雌花	20～25/4	15～20/4	19～23/4	25～27/4
	雄花	25～30/4	21～25/4	26～30/4	2～10/5
麻核桃	雌花	27/4～1/5	21～25/4	28/4～1/5	2～7/5
	雄花	20～25/4	14～18/4	19～24/4	25/4～1/5

*河北保定地区

表 2-8　几个核桃品种在不同地点的花期表现

（张志华等，1993；方文亮等，1987—1989）

种、品种		花性	花期（日/月）			
			大　连	保　定	河北获鹿县	云南漾濞县
核桃	上宋 6	雌花	4～12/5	18～25/4	16～22/4	—
		雄花	10～15/5	26/4～1/5	23～29/4	—
	元　丰	雌花	10～15/5	28/4～3/5	26/4～1/5	—
		雄花	3～9/5	20～27/4	17～25/4	—
	辽宁 1	雌花	9～15/5	27/4～2/5	—	—
		雄花	3～9/5	19～25/5	—	—
	薄壳香	雌花	3～11/5	19～26/4	17～24/4	—
		雄花	7～10/5	20～27/4	19～25/4	
铁核桃	漾濞泡核桃	雌花	—	—	—	24/3～11/4
		雄花	—		—	3/3～14/3

表 2-9 不同地区两种类型核桃树在实生群体中的比例

（张毅萍，1963）

地　点	总株数（株）	雌先型株数（株）	雄先型株数（株）	雌先:雄先（%）
河北省昌黎果树研究所三区	97	47	50	48.5：51.6
河北省昌黎果树研究所四区	99	43	56	43.4：56.6
北京市园艺二队	94	48	46	51.1：48.9
抚宁县宋庄大队村西	428	230	193	53.7：46.3

2. 结果特性　核桃树开始结果年龄因类型和品种而异，早实核桃 2～3 年，晚实核桃 8～10 年开始结果。初结果树，多先形成雌花，1～2 年后才出现雄花。成年树雄花量多于雌花几倍甚至几十倍，以至因雄花过多而影响产量。

晚实核桃树生长旺盛的长枝，当年都不易形成混合芽，形成混合芽的枝条长度一般在 5～30 厘米（李绍尧等，1982）。早实核桃树各种长度的当年生枝，只要生长健壮，都能形成混合芽。

成年树以健壮的中、短结果母枝坐果率最高。在同一结果母枝上以顶芽及其以下 1～2 个腋花芽结果最好。结果枝坐果的多少与品种特性、营养状况、所处部位的光照条件有关。一般 1 个果序可结 1～2 个果，也可着生 3 果或多果及枇杷状坐果。着生于树冠外围的结果枝结实好，光照条件好的内膛结果枝也能结实。健壮的结果枝在结果的当年还可形成混合芽，据李绍克等（1982）观察，坐果枝中有 96.2% 于当年继续形成混合芽，而结果枝中能形成混合芽的只占 30.2%，说明核桃结果枝具有连续结实能力。核桃喜光与其合轴分枝的习性有关，随树龄增长，结果部位迅速外移，果实产量集中于树冠表层。

早实核桃二次雌花常能结果，所结果实多呈 1 序多果穗状排列。二次果体型较小，但能成熟并具发芽成苗能力，苗木的生长状况同一次果的实生苗无甚差异，且能表现出早实特性，所结果体型大小也正常。

3. 授粉与受精　核桃系风媒花。核桃花粉粒中等大小，直径约为 43.2 微米×54.6 微米，可随风飘翔。据欧美文献记载，某些核桃品种的花粉飘翔力很强，距树体 16 米处还能收集到花粉。河北农业大学的观察表明，核桃花粉的飞散量及飞散距离与风速有关，在一定距离内，随风速增大飞行量增加；在一定风速下，其花粉飞散量又随距离增加而减少(表 2-10)。在有授粉树或成片栽植情况下，自然授粉可满足需要。但在无授粉树或距授粉树超过 100 米时，则应辅以人工授粉。人工授粉，应注意保持花粉的活力。在自然状态下，核桃花粉的寿命大约只有 2～3 天；在室温条件下可保持 3～5 天。刘万生等(1984)的试验表明，核桃花粉不耐低温和干燥，最适宜的保存温度为 3℃，可保存 30 天以上。相对湿度越大，花粉生活力下降越缓慢，故不宜在干燥条件下贮藏。铁核桃花粉在 4℃恒温下贮藏 45 天，仍有 1.5%花粉发芽。

表 2-10　核桃花粉的飞翔力　(河北农业大学)

风速(米/秒)	0.2			0.5			1.0		
距离(米)	1	2	3	1	2	3	1	2	3
捕捉花粉数(粒)	21	10	4	24	17	12	73	32	12

注：捕捉花粉粒数，系镜检 10 个视野的平均数

据河北农业大学的观察，将花粉授予柱头上，4 小时后发芽率只有 5%～8%。核桃雌花系单胚珠，花粉萌发后只有极少数花粉管到达胚珠，过量的花粉既非必需，又易引起柱头失水，不利于花分萌发。授粉适期，以柱头呈眉状展开并有黏液分泌时为宜。落到柱头上的花粉，一般只有几粒萌发。据李天庆(1984)观察，萌发的花粉管在柱头表面伸长中遇到乳突细胞的胞间隙即穿入其中，并沿细胞间隙下伸，直达子房室的顶部，伸入子房腔，沿珠被的外

表皮下伸到幼嫩隔膜顶端，再穿入隔膜长至合点区，此时方向改变为向上生长，穿过珠心到达胚囊(图 2-2)。研究表明，雌蕊中钙的分布状况是诱导花粉管定向生长的原因之一，营养供应和结构上的作用亦很明显，也可能尚有未弄清的向化性源。核桃花粉管由柱头到达胚囊的时间约在授粉后 4 天左右。核桃系双受精，即花粉管释放出两个精子，分别趋向卵和中央而后完成受精过程。

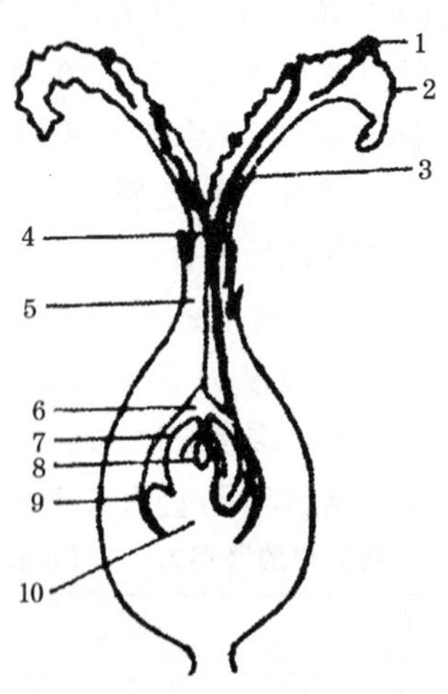

图 2-2 核桃雌花纵切简图

(北京林业大学)

1. 花粉粒 2. 柱头 3. 花粉管 4. 花柱 5. 引导组织
6. 子房腔 7. 胚珠 8. 胚囊 9. 隔膜 10. 合点区

核桃和铁核桃均具有一定的孤雌生殖能力。在山区、城市或村镇，常有无授粉条件的孤树，每年也能结果，其坚果也具有成熟的种胚。河北农业大学在 1962—1963 年用异属植物花粉给核桃雌花授粉和用吲哚乙酸、萘乙酸、2,4-D 处理，以及套袋隔离花粉等，都获得了具有种胚的果实。其中，用 10 微克/克、20 微克/克、

30 微克/克的 2,4-D 处理的坐果率达 3.2%～18.5%;套袋的为 1.2%。河北省涉县林业局(1983)的观察,当地的核桃孤雌生殖率为 4.1%～43.7%,并认为雄先型树高于雌先型树。方文亮、杨振邦等(1987—1988 年)对泡核桃套袋隔离花粉观察,不交自孕结实枝占总果枝的 0.67%～6.3%。

四、物 候 期

核桃年生育周期中的物候期,因栽培地区、品种和类型以及年度气候变化而有差异。气温,尤其年活动积温是影响物候期的主要因子。任宪威等(1982)在北京地区经 1954—1969 年的长期观察表明,多数树种在日平均气温 3℃作为活动积温起点,以 1 月 1 日作为天数的起点,核桃各物候期开始日的平均活动积温和平均天数分别为:萌芽 51.8℃,第 80 天;展叶 329.2℃,第 107 天;开花 388.6℃,第 112 天;果熟 3548℃,第 248 天;落叶 4468.2℃,第 311 天;活动期(萌芽至落叶)平均天数 231 天;休眠期平均天数 134 天;绿色树冠期 204 天;开花至果熟期 126 天(表 2-11)。

1. 营养器官生长物候期

(1)根系　核桃根系开始活动较早,据河北省昌黎果树研究所观察,当地 3 月 31 日出现新根,6 月中旬至 7 月上旬以及 9 月中旬至 10 月中旬出现两次生长高峰,11 月下旬停止生长。

(2)枝叶　受早春日平均温度变化的影响,核桃萌芽物候期的变幅亦较大,一般在日平均温度稳定在 9℃左右时开始萌芽。萌芽后 15 天,枝条的生长量达年生长量的 55.5%～57%,30 天可达 92.2%～93.9%。罗秀钧等(1988)观察表明,春梢旺盛生长约持续 20 天,此期间平均日生长量最高达 11.25 毫米,以后,随果实的发育而渐缓,至 6 月初停止生长。幼树或壮枝 6 月下旬开始二次生长,7 月初进入高峰。如前期干旱后期多雨,二次生长可延续到 8 月中下旬,此类枝条往往不充实而影响安全越冬。随枝条的伸长，而日平均气温稳定在13℃～15℃时（约4月上中旬），复叶自基部向尖端，小叶叶片自下而上逐渐展开。展叶初期叶片生长极为迅速，20天左右叶片即达其总生长量的94%，以后急速减缓，5月底生长停止，11月中旬前后落叶。河北农业大学对此也做了观察。年生育期中新生的叶芽和雄花芽5月间从叶腋露出，随枝条的木质化而逐渐增大。叶芽在6月中旬以后即可用于嫁接。

表2-11 不同地区各种核桃的物候期

种(品种)	地区	萌芽	展叶	雄花开放	雌花开放	果实生长	落叶
漾濞泡核桃	昆明	2月中旬	3月中旬	3月17日	3月28日	150	11月上旬
新疆薄壳核桃(早实型)	辽宁旅大	4月中旬	4月下旬	5月上旬	5月上旬	120	11月下旬
绵核桃	陕西扶风	3月下旬	4月4日	4月6日	4月14～18	120	10月下旬至11月上旬
	河南郑州	3月25日	4月5日	4月10日	4月19日	120	11月5日
	河北涉县	3月下旬	4月上中旬	4月中旬至5月5日	4月中旬至5月5日	120	10月中旬至11月上旬
	河北昌黎	4月16日	4月24日	5月6日	4月29日	115	10月26日

2. 雌、雄花芽的分化与发育

（1）雄花芽的分化与发育　核桃雄花芽与侧生叶芽属同源器官。雄芽于5月间露出至翌年春季4月间发育成熟，从开始形态分化到散粉整个发育过程约1年时间。荣瑞芬、郗荣庭（1991）将核桃雄花芽形态分化划为以下5个时期：

①鳞片分化期。母芽雏梢分化之后，在叶腋间出现侧芽原基，4月上旬侧芽原基在母芽内开始鳞片分化，4月下旬随母芽萌发新梢生长，侧芽原基外围已形成4个鳞片。雄芽生长点较扁平，鳞片

亦较叶芽为少。

②苞片分化期。继鳞片分化期之后，在鳞片内侧，生长点周围，从基部向顶端逐渐分化出多层苞片突起。

③雄花原基分化期。4 月下旬至 5 月初，从雄花芽基部开始向顶端，在苞片内侧基部出现突起，即单个雄花原基。

④花被及雄蕊分化期。5 月初至 5 月中旬，雄花原基顶端变平并凹陷，边缘发生突起，即花被的初生突起。

⑤花被及雄蕊发育完成期。5 月中旬至 6 月初，并排的雄蕊突起发育成并列的柱状雄蕊，最多可观察到 6 个。一排花被突起发育成一圈向内弯曲包裹着雄蕊，而苞片又从雄花基部伸出，伸向花被外围，此时整个雄花芽已突破鳞片，像一个松球，至此雄花芽形态分化完成。

雄花芽分化当年夏季变化甚小，长约 0.5 厘米，玫瑰色，秋末变成绿色，冬季变成浅灰色，翌年春季花序膨大。花药的发育是从翌年春季开始，花药原基经过分裂，逐渐形成小孢子母细胞。科鲁木彼格尔认为，在散粉前 3 周分化花粉母细胞，前 2 周形成 4 分体，其后 2～3 天形成全部花粉粒。花序伸长初期呈直立或斜向上生长，颜色变为浅绿色，1 周后开始变软下垂并伸长，雄花分离，总苞开放。由花序基部向前端各小雄花逐渐开放散粉，2～3 天内散完，成熟的花药黄色。散粉速度与气温有关，温度有关，温度高，散粉快。花序散粉后，花药变褐，枯萎脱落。

据丁平海等(1992)研究认为，枝条营养状况与雄花芽的形成有一定关系，营养状况不良的枝条易形成雄花芽，其次与品种的特性有关。雄花芽的着生特点是短果枝＞中果枝＜长果枝，内膛结果枝＞外围结果枝。

(2)雌花芽的分化与发育　雌花芽与顶生叶芽为同源器官。夏雪清，郗荣庭(1989)在保定市对早实核桃(上宋 6 号)的研究表明，早实核桃雌花芽生理分化期为中短枝停长后 3～7 周(5 月 26

日至6月23日)，生理分化时间持续4周。雌花芽形态分化期为中短枝停长后4～10周(6月2日至7月14日)。核桃雌花芽形态分化的进程为：

①分化始期。中短枝停长后4～6周(6月2～16日)，25%～35%的芽内生长点进入花芽分化。此时果实生长速度减缓，果实外形接近于最大体积。

②分化集中期。中短枝停长后6～10周(6月16日至7月14日)，50%以上的生长点开始花芽分化，此时果实体积基本稳定并进入硬核期，种仁内含物开始增加。

③分化缓慢及停滞期。中短枝停长10周以后(7月14日以后)，花芽数量不再增长。此时种仁内含物迅速积累，果实渐趋成熟。

④雌花芽各原基分化时期。一是分化初期(生长点扁平期)，中短枝停长后4～8周(6月2～30日)；二是总苞原基出现期，中短枝停长后6～9周(6月16日至7月7日)；三是花被原基出现期，中短枝停长后7～10周(6月23日至7月14日)；

中短枝停长10周以后，雌花芽的分化停顿而进入休眠，直到翌年春季3月下旬继续分化雌蕊原基，各花原始体进一步发育，4月下旬开花。

上述结果表明，早实核桃混合花芽的形态分化具有时间短、进程快、分化期集中的特点。晚实核桃混合花芽分化的过程与之相同，一般是6月下旬至7月上旬开始分化，10月中旬出现雌花原基，于冬前出现总苞原基和花被原基，翌年春季芽开放之前2周内迅速完成各器官的分化，分化顺序依次为苞片、花被、心皮和胚珠。核桃雌花芽从生理分化开始7～15天进行形态分化，单个混合花芽的生理分化时间短，但全树的生理分化持续时间较长，并与形态分化首尾重叠，在时间上难以截然分开(图2-3)。

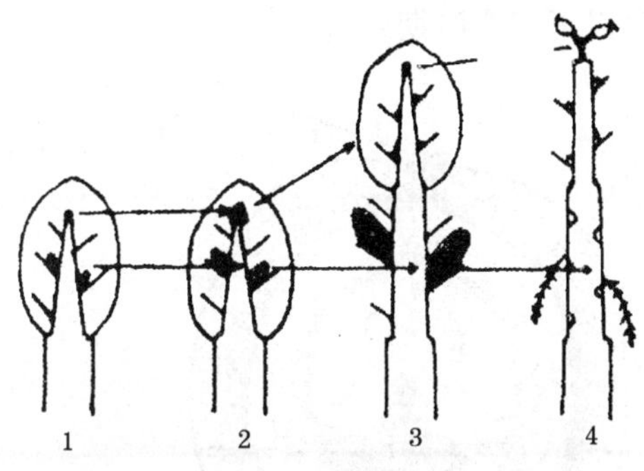

图 2-3　雌花芽和雄花芽的关系示意图

1. 第一年休眠期的母芽　2. 第二年萌芽前
3. 第二年休眠前　4. 第三年春开花

研究结果还表明，核桃雌花芽分化期全氮、蛋白质态氮呈下降趋势，淀粉、碳氮比呈上升趋势；内源激素吲哚乙酸和脱落酸含量在生理分化期出现最高峰。各类物质水平在形态分化期较稳定，惟可溶性糖出现高峰。据此认为：吲哚乙酸和脱落酸含量升高，淀粉积累、碳氮比在 4～6 之间和蛋白质态氮占全氮 80％～90％时有利于花芽分化；中短枝停长前及生理分化期为花芽分化调控的关键时期。杜国强(1991)的研究表明，同龄核桃幼树在花芽分化期，碳氮比、顶芽细胞分裂素及脱落酸含量、RNA/DNA 值等方面，早实核桃均明显高于晚实核桃。

3. 果实发育　核桃雌花受粉后第 15 天合子开始分裂，经多次分裂形成鱼雷形胚后即迅速分化出胚轴、胚根、子叶和胚芽。胚乳的发育先于合子分裂，但随着胚的发育，胚乳细胞均被吸收，故核桃成熟种子无胚乳(图 2-4)。

核桃从受精到坚果成熟需 130 天左右。据罗秀钧等(1988)在郑州地区的观察，依果实体积、重量增长及脂肪形成，将核桃果实发育过程分为以下四个时期：

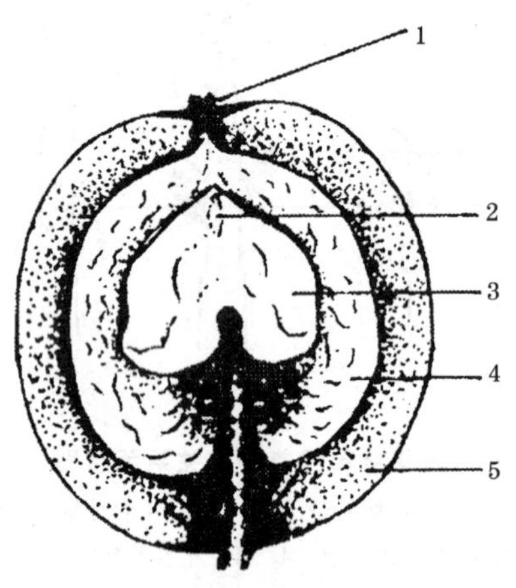

图 2-4　果实纵切简图　（辽宁 1 号）

1. 残存的苞片和萼片　2. 胚　3. 胚乳
4. 硬壳　5. 青皮

（1）果实速长期　从 5 月初至 6 月初 30～35 天，为果实迅速生长期。此期间果实的体积和重量均迅速增加，体积达到成熟时的 90％以上，重量达 70％左右。5 月 7 日至 17 日纵、横径平均日增长可达 1.3 毫米；5 月 12 日至 22 日重量平均日增长 2.2 克。随着果实体积的迅速增长，胚囊不断扩大，核壳逐渐形成，但色白质嫩。

（2）硬核期　6 月初至 7 月初，约 35 天，核壳自顶端向基部逐渐硬化，种核内隔膜和褶壁的弹性及硬度逐渐增加，壳面呈现刻纹，硬度加大，核仁逐渐呈白色、脆嫩。果实大小基本定型，营养物质迅速积累，6 月 11 日至 7 月 1 日的 20 天内出仁率由 13.7％增加至 24％，脂肪含量由 6.91％增加至 29.24％。

（3）油脂迅速转化期　7 月上旬至 8 月下旬 50～55 天，果实大小定型后，重量仍有增加，核仁不断充实饱满，出仁率由 24.1%增加到 46.8%，核仁含水率由 6.2%下降至 2.95%，脂肪含量由 29.24%增加至 63.09%，核仁风味由甜变香。

(4)果实成熟期　8 月下旬至 9 月上旬，果实重量略有增长，总苞(青皮)的颜色由绿变黄，表面光亮无茸毛，部分总苞出现裂口，坚果容易剥出，表示已达充分成熟(表 2-12)。

表 2-12　果实成熟期出仁率、含油率的变化　(罗秀钧等，1988)

项目＼时间	8月20日	8月25日	8月30日	9月4日	9月9日	9月14日	9月19日
出仁率(%)	43.14	45.03	45.18	46.73	46.40	46.35	46.79
核仁含油率(%)	66.56	68.34	68.84	68.65	68.80	68.90	69.81

采收早晚对核桃坚果品质有很大影响(郗荣庭等，1983)。研究表明，过早采收严重降低坚果产量和种仁品质(表 2-13)。

表 2-13　采收时期对坚果品质的影响　(郗荣庭等，1983)

采收期(日/月)	24/8	28/8	1/9	5/9	9/9
平均粒重(克)	9.1	8.9	9.1	9.5	9.5
平均仁重(克/粒)	4.0	4.0	4.3	4.5	4.7
平均出仁率(%)	44.5	44.7	46.7	47.8	48.8

核桃落花落果比较严重。一般可达 50%～60%，严重者达 80%～90%(量丽芬，1988)。西北林学院在陕西洛南地区的调查表明，多数品种落花较轻，落果较重。落花多在末花期，花后 10～15 天幼果长到 1 厘米左右时开始落果，果径 2 厘米左右时达到高峰，到硬核期基本停止。侧生果枝落果通常多于顶生果枝。沈兆发(1985)认为，铁核桃有两次生理落果，第一次在 5 月上旬至中旬，第二次落果在 8 月下旬至 9 月上旬。

第二节　对环境条件的要求

我国核桃分布甚广，从北纬21°29′（云南勐腊）～44°54′（新疆博乐）；东经77°15′（新疆塔什库尔干）～124°21′（辽宁丹东）都有栽培。在如此广阔的地域内，气候与土壤等差异悬殊，年平均气温从2℃（西藏拉孜）～22.1℃（广西百色）；绝对低温从－5.4℃（四川绵阳）～－28.9℃（内蒙古宁城）；绝对最高温从27.5℃（西藏日喀则）～47.5℃（新疆吐鲁番）；无霜期从90天（西藏拉孜）～300天（江苏中部）；垂直分布从海平面以下约30厘米的吐鲁番盆地（布拉克村）到海拔4200米（西藏拉孜县徒庆林寺）。上述状况反映出核桃属植物对自然条件有很强的适应能力。然而，核桃栽培业对适生条件却有比较严格的要求，并因此形成若干核桃主要产区。超越其适生条件时，虽能生存但往往生长不良、产量低或绝产以及坚果品质差等，失去栽培意义。表2-14中数据表明：一是我国核桃主产区的气候条件虽有不同，但大体相近；二是铁核桃产区的年平均温度和降水量均较高；三是反映出两个核桃种对生态条件有着不同的要求。

现将影响核桃生长发育的几个主要生态因素简述于下。

一、核桃对温度的要求

核桃是比较喜温的树种。通常认为核桃苗木或大树适宜生长在年平均气温为8℃～15℃，极端最低温度不低于－30℃，极端最高温度在38℃以下，无霜期在150天以上的地区。幼龄树在－20℃条件下会出现抽条或冻死；成年树虽然能耐－30℃低温，但在低于－28℃～－26℃的地区，枝条、雄花及叶芽易受冻害。在新疆伊宁和乌鲁木齐地区当极端最低温度达－34℃～－37℃时，核桃树不能结果，并呈小乔木或灌丛状生长。核桃展叶后，如遇－

2℃～－4℃低温，新梢会遭冻害；花期和幼果期气温降到－1℃～－2℃时则受冻减产。但生长期温度超过38℃～40℃时，果实易被灼伤，以至核仁不能发育。

表2-14　主要核桃产区气候条件　（陕西果树研究所）

产　区	核桃种	年平均气温（℃）	绝对最低气温（℃）	绝对最高气温（℃）	年降水量（毫米）	年日照（小时）
新疆库车	核桃	8.8	－27.4	41.9	68.4	2999.8
陕西咸阳	核桃	11.1	－18.0	37.1	799.4	2052.0
山西汾阳	核桃	10.6	－26.2	38.4	503.0	2721.7
河北昌黎	核桃	11.4	－24.6	40.0	650.4	2905.3
辽宁旅大	核桃	10.3	－19.9	36.1	595.8	2774.4
云南漾濞	铁核桃	16.0	－2.8	33.8	1125.8	2212.0

尽管如此，但通过引种驯化或育种途径，可提高核桃的抗寒性。白乃檀（1989）的研究表明，经过15年北移驯化试验，在内蒙古赤峰地区将核桃生产栽培区向北推进了200多千米。在极端最低温度－30℃条件下，能正常开花结实。14年生树最高株产坚果30千克，平均产量为174千克/667米^2。

铁核桃适于亚热带气候，要求年平均气温16℃左右，最冷月平均气温4℃～10℃，如气温过低则难以越冬。

沈兆发（1985）对云南漾濞泡核桃（铁核桃的栽培种）的研究表明，5月份平均气温与泡核桃产量之间呈显著负相关，即在5月份平均气温高的年份核桃会减产；8月份的平均气温也与核桃产量之间有负相关关系，因为在高气温条件下核桃果实易被灼伤成病果而脱落。

气温与纬度和海拔高度密切相关，故不同纬度地区核桃垂直分布和适生范围各异。例如，陕西洛南地区在海拔700～1000米处核桃生长良好；山西、河北等地以海拔1000米以下为适生区；

辽宁省南部地区只宜在海拔500米以下栽培;云南漾濞县则在海拔1800～2000米生长良好。

二、核桃对光照的要求

核桃是喜光树种,进入结果期后更需要充足的光照,全年日照量不应少于2000小时,如低于1000小时则结果不良,影响核壳、核仁发育,降低坚果品质。生长期日照时间长短对核桃的生长发育至关重要,沈兆发(1985)对漾濞泡核桃的研究表明,3月份正是核桃展叶、抽梢和开花期,对日照要求较高,3月份日照时数与泡核桃产量(指在滑动模拟所得气象产量)之间呈正相关,相关系数r=0.510(自由度为11),日照充足有利于当年核桃产量增加。

新疆核桃产区日照时数多,核桃产量高、品质好;但郁闭状态的核桃园一般结实差、产量低,只边缘树结实较好,同一植株也是树冠枝结果好。所以,在栽培中选地、株行距离和整形修剪等均应考虑采光问题。

三、核桃对水分的要求

核桃不同的种对水分条件的要求有较大的差异。例如,铁核桃喜较湿润的条件,其栽培主产区年降水量为800～1200毫米;核桃在降水量为500～700毫米的地区,只要搞好水土保持工程,不灌溉也可基本上满足要求;而原产新疆灌区、降水量低于100毫米的核桃,引种到湿润和半湿润地区则易患病害。沈兆发(1985)认为,云南漾濞冬季降水对泡核桃产量有明显影响,甚至超过3～6月份和8月份降水量的影响。冬季降水量与泡核桃产量之间呈显著正相关,冬季降水多的年份有利于翌年泡核桃增产。

核桃能耐较干燥的空气,而对土壤水分含量却很敏感,土壤过干或过湿都不利于核桃生长发育。在新疆库车、和田等核桃产区,年降水量仅37.5～82.8毫米,4～9月份平均相对湿度只有

31%～40%,干燥度在11以上,但因有灌溉条件,核桃生长良好,病害少而产量高。长期晴朗而干燥的气候,充足的日照和较大的昼夜温差,有利于促进开花结实。新疆早实核桃的一些优良性状,正是在这样的条件下历经长期系统发育而形成的。土壤干旱有碍根系吸收加上地上部枝叶的水分蒸腾作用,影响生理代谢过程,严重干旱可造成落果,甚至提早落叶。幼壮树遇前期干旱和后期多雨的气候时易引起后期徒长,导致越冬后抽条干梢。土壤水分过多,通气不良,会使根系生理机能减弱而生长不良,核桃园的地下水位应在地表2米以下。在坡地上栽植核桃必须修筑梯田等,搞好水土保持工程。在易积水的地方须解决排水问题。

四、核桃对土壤的要求

地形和海拔不同,小气候各异。核桃适于坡度平缓、土层深厚而湿润、背风向阳的条件。种植在阴坡,尤其坡度过大和迎风坡面上,往往生长不良,产量甚低,甚至成为小老树。栽植坡位以中下部为宜。在同一地区,海拔高度对核桃的生长与产量有一定影响(表2-15)。核桃根系入土深,土层厚度在1米以上时生长良好,土层过薄影响树体发育,容易焦梢且不能正常结果(表2-16)。

表2-15 不同海拔高度20年生漾濞泡核桃生长势及产量比较

(云南省林业科学院漾濞核桃研究站)

海拔(米)	树高(米)	胸径(厘米)	果枝率(%)	单株产量(粒)	百粒重(克)	出仁率(%)	核仁出油率(%)
1720	9.8	27.2	19.6	1124	1369	53.9	75.3
1850	11.7	45.2	70.8	3887	1322	53.2	73.9
2470	10.2	29.0	52.5	1200	1200	55.6	67.3

表 2-16　土壤条件对核桃生长结实的影响　（北京林学院,1983）

土地利用情况	土层厚度（厘米）	细土层以下石砾含量(%)	平均生长情况							平均结实量	
			枝下高（米）	干周		树高		冠径		果数（个/株）	%
				厘米	%	米	%	米	%		
核桃园 1	19	75	0.9	22.8	100	2.3	100	1.8	100	3.6	100
核桃园 2	40	80	1.1	25.3	111	2.6	113	2.0	111	5.6	156
核桃园 3	50	5	1.3	42.7	187	3.8	165	3.5	194	67.5	1875

核桃喜土质疏松,排水良好的园地。在地下水位过高和质地黏重的土壤上生长不良。龙毓珍(1965)的研究表明,核桃根系发育受土壤条件影响很大,在疏松肥沃、地下水位低、排水良好的土壤上,根系生长旺盛;而在地下水位高的黏土或石砾多的山地,根系生长不良,侧根少,主根长度只相当肥沃土地同龄树的77.8%～35%。侧根数量只有肥沃园地的 18.4%～8%。

核桃在含钙的微碱性土壤上生长良好,土壤 pH 值适应范围为 6.3～8.2,最适值为 6.4～7.2。土壤含盐量宜在 0.25%以下,稍有超过即影响生长和产量,含盐量过高会导致植株死亡,氯酸盐比盐危害更大。核桃喜肥,增加土壤有机质有益于提高产量。

五、风对核桃的影响

风也是影响核桃生长发育的因素之一,但常易被忽视。适宜的风量、风速有利于授粉,增加产量。然而,核桃又是抗风力较弱的树种,由于其 1 年生枝髓心较大,在冬、春季多风地区,生长在迎风坡面的树易抽条、干梢,影响发育和开花结实,栽培中应加以注意,如建造防风林等。

研究了解核桃的生物学与生态学特性,不仅是制定科学的栽培技术措施的基础,而且可以通过掌握生态因子的变化与生育的相关性预测核桃产量。郗荣庭等(1987)的研究表明,前一年 7 月份和10月份的平均温度、日照、雨量以及翌年3～4月份的气候，尤其花期的天气状况对产量的影响甚为明显，前一年7月份雨量多，日照充足，10月份月平均气温高，翌年核桃增产显著，表现为正相关。

第三章　核桃规模化栽培的优良品种选择

核桃属于核桃科、核桃属植物，其中有栽培价值的约有10余种。作为核桃育种资源的主要有以下几种：一是普通核桃（*Juglansregia L.*），又叫波斯核桃，是核桃属中栽培最广的树种，对寒冷、干旱的抵抗力较弱，不耐湿涝。其类型繁多，结实年龄有早晚之分，坚果较大、壳薄、核仁饱满，品质优良，为本属其他树种所不及，在我国的西北、华北、华中、西南均有分布。二是核桃楸（*J. mandshuria maxim.*），原产自我国东北及俄罗斯远东地区，根系为直根系，较抗旱，极抗寒，可耐－50℃的低温，多用作核桃抗寒育种的亲本，其核壳厚、核仁小，核仁很难从壳中取出。三是铁核桃（*J. sigillata Dode.*），原产自我国西南地区，本种耐湿热、不耐干旱，抗寒力弱，其品种类型繁多，坚果大小和形状表现多种多样，品质优良，能够满足多种育种目标的需要。四是黑核桃（*J. regia L.*），该种原产自北美，抗寒、抗旱，对不良环境适应力强，，坚果食用价值高，是仅次于普通核桃的一个材果兼用树种。此外，灰核桃（*J. cinerea L.*）、吉宝核桃（*J. sieboldiana Max.*）、心形核桃（*J. cordiformis Max.*）、北加州黑核桃（*J. hindsii Rehd.*）、小果核桃（*J. draconis Dode.*）、果子核桃（*J. orentalis Dode.*）、长果核桃（*J. stenocarpa Max.*）等也可作为重要的育种材料。

核桃种质资源的分类有多种。余德浚教授将核桃分为露仁、绵核桃、夹核桃、穗状核桃和隔年核桃5个品种群，杨文衡教授将核桃分成早实和晚实两大类型，每一类型又分成纸皮、薄皮、厚皮3个类群，这些方法均以一个或几个重要经济性状为依据来分类。奚声珂等为了使核桃种质分类能在最大程度上反映遗传基础的一致，提出了以划分地理生态型作为核桃栽培种群分类的基础，将我国的核桃初步划分成新疆核桃、华北山地核桃、秦巴山地核桃和西藏高地核桃。在此基础上，吴燕民等应用 RAPD 对我国栽培核桃不同地理生态型的研究表明：新疆核桃为我国栽培核桃的一个地理生态型；华北山地核桃和秦巴山地核桃属一个地理生态型下的两个不同亚群；西藏高地核桃不仅在聚类图上被划为一大类，而且遗传距离与其他类群相差甚远。此外，王磊等应用聚类分析和主坐标分析法对新疆野核桃种质资源进行了数量分类研究，证明了新疆野核桃种自然演化的阶段性和丰富的遗传类型。

我国丰富的核桃种质资源在育种工作中得到较广泛的应用。利用新疆早实核桃实生种群具有结实早、增产潜力大等优良特性，作为改良核桃早实性与丰产性育种的主要亲本，取得了丰硕的成果。该项工作仍在我国的核桃育种工作中继续开展。其中，温185、阿扎 343、新早丰等我国首批 16 个国家级核桃品种中，约有80％是从新疆核桃中或源于新疆核桃选育而成的。华北核桃是核桃品种改良——抗病育种的宝贵基因资源。新疆核桃引入内地，黑斑病、炭疽病、枝枯病等病害发生严重，而华北核桃与新疆核桃品种的杂交后代在发病程度上有所减轻，部分植株表现出较强的抗性。

20 世纪 50 年代初开始从国外引种，武汉植物园曾从美国、前苏联和东欧一些国家引进 10 多个核桃品种和类型（中国核桃）。此后，辽宁经济林研究所、中国林业科学院等单位先后从美国、日本、法国及东欧一些国家引进核桃优良品种，极大地丰富了我国的核桃种质资源。奚声珂等自 1984 年以来，陆续引进维纳、强特勒、日地等 12 个美国加州主栽核桃品种和黑核桃、魁核桃、小核桃、北加州黑核桃及其种间杂交（奇异核桃）等 5 个树种。日地、维纳等品种具有果质好、早实等优良性状，已成为我国北方部分核桃产区的主栽品种。奇异核桃在我国北方干旱条件下表现了显著的杂种优势，生长迅速、抗性强，可作核桃砧木。

国内引种开始于1959年，中国农业科学院郑州果树研究所、北京林业大学首次将新疆早实核桃引入河南、北京地区栽培，表现良好。进入20世纪60年代以来，我国许多省份开始引种新疆核桃，云南、四川、北京、河北、山西、山东、河南、陕西、辽宁等省均有引种。经多年观察，各地相继从其实生后代中选出了一些适宜于当地生态环境的优良品种或优株。如河南选出的绿波、北京选出的京861等已列为全国首批早实核桃优良品种。近年来，随着种质资源频繁的交流和核桃种植规模的迅速发展，核桃优良品种的相互引种开展得较多。如康宁等将辽宁1号等28个优系引种到太行山低山丘陵区，只有绿波等5个品种适宜在该区域发展。扩大了核桃优良品种的适生范围。

第一节　早实品种

中核短枝（D65-6-36）

1. 品种来历　中国农业科学院郑州果树研究所1965年从新疆引入一批早实核桃种子，于当年12月用湿沙贮藏，翌年春季播种，当年出苗725株，1968年定植于本所资源圃，经多年观察择优选择，筛选出优株树22株，对这22株实生大树进行多年观察和坚果分析，其中筛选出1个短枝性状明显的优良单系，其性状表现为特丰产，优质、抗病、薄壳（手捏即开）、取仁容易，坚果外形美观、质优等优点，商品价值高于普通核桃。经多点区试，2004年定为优系，定名为中核短枝，目前已在我国北方地区进行无性试验栽培。

2. 品种特征特性　树势中庸，树姿较开张，树冠长椭圆形至圆头形，分枝力强，枝条节间短而粗，丰产性好。属雌先型，9月中旬成熟。结果枝属短枝型，侧生混合芽率为92%，每果枝平均坐果 2.64 个。坚果圆形，果基平，果顶平，纵径、横径、侧径平均为 3.32 厘米，平均单果重 15.3 克。壳面光滑，缝合线较窄而平，结合紧密，壳厚约 1 毫米。内褶壁膜质，横隔膜膜质，易取整仁。出仁率 63.8%，核仁充实饱满，仁乳黄色，风味佳。

3. 品种适应性及适栽地区　该品种适应性强，特丰产，品质优良，结果早，产量高，一级苗栽后当年结果，5 年生密植丰产园每 667 平方米产量达 500 千克。适宜密植栽培。

中核 1 号（Y65-1-1）

1. 品种来历　中国农业科学院郑州果树研究所 1965 年从新疆引入一批早实核桃种子，于当年 12 月用湿沙贮藏，翌年春季播种，当年出苗 725 株，1968 年定植于本所资源圃，经多年观察择优选择，筛选出优株树 22 株，对这 22 株实生大树进行多年观察和坚果分析，其中筛选出 1 个特早熟优良单系，其性状表现为成熟期特早、丰产，优质、抗病、薄壳（手捏即开）、取仁容易，坚果外形美观、质优等优点，商品价值高于普通核桃。经多点区试，2004 年定为优系，定名为中核 1 号，目前已在我国北方地区进行无性试验栽培。

2. 品种特征特性

（1）树体生长特征与植物学特性　树势中庸，树姿开张，树冠圆头形，1 年生枝平均长 13.33 厘米、直径 0.86 厘米、节间长 2.02 厘米，枝条灰褐色，皮目稀小、枝条茸毛少。混合芽长圆形，侧生混合芽率 96%，叶尖急尖。雄花序平均长 11.47 厘米，雄花芽少，雄花数中多，柱头黄绿色。果实椭圆形，果皮浓绿色，果点色深而中密，果面无茸毛，青皮薄，脱皮易，平均绿果单果重 47.16 克。39 年生树母枝平均分枝 1.8 个，分枝能力中等。

（2）结果习性与产量　结果枝平均长 15.36 厘米，属于中短果枝类型。一般母枝上发生 2 个分枝，坐果率为 59.6%，每果枝平均坐果 1.59 个，连续结果能力强，大小年不明显。39 年生树每平方米树冠垂直投影产仁量平均为 249.38 克。

(3)坚果性状与品质　坚果椭圆形，顶部微尖，果基圆，壳面光滑，黄色，缝合线平而紧，部分坚果顶部易开裂，果形美观，大小整齐。坚果纵径平均为 4.18 厘米、横径平均为 3.52 厘米，侧径平均为 3.53 厘米，平均单果重 11.6 克，最大单果重 15.5 克，平均壳厚 1.1 毫米。内隔壁膜质或退化，取仁极易，种仁饱满，平均单个仁重 6.17 克，出仁率为 53.2%，仁色黄，无斑点，风味香甜。

(4)物候期　在郑州地区，3 月下旬发芽，4 月初展叶，4 月中旬雄花散粉，4 月上旬为雌花盛期，属于雌先型。7 月中下旬果实成熟(果实成熟期在发芽后 115 天)，11 月下旬落叶。

3. 品种适应性及适栽地区　该品种适应性较强，盛果期产量较高，大小年不明显。坚果光滑美观，品质上等，尤宜带壳销售或作生食用。较抗寒、耐旱，但抗病性较差。适宜在山丘土层较厚和干旱少雨地区集约化栽培。

中核 2 号(Z65-1-1)

1. 品种来历　中国农业科学院郑州果树研究所 1965 年从新疆引入一批早实核桃种子，于当年 12 月用湿沙贮藏，翌年春季播种，当年出苗 725 株，1968 年定植于本所资源圃，经多年观察择优选择，筛选优株树 22 株，对这 22 株实生大树进行多年观察和坚果分析，其中筛选出 1 个中早熟优良单系，其性状表现为成熟期较早、丰产，优质、抗病、薄壳(手捏即开)、取仁容易，坚果外形美观、质优等优点，商品价值高于普通核桃。经多点区试，2004 年定为优系，定名为中核 2 号，目前已在我国北方地区进行无性栽培比较和区域试验。

2. 品种特征特性

(1)树体生长特性与植物学特性　树势中庸，树姿半开张，树冠圆头形。1 年生枝条平均长 25.68 厘米，直径 1 厘米，节间长 2.9 厘米，枝条银灰色，皮目小而密，枝条茸毛少。混合芽三角形，侧生混合芽率为 98%，混合芽与副芽贴近。叶色黄绿、叶尖渐尖，雄花序平均长 10.05 厘米，雄花芽少，雄花数中多，柱头黄绿色。果实椭圆形，果皮色泽绿，平均绿果单果重 53.45 克，青皮中厚，易脱皮。

(2)结果习性与产量　结果枝平均长 25.56 厘米，直径 1.2 厘米，侧生混合芽率为 84.3%，坐果率为 85%，以中、短枝结果为主，每果枝平均坐果 2.2 个，连续结果能力强。早期丰产性强，连年丰产性好。39 年生树每平方米树冠垂直投影产仁量平均为 315 克。

(3)坚果性状与品质　坚果椭圆形或近圆形，果顶平，果基圆，黄褐色，缝合线突起且紧密。坚果平均纵径为 4.02 厘米，横径为 3.61 厘米，侧径为 3.61 厘米，平均单果重 16.7 克，壳面刻沟浅、稀，较光滑，壳厚约 1 毫米。内隔壁膜质退化明显，取仁易，可取整仁。果仁饱满，色黄，风味好，纹理明显，无斑点，平均单果仁重 9.2 克，出仁率为 55.09%。有香味，品质上等。

(4)物候期　在郑州地区，3 月下旬发芽，4 月上旬展叶，4 月 17 日为雄花盛期，4 月 15 日为雌花盛期。属雌先型，早熟品种，在郑州地区 8 月上旬成熟(果实成熟期在发芽后 126 天)，11 月中下旬落叶。

3. 品种适应性及适栽地区　该品种适应性广，抗逆性强，早实、丰产、稳产，大小年不明显。坚果光滑美观，核仁饱满、味香浓，品质优。尤宜带壳销售或作生食用。较抗寒、耐旱，对黑斑病和炭疽病有很强的抗性。适宜在山丘土层较厚和核桃产区集约化栽培。

中核3号(N65-1-2)

1. 品种来历 中国农业科学院郑州果树研究所1965年从新疆引入一批早实核桃种子，于12月用湿沙贮藏，翌年春季播种，当年出苗725株，1968年定植于本所资源圃，经多年观察择优选择，现实存大树22株，对这22株实生大树进行多年观察和坚果分析，其中筛选出1个优良单系，其性状表现为果个大、丰产，优质、抗病、薄壳(手捏即开)、取仁容易，坚果外形美观、质优等优点，商品价值高于普通核桃。2004年定为优系，定名为中核3号，目前已在我国北方省、市进行无性栽培比较和区域试验。

2. 品种特征特性

(1)树体生长特征与植物学特性 树势中庸，树姿开张，树冠圆头形，枝条紧密。1年生枝条平均长20.91厘米，直径0.91厘米，节间长2.59厘米，枝条色泽灰褐色，皮目小而稀，枝条茸毛少。混合芽三角形，侧生混合芽率为99%，混合芽与副芽间距。叶色绿，叶尖急尖。雄花序平均长9.94厘米，雄花芽多，雄花数多，柱头黄绿色。果实椭圆形，果皮绿色，果面少茸毛，青皮中厚，容易脱皮。

(2)结果习性与产量 结果枝平均长18.2厘米，属于中短果枝类型，一般母枝上发生2.5个分枝，坐果率为66.3%，每结果母枝平均坐果2.7个。连续结果能力强，连年丰产，大小年不明显。39年生树每平方米树冠垂直投影产仁量约为271.98克。

(3)坚果性状与品质 坚果椭圆形，果顶平，果基圆，壳面光滑，浅棕色，缝合线平而紧，果形美观，大小整齐。坚果平均纵径为4.3厘米，横径为3.59厘米，侧径为3.43厘米，平均单果重16.15克，最大单果重18克，壳厚约1.3毫米，部分露仁。内隔壁膜质或退化，取仁极易，可取整仁，种仁饱满，色浅黄亮，纹理不明显，无斑点，风味甜，品质极优，平均单果仁重9.25克，出仁率为57.28%。

(4)物候期　在郑州地区3月21日萌芽,3月30日展叶,4月上旬为雄花盛期,4月中旬为雌花盛期,属于雄先型。8月下旬果实成熟(果实成熟期在发芽后150天),11月下旬落叶。

3. 品种适应性及适栽地区　该品种适应性广,抗逆性强,早实丰产稳产,大小年不明显。坚果光滑美观,核仁饱满、味香浓,品质优。尤宜带壳销售或作生食用。较抗寒、耐旱,对黑斑病和炭疽病有很强的抗性。适宜在山丘土层较厚和核桃产区栽培。

辽宁1号

1. 品种来历　辽宁省经济林研究所经人工杂交培育而成,亲本为新疆纸皮和河北昌黎大薄皮,1980年定名。已在辽宁、河南、河北、陕西、山西、北京、山东和湖北等地大面积栽培。

2. 品种特征特性　树势较旺,树姿直立或半开张,树冠圆头形,分枝力强,枝条粗壮密集。丰产性强,有抗病、抗风和抗寒能力。属雄先型,中晚熟品种。结果枝属短枝型,侧生混合芽率为90%,坐果率约60%。丰产性强,5年生平均株产坚果1.5千克,最高达5.1千克。坚果圆形,果基平或圆,果顶略呈肩形,纵径、横径、侧径平均为3.3厘米,平均单果重9.4克。壳面较光滑,缝合线微隆起或平,不易开裂,壳厚约0.9毫米。内褶壁退化,可取整仁,出仁率约59.6%,核仁充实饱满,黄白色。

3. 品种适应性及适栽地区　该品种可在年平均气温9℃～16℃,冬季最低气温在－28℃以上,年降水量在450毫米以上,无霜期在145天以上的地区栽培。在年平均气温8℃以南的小气候好的条件下也可栽培。土壤以pH值为6.3～8.2的壤土、砂壤土均可。土壤含盐量宜在0.25%以下。土层厚度在1米以上,地下水位在地表1.5米以下、土壤条件较好的地方栽培和密植栽培。

可在我国的华北地区、华中地区、西北地区东南部、东北地区南部栽培。

辽宁2号

1. 品种来历 辽宁省经济林研究所通过人工杂交育成，亲本为河北昌黎大薄皮（晚实）优株10104和新疆纸皮核桃中的早实单株11001。已在辽宁、河南、山西、陕西、河北、山东等地栽培。

2. 品种特征特性 坚果圆形或扁圆形，果基平，果顶肩形。纵径约为3.6厘米，横径约为3.5厘米，侧径约为3.6厘米，平均单果重12.6克。壳面光滑，色浅；缝合线平或微隆起，结合紧密，壳厚1毫米左右。内褶壁膜质或退化，可取整仁。核仁较充实，饱满，仁重约7.4克，出仁率为58.7%，风味略涩。

树势强，树姿开张，分枝力强，枝条粗短，结果枝长5～8厘米，直径0.8厘米，属短枝型。树体比较矮化，5年生树高1.5～2米。侧生混合芽率95%以上。1年生枝呈紫褐色，比一般品种的枝条颜色深，节间很短。复叶长40厘米左右，有叶片5～7片，小叶比一般品种大，基部第二对叶片平均长13厘米，宽7.5厘米，叶片不平展。实生2年，嫁接1年可出现雌花，雄花出现较晚，一般在4～5年以后，成年树雄花芽较少。每雌花序着生2～4朵雌花，坐果率80%以上，双果和3果较多，属雄先型。抗病性极中。

3. 品种适应性及适栽地区 该品种长势强，树冠紧凑，较矮化，枝条粗短，分枝力强，果枝率与坐果率均高，丰产性强，必要时须疏花疏果，以免因坐果太多影响树势甚至造成植株死亡。成熟期较晚，可在北方生长期较长、土层深厚、肥沃、湿润或有灌溉条件的地方栽培。

适合我国的华北地区、华中地区、西北地区东南部、东北地区南部等地区。

辽宁3号

1. 品种来历 辽宁省经济林研究所经人工杂交选育而成，亲本为新疆纸皮和河北昌黎大薄皮，1989 年定名。已在辽宁、河南、河北、山西、陕西等地大量栽培。

2. 品种特征特性 树势中庸，树姿开张，树冠半圆形，分枝力强，尤其是抽生二次枝的能力强，枝条多密集。抗病、抗风性较强。属于雄先型，中晚熟品种。结果枝属短枝型，侧生混合芽率为 100%，一般坐果率为 60%，最高可达 80%，丰产性强，5 年生平均株产 2.6 千克，最高达 4 千克。坚果椭圆形，果基圆，果顶圆并突尖。纵径、横径、侧径平均为 3.15 厘米，平均单果重 9.8 克。壳面较光滑，缝合线微隆，不易开裂，壳厚约 1.1 毫米。内褶壁膜质或退化，可取整仁或 1/2 仁。核仁饱满、浅黄色，风味佳，出仁率为 58.2%。

3. 品种适应性及适栽地区 该品种树势中等，树姿较开张，分枝力强，果枝率及坐果率高，抗病性很强，坚果品质优良，适宜在我国北方核桃栽培区发展。

辽宁 4 号

1. 品种来历 由辽宁省经济林研究所经人工杂交选育而成。亲本为新疆纸皮和辽宁大麻核桃，1990 年定名。目前已在辽宁、河南、山西、陕西、河北和山东等地大量栽培。

2. 品种特征特性 树势中庸，树姿直立或半开张，树冠圆头形，分枝力强。属雄先型，晚熟品种。侧生混合芽率为 90%，每果枝平均坐果 1.5 个，丰产性强，8 年生平均株产 6.9 千克，最高达 9 千克。大小年不明显。坚果圆形，果基圆，果顶圆并微尖。纵径、横径、侧径平均为 3.37 厘米，平均单果重 11.4 克。壳面光滑美观，缝合线平或微隆起，结合紧密，壳厚约 0.9 毫米。内褶壁膜质或退化，可取整仁。核仁充实饱满，黄白色，出仁率为 59.7%。风味好，品质极佳。

3. 品种适应性及适栽地区 该品种果枝率和坐果率高，连续丰产性强，坚果品质优良。适应性，抗病性极强，抗寒、耐旱，同辽宁1号，适宜在北方核桃栽培区发展。

辽宁5号

1. 品种来历 由辽宁省经济林研究所经人工杂交培育而成。亲本为新疆薄壳3号的实生株系20905(早实)和新疆露仁1号的实生株系20104(早实)。原代号是7244、60801。1990年定名。已在辽宁、河南、河北、山西、陕西、北京、山东、江苏、湖北、江西等地栽培。

2. 品种特征特性 树势中等，树姿开张，分枝力强，枝条密集，果枝极短，为4～6厘米，属短枝类型。树体矮化，5年生树高约2.04米，干径粗约6.4厘米，冠幅直径约2.5米。侧芽形成混合芽率为95%以上，少二次枝，1年生枝呈绿褐色，节间极短，为0.5～1厘米。芽为圆形或阔三角形，雄花芽少。每雌花序着生2～4朵雌花，坐果率为55%以上，双果率为54.5%，3果率27.3%，1果和4果率只占18.2%。果柄极短，为0.5～1厘米，青果皮厚3毫米左右。在辽宁大连地区4月下旬或5月上旬为雌花盛期，5月中旬雄花散粉，属于雌先型。5月下旬或6月上旬抽生二次枝，9月中旬坚果成熟，11月上旬落叶。抗病性强，果实抗风力强。坚果长扁圆形，果基圆，果顶肩状，微突尖。纵径为3.8厘米，横径约为3.2厘米，侧径约为3.5厘米，坚果重约10.3克。壳面光滑，色浅；缝合线宽而平，结合紧密，壳厚约1.1毫米。内褶壁膜质，横隔窄或退化，可取整仁或1/2仁。核仁较充实饱满，平均单核仁重5.6克，出仁率54.4%。核仁浅黄褐色，纹理不明显，风味佳。

3. 品种适应性及适栽地区 该品种果枝率高，丰产性特强，抗病，特抗风，坚果品质优良，连续丰产性强，适宜在我国北方核桃栽培区和常有大风灾害的地区发展。

辽宁6号

1. 品种来历 由刘万生等人通过人工杂交育成。亲本为河北昌黎晚实长薄皮核桃优株10301和新疆纸皮核桃中的早实单株11001。已在辽宁、河南、山西、陕西、河北和山东等地栽培。

2. 品种特征特性 坚果椭圆形,果基圆形,顶部略细,微尖。纵径约为3.9厘米,横径约为3.3厘米,侧径约为3.6厘米,平均单果重约12.4克。壳面粗糙,颜色较深,为红褐色。缝合线平或微隆起,结合紧密,壳厚1毫米左右。内褶壁膜质或退化,可取整仁。核仁较充实,饱满,黄褐色,仁重约7.3克,出仁率为58.9%。

树势较强,树姿半开张或直立,分枝力强,结果枝粗壮较长,一般为10～20厘米,属于长枝类型。1年生枝呈黄绿色,生长粗壮。芽肥大,圆形或阔三角形,无芽座。每雌花序着生2～3朵雌花,坐果率为60%以上,多双果。丰产性强,10年生株平均产10.5千克,高接树4年生平均株产坚果5.6千克,大小年不明显。在辽宁大连地区4月中旬发芽,5月上旬雌花盛期,5月中旬雄花散粉,属于雌先型。比较抗病、耐寒。

3. 品种适应性及适栽地区 该品种树势较强,枝条粗壮,果枝率高,连续丰产性强,抗病,耐寒,适宜在我国北方核桃栽培区发展。

辽宁7号

1. 品种来历 由辽宁省经济林研究所经人工杂交选育而成。亲本为新疆纸皮核桃实生后代早实类型(21102)与辽宁朝阳大麻核桃优株。1972年杂交,1981年选出丰产类型优株50410,1982年进行无生育比较,1989年进行区域试验,1995年通过专家验收。

2. 品种特征特性 树势强壮,树姿开张或半开张。分枝力强,果枝率为91%,中短果枝较多,1年可抽生二次枝。属雄先型,坐果率为60%,双果较多,壳面色光滑,壳厚约0.9毫米,缝合线窄平,结合紧密。平均单果重10.7克。横隔退化,可取整仁,出仁率为62.6%,仁色黄白,风味佳。

3. 品种适应性及适栽地区 该品种早期产量高,无大小年现象。嫁接易成活,耐寒,抗病,适宜在我国北方核桃产区发展栽培。

辽宁8号

1. 品种来历 由刘万生等通过人工杂交育成。亲本是新疆薄壳5号实生后代的优株20502和新疆纸皮核桃实生后代单株30306。1990年定名,已在辽宁、河南、河北、陕西和山西等地栽培。

2. 品种特征特性 坚果椭圆形,果基圆形,果顶圆微突尖。纵径约为3.5厘米,横径约为3.4厘米,侧径约为3.4厘米,平均单果重约11.3克。壳面较粗糙,色浅。缝合线隆起或较平,结合紧密,壳厚1.3毫米左右。内褶壁膜质,横隔稍宽,可取1/2仁。核仁充实饱满,黄白色,纹理不明显,风味佳,仁重约5.9克,出仁率为52.4%。

树势强,树姿开张,分枝力强,5年生树高约4.02米,干径粗约11.4厘米,树冠直径约为3.99厘米,平均分枝398个,其中果枝377个,果枝率为94.7%。1年生枝条呈绿褐色,光滑无棱,中短果枝较多。混合芽为圆形或阔三角形,雄花芽少。每雌花序着生2~3朵雌花,坐果率为50%以上,多为双果。丰产性强,5年生平均株产2.5千克,大小年现象不明显。属雌先型。

3. 品种适应性及适栽地区 该品种长势强,分枝力强,果枝率和坐果率高,连续丰产性强,抗病,耐寒,坚果品质优良。适宜在我国北方核桃栽培区发展。

新纸皮

1. 品种来历　由辽宁省经济林研究所从实生核桃中选育而成。1980年定名。已在辽宁、河南、河北、陕西、山西、北京、山东、湖北和四川等地栽培。

2. 品种特征特性　树势中庸，树姿直立或半开张，树冠圆头形，分枝力强。属雄先型，晚熟品种。结果枝属短枝型，果枝率为90%。坚果椭圆形，果基圆，果顶微突尖，纵径、横径、侧径平均为3.63厘米，平均单果重11.6克。壳面光滑美观，缝合线平或仅顶部微隆起，结合紧密，壳厚约0.8毫米。内褶壁膜质或退化，极易取整仁，出仁率为64.4%。核仁充实饱满，乳黄色，风味佳。

3. 品种适应性及适栽地区　该品种二次枝抽生结果枝的能力强。在较好的栽培条件下，表现丰产性强。坚果品质优良。适宜在我国北方核桃栽培区发展。

寒丰

1. 品种来历　由刘万生等通过人工杂交育成，亲本为新疆纸皮核桃实生后代的早实单株11005和日本心形核桃。1992年定名。已在辽宁、河北、山西、陕西、甘肃和新疆等地栽培。

2. 品种特征特性　坚果长阔圆形，果基圆，顶部略尖。纵径约为3.9厘米，横径约为3.7厘米，侧径约为3.7厘米，平均单果重14.4克，属中大果型。壳面光滑，色浅，缝合线窄。壳厚约1.2毫米，可取整仁或1/2仁。核仁重约7.6克，出仁率为52.8%。核仁较充实饱满，黄白色，味略涩。

树势强，树姿直立或半开张，分枝力强，7年生树高约4.2米，平均干径13.6厘米，冠幅直径约4.1米，结果枝率为92.3%。1年生枝条绿褐色，枝条较密集，以中短枝为多，节间较短，无芽座，属于中短枝类型。每雌花序着生2～3朵雌花。在不授粉的条件下可坐果60%以上,具有较强的孤雌生殖能力。多双果。丰产性较强,10年生株产量可达10.3千克。在辽宁大连地区4月中下旬发芽,5月中旬雄花散粉。5月下旬是雌花盛期,属雄先型。雌花盛期最晚可延迟到5月28日,比一般品种晚25天左右。6月上旬抽生二次枝,9月中旬坚果成熟,10月下旬或11月上旬落叶。

3. 品种适应性及适栽地区 该品种生长势强,树冠较直立,分枝率高,抗病性强,坚果品质优良,连续丰产性强。雌花出现特晚,抗春寒,孤雌生殖力强,是其独特的生物学特性,非常适宜在北方易遭晚霜和春寒危害的地区栽培。

中林1号

1. 品种来历 由中国林业科学院林业研究所经人工杂交育成,亲本为山西元宝(晚实)和9-7-3(早实),1989年定名。现在河南、山西、陕西、四川和湖北等地栽培。

2. 品种特征特性 树势较强,树姿较直立,树冠椭圆形,分枝力强,丰产性强。属雌先型,中熟品种。侧生混合芽率为90%,每果枝平均坐果1.39个。丰产,高接在15年生砧木上第三年最高株产量为10千克。坚果圆形,果基圆,果顶扁圆。纵径、横径、侧径平均为3.38厘米,平均单果重14克。壳面较粗糙,缝合线两侧有较深麻点。缝合线中宽凸起,顶有小尖,结合紧密,壳厚约1毫米。内褶壁略延伸,膜质,横隔膜膜质,可取整仁或1/2仁,出仁率为54%。核仁充实饱满,乳黄色,风味好。

该品种生长势较强,生长迅速,丰产潜力大,坚果品质中等,适生能力较强,壳有一定的强度,耐清洗、漂白及运输,尤宜作加工品种,也是理想的材果兼用品种。

3. 品种适应性及适栽地区 该品种可在年平均气温9℃～16℃,冬季最低气温在－28℃以上,年降水量在450毫米以上,无霜期在145天以上的地区栽培。在年平均气温8℃以南的小气候好的条件下也可栽培。土壤以pH值为6.3～8.2的壤土、沙壤土均宜。土壤含盐量宜在0.25%以下。土层厚度在1米以上,地下水位在地表1.5米以下、土壤条件较好的地方栽培。适合栽培地区有我国的华北地区、华中地区、西北地区东南部、东北地区南部。

中林2号

1. 品种来历 由奚声珂等人通过人工杂交育成。1989年定名。主要在河南、山西、陕西等地栽培。

2. 品种特征特性 坚果卵圆形。纵径约为4.13厘米,横径约为3.44厘米,侧径约为3.45厘米,平均单果重12克。壳面光滑,色浅。缝合线窄,略凸,结合紧密。壳厚约0.9毫米。内褶壁退化,横隔膜膜质,易取整仁。仁重约7克,出仁率约60%。核仁浅至中色,充实饱满。较丰产。

树势中庸,枝条较细,分枝力中等,节间略长。侧芽形成混合花芽率在80%以上。每雌花序多着生2朵雌花,单果或双果,属雄先型。在北京雌花期在5月初,雄花散粉期在4月下旬。9月初坚果成熟,10月底落叶。

3. 品种适应性及适栽地区 该品种产量中等,坚果壳薄,适宜在水肥条件较好的地区栽培。

中林3号

1. 品种来历 由中国林业科学院林业研究所经人工杂交育成。1989年定名。已在河南、山西、陕西等地栽培。

2. 品种特征特性 树势较旺,树姿半开张,分枝力较强。属雌先型,中熟品种。侧花芽率在50%以上,幼树2～3年开始结果。丰产性极强,6年生株产量在7千克以上。坚果椭圆形,纵径、横径、侧径平均为3.66厘米,平均单果重11克。壳面较光滑,在靠近缝合线处有麻点,缝合线窄而凸起,结合紧密,壳厚约1.2

毫米。内褶壁退化,横隔膜膜质,易取整仁。出仁率为60%,核仁充实饱满,乳黄色,品质上等。

3. 品种适应性及适栽地区 该品种适应性强,品质佳。由于树势较旺,生长快,也可作农田防护林的材果兼用树种。

中林5号

1. 品种来历 由中国林业科学院林业研究所经人工杂交育成。亲本为早实9-11-15和早实9-11-12 ,1989年定名。已在河南、山西、陕西、四川和湖南等地栽培。

2. 品种特征特性 树势中庸,树姿较开张,树冠长椭圆形至圆头形,分枝力强,枝条节间短而粗,丰产性好。属雌先型,早熟品种。结果枝属短枝型,侧生混合芽率为90%,每果枝平均坐果1.64个。坚果圆形,果基平,果顶平。纵径、横径、侧径平均为3.22厘米,平均单果重13.3克。壳面光滑,缝合线较窄而平,结合紧密,壳厚约1毫米。内褶壁膜质,横隔膜膜质,易取整仁。出仁率为58%,核仁充实饱满,仁乳黄色,风味佳。

3. 品种适应性及适栽地区 该品种适应性强,特丰产,品质优良,核壳较薄,不耐挤压,贮藏运输时应注意包装。适宜密植栽培。

中林6号

1. 品种来历 由中国林业科学院林业研究所经人工杂交育成。1989年定名。已在河南、山西、陕西等地栽培。

2. 品种特征特性 树势较旺,树姿较开张,分枝力强。侧生混合芽率为95%,每果枝平均坐果1.2个。较丰产,6年生树平均株产坚果4千克。坚果略长圆形,纵径、横径、侧径平均为3.7厘米,平均单果重13.8克。壳面光滑,缝合线中等宽度,平滑且结合紧密,壳厚约1毫米。内褶壁退化,横隔膜膜质,易取整仁。出仁率为54.3%，核仁充实饱满，仁乳黄色，风味佳。

3. 品种适应性及适栽地区 该品种生长势较旺，分枝力强，单果多，产量中上等，坚果品质极佳，宜带壳销售。抗病性较强，适宜在华北、中南及西南部分地区栽培。

香玲(原代号N78-1-3)

1. 品种来历 香玲(原代号N78-1-3)为1978年所获得杂交种子，1979年播种，1980年见果，1981年从圃内具有早实性状的106株杂种苗中选出，1982年春定植。于1984年对坚果经济性状进行鉴定。1985年春采穗高接，先后在山东省泰安、东平、章丘、山西省黎城等地高接繁殖。1986年参加全国区试，4年来在河南，山西、陕西、辽宁4个区试点观察鉴定，其产量(每平方米树冠投影面积产仁量达170克以上)、坚果品质、抗逆性(细菌性褐斑病，炭疽病)均达到了选种标准。

1989年12月29日在北京由林业部科技司主持召开的“早实核桃新品种的选育”成果鉴定会上，该品种被列入我国第一批早实核桃新品种，香玲父本为新疆早实核桃无性系阿9，母本为早实核桃优株上宋五号。主要在山东、河南、山西、陕西和河北等地栽培。

2. 品种特征特性

(1)植物学特征 树姿直立，9年生树高约5米，平均冠径2.2米，干径10.5厘米。树干银灰色，母枝黄褐色。叶片黄绿色，复叶小叶数5～7片，复叶长约38.9厘米，小叶长约16.7厘米、宽约10.1厘米，小叶椭圆形，叶尖渐尖，叶缘无锯齿。芽半圆形，大、离生、有芽座，芽尖缘为褐色，雌花数1～2朵(2朵为多)，雄花少。

(2)果实经济性状 果实圆形，黄绿色，茸毛稀少，皮孔多，果柄中短，青皮薄(0.3厘米)。坚果卵圆形，浅黄色，果基平，壳面刻沟浅、光滑，缝合线平、紧、不易开裂。内褶壁膜质或退化，纵隔不发达。三径平均为3.4厘米，平均单果重12.2克，每千克80～90

个。壳厚约 0.9 毫米，取仁极易，可取全仁。内种皮淡黄色，无涩味，种仁饱满，具香味。出仁率为 65.4%，脂肪含量为 65.5%，蛋白质含量为 12.6%，坚果美观、品质上等。

在山东省泰安地区，3 月 27 日发芽，雌花开花期为 4 月 25 日，雄花散粉期为 4 月 20 日，为雄先型品种，8 月下旬果实成熟，果实生育期为 123 天。正常落叶期为 10 月下旬。

(3)生长结果习性　嫁接苗翌年结果，树势生长中庸，母枝分枝力强，果枝比达 90.4%，侧芽结果率达 81.7%，结果枝平均长 6 厘米，直径 0.8 厘米，以中短枝结果为主，每果枝平均坐果 1.3 个，坐果率较高。

定植后第四年单株产量达 1.72 千克；第八年为 3.72 千克，平均每平方米树冠投影面积产仁量达 270 克，在河南省平均每平方米产仁量为 213.2 克；山西省为 228.9 克；辽宁省为 223.4 克。

高接在 5 年生本砧上翌年结果，第四年每单株平均产量达 3.7 千克，最高单株产量达 5 千克，表现了丰产，稳产特点。对细菌性褐斑病、炭疽病及低温具有较强的抗性。

3. 品种适应性及适栽地区　该品种适应性较强，盛果期产量较高，大小年不明显。坚果光滑美观，品质上等，尤宜带壳销售或作生食用。较抗寒、耐旱，抗病性较差。适宜在山丘土层较浓厚和平原林粮间作栽培。

鲁光(原代号 W 78-17-5)

1. 品种来历　鲁光(原代号 W78-17-5)为 1978 年所获得杂交种子，1979 年播种，1980 年见果，1981 年从圃内具有早实性状的 106 株杂种苗中选出，1982 年春定植。于 1984 年对坚果经济性状进行鉴定。1985 年春采穗高接，先后在山东省泰安、东平、章丘、山西省黎城等地高接繁殖。1986 年参加全国区试，4 年来在河南，山西、陕西、辽宁 4 个区试点观察鉴定，其产量(每平方米树冠投影面积产仁量达 170 克以上)、坚果品质、抗逆性(细菌性褐斑病,炭疽病)均达到了选种标准。

1989 年 12 月 29 日在北京由林业部科技司主持召开的“早实核桃新品种的选育”成果鉴定会上,该品种被列入我国第一批早实核桃新品种,鲁光父本为早实核桃优株上宋 6 号,母本为新疆无性系品种卡卡孜。

2. 品种特征特性

(1)植物学特征　树姿较开张,树干银灰色,树冠半圆形,新梢绿褐色,母枝褐色。叶片浓绿色,复叶小叶数 5～8 片,复叶长约 41.5 厘米,小叶长约 16.6 厘米,叶宽约 10.2 厘米,小叶形状呈椭圆形,叶尖渐尖,叶缘无锯齿。雌花数 1～3 朵,雄花较多。

(2)果实经济性状　果实长椭圆形,黄绿色,茸毛少,果柄中短,青果皮较薄。坚果略长圆球形,外形美观,浅黄色,果基圆,果顶微尖,壳面刻沟较浅,较光滑,缝合线不易开裂。壳厚 0.8～1 毫米,取仁易,可取全仁。内种皮黄色,无涩味,种仁饱满。平均单果重 14.5 克,出仁率为 58%～62.3%,油性大,脂肪含量为 66.4%,品质优。

(3)生长结果习性　嫁接苗翌年结果。树势较强,母枝分枝力强,侧芽结果率为 80.3%,以中长果枝结果为主。每果枝坐果数 1.3 个,坐果率高。鲁光核桃丰产性强。

(4)物候期　在郑州市 3 月下旬萌芽,雄花散粉期为 4 月 10 日至 15 日,雌花开花期为 4 月下旬,为雄先性品种。果实成熟期 8 月下旬,果实生育期 122 天,落叶期为 11 月上旬。

3. 品种适应性及适栽地区　该品种适应性一般,早期生长势较强,产量中等,盛果期产量较高。坚果光滑美观,核仁饱满,品质上等。适宜在土层深厚的山地.丘陵地栽植,也适宜林粮间作。

鲁光对细菌性褶斑病、炭疽病和枝干溃疡病均有较强的抗性,由于产量上升快,需要较好的肥水条件。应栽培于土层深厚的地方，不适宜在瘠薄山地、涝洼地栽培。

丰辉

1. 品种来历 丰辉（原代号 N78-1-7）为 1978 年所获得杂交种子，1979 年播种，1980 年见果，1981 年从圃内具有早实性状的 106 株杂种苗中选出，1982 年春定植。于 1984 年对坚果经济性状进行鉴定。1985 年春采穗高接，先后在山东省泰安、东平、章丘、山西省黎城等地高接繁殖。1986 年参加全国区试，4 年来在河南，山西、陕西、辽宁 4 个区试点观察鉴定，其产量（每平方米树冠投影面积产仁量达 170 克以上）、坚果品质、抗逆性（细菌性褐斑病，炭疽病）均达到了选种标准。

1989 年 12 月 29 日在北京由林业部科技司主持召开的“早实核桃新品种的选育”成果坚定会上，该品种被列入我国第一批早实核桃新品种。丰辉是香玲的姊妹系，母本为阿 9（早实），父本为上宋 5 号（早实），主要在山东、河南、山西、陕西和河北等地栽培。

2. 品种特征特性

（1）植物学特征　树势健壮、树姿较直立，树冠圆柱形。新梢绿褐色，有二次枝，母枝深绿色。叶片绿色，复叶小叶数 5～7 片，复叶平均长 32.3 厘米，小叶平均长 15.2 厘米，宽 8.7 厘米。小叶长椭圆形，叶尖渐尖，叶缘无锯齿。芽半圆、大，有芽座。9 年生树高约 4.7 米，冠径约 3 米，干径约 9.55 厘米，树干银灰色，树冠呈圆柱形。雌花数 2～3 朵（2 朵为多）有二次雌花，雄花较少。

（2）果实经济性状　果实长椭圆形，黄绿色，茸毛少，果柄中短，青果皮较薄（约 0.5 厘米）。坚果长椭圆形，浅黄色，果基园，果顶稍尖，壳面刻沟较浅，较光滑，缝合线紧不易开裂，内褶壁膜质或退化，纵隔不发达。三径平均为 3.45 厘米，单果重 9.5～15.4 克，每千克 75～105 个。壳厚 0.9～1 毫米，取仁极易，可取全仁。内种皮淡黄色，种仁饱满，美观，有香味。内种皮无涩味是该品种的主要特点。出仁率为 54.6%～61.2%，脂肪含量为 61.8%，蛋白质含量为 22.9%，品质上等。

(3)生长结果习性　幼树生长旺盛，3 年生树高可达 2.8 米，冠径 2 米左右，干周约 14 厘米。母枝分枝力强，果枝比为 85.2%，侧芽结果率为 88.4%，以中短枝结果为主。每果枝平均坐果数 1.54 个，坐果率高。

嫁接苗翌年结果。树势生长中庸，母枝分枝力强(1∶4.2)，果枝比达 85.7%，侧芽结果率达 88.9%，结果枝平均长 7.9 厘米，直径约 0.6 厘米，以中、短枝结果为主，每果枝平均坐果 1.6 个，二次枝结果能力强。

定植后第四年单株产量达 1.25 千克；第八年达 3.15 千克，平均每平方米树冠投影面积产仁量达 188.6 克。在全国区试中平均每平方米产仁量为 243.9 克；河南省为 208.3 克；山西省为 243.9 克；陕西省为 321.9 克。高接在 6 年生本砧上翌年平均结果 1.08 千克，最高达 2.5 千克，对细菌性褐斑病、炭疽病，溃疡病具有较强的抗性。

(4)物候期　在山东省章丘市，芽萌动期为 3 月下旬，属雄先型品种，雄花散粉期为 4 月中旬，雌花开花期为 4 月下旬，果实硬核期为 6 月下旬，果实成熟期为 8 月底至 9 月初，果实生育期 123 天，正常落叶期为 11 月上旬。在山东省泰安地区，3 月 28 日发芽，雌花开花期为 4 月 23 日，雄花散粉期为 4 月 15 日，8 月下旬果实成熟，果实生育期 122 天。正常落叶期为 10 月下旬。

3. 品种适应性及适栽地区　该品种适应性强，早期产量较高，盛果期产量中等。坚果光滑美观，核仁饱满，品质上等。抗病害能力较强，对细菌性褐斑病、炭疽病、溃疡病具有较强的抗性，抗寒性强。但抗旱性较差，不耐干旱，不耐瘠薄土壤，要求土壤、肥水条件高。适宜在土层深厚和有灌溉的立地条件下栽培。

鲁　香

1. 品种来历　山东省果树研究所1978年杂交，亲本为上宋6号和新疆早熟丰产，1985年选出，1989年定为优系，1995年8月通过专家组验收并定名为鲁香。

2. 品种特征特性

(1)植物学特征　树姿开张，树冠半圆形。结果枝平均长9.5厘米，直径0.72厘米，节间长2.3厘米。新梢绿褐色，母枝褐绿色。混合芽尖圆、中大型，芽座小，贴生，二次枝上的主、副芽分离，芽尖绿褐色。混合芽抽生的结果枝着生1～2朵雌花，雌花柱头绿黄色；雄花序长9～10厘米。复叶长约33.2厘米，小叶7～9片，顶端小叶椭圆形，长约15.4厘米，宽约8.6厘米，叶片厚，浓绿色，叶缘全缘。果实倒卵形，深绿色，茸毛密，皮孔小而密。果柄长，青果皮厚约0.45厘米，三径平均为4.5厘米。

(2)坚果经济性状　坚果倒卵形，浅黄色，果顶平而微凹，果基扁圆，壳面刻沟浅、稀，较光滑，缝合线平，结合紧密，不易开裂，内褶壁膜质，纵隔不发达。三径平均为3.57厘米，平均单果重12.7克，仁重约7.84克；壳厚约1.1毫米，可整仁取出。内种皮淡黄色，无涩味，核仁饱满，有香味。坚果综合品质略优于对照元丰(表3-1)。

(3)生长结果习性　该品种树势中庸，树姿开张。幼树生长较旺，新梢较细，枝条髓心较小。嫁接苗定植后第一年开花，第二年结果，结果后树势变弱。母枝分枝力强，坐果率为82%，侧花芽比率为86.3%，以中、短枝结果为主。丰产、稳产性较强(表3-2)。

表 3-1　鲁香核桃坚果的经济性状

品种	外观			种仁					单果重(克)	壳厚(毫米)	出仁率(%)	脂肪(含量%)	蛋白质(含量%)	分数
	果形	果面	缝合线	仁重(克)	颜色	取仁难易	饱满度	风味						
鲁香	美观	光	平	8.44	浅黄	易	饱满	香	12.7	1.1	66.5	63.6	22.3	70
元丰(对照)	美观	光	平	5.9	深黄	易	较饱满	稍涩	12.0	1.15	49.7	68.68	19.23	47

表 3-2　鲁香核桃的生长结果习性

品种	新梢长(厘米)	枝粗(厘米)	分枝力	侧花芽比例(%)	单位投影面积产仁量(克/米^2)	坐果率(%)	平均每果枝结果数(个)
鲁香	49.5	0.72	强	86.3	393.4	82	2.3
元丰(对照)	42.8	0.70	中强	75.0	382.9	70	2.2

(4)物候期　在泰安,鲁香 3 月下旬发芽,雄花期为 4 月中旬,雌花期为 4 月下旬,雄花先开。8 月下旬果实成熟,果实发育期 123 天左右。11 月上旬落叶,植株营养生长期 210 天。雌花期与鲁丰等雌先型品种的雄花期基本一致,可互为授粉品种。

(5)早实丰产性　鲁香为早实品种,萌芽力和成枝力较强,侧花芽比例高,雌花形成容易,坐果率高,早期丰产性好。嫁接在 3 年生本砧上,翌年株产约为 0.75 千克,第四年平均株产达 3.5 千克。

3. 品种适应性及适栽地区　经过 10 余年的品种对比和区域试验表明,鲁香核桃抗逆性强,适应性广。在泰安、临沂、济南、荣城等地的沙石山和青石山区栽培,树体生长发育良好,早实、丰产,品质优良。特别是在土层深厚的青石山区和平原地区产量高,核仁香味更浓,好果率在 95%以上。

鲁香适宜的生长条件是:年平均气温 9℃～15℃,低温极限−28℃,≥10℃的年积温为5000℃,年降水量500毫米左右,年日照时数在2500小时左右,无霜期170天以上。土层深度要求1米以上,土壤pH值适应范围为6.3～8.2,最适宜在青石山及含钙丰富的微碱性土壤上生长。

元　丰

1. 品种来历　山东省果树研究所从引进的新疆早实类群实生树中选育而成。主要栽培于山东、山西、陕西、辽宁、河南和河北等地。

2. 品种特征特性　树冠半圆形,主枝开张角度为40°～45°,树势中庸,新梢黄绿色,复叶小叶5～7片,全缘无茸毛,为雄先型。雄花量较多,雌雄花芽重叠,常有二次开花结果习性。结果枝组紧凑、粗短,连续结果率为95.5%。6年生平均株产3.24千克,平均每平方米冠幅投影面积产仁195克。坚果卵圆形,中等大,平均单果重12克,壳厚1.15毫米。易取整仁,出仁率为49.7%,仁色深,风味香。

3. 品种适应性及适栽地区　该品种适应性较强,早期产量高,品质优良。适宜在山丘土层深厚处栽培。

上宋6号

1. 品种来历　由山东省果树研究所于1975年从新疆早实核桃实生优株中选出。1979年定为优系。已在山东、河南、陕西和河北等地栽植。

2. 品种特征特性　树势中庸,开张,分枝力中等,侧生混合芽比率为85%,早实型。每雌花序着生2朵雌花,坐果率约为82%,雄花数量多,为雌先型。青果皮深绿色,无茸毛,果柄粗。在山东省泰安地区雌花期为4月中旬,雄花期为4月下旬。坚果在8月底成熟,抗病性较差。坚果卵形,纵径约为3.99厘米,横径约为

3.5 厘米，平均单果重 9.67 克。壳面光滑，色浅，少有露仁。缝合线窄而平，结合紧密，壳厚约 1 毫米。内褶壁退化，横隔膜膜质，可取整仁。核仁充实饱满，仁色较深，脂肪含量为 70.38%，蛋白质含量为 21.38%。风味香，有涩味。11 年生母树，年产坚果约 10 千克，5 年生嫁接树株产约 3 千克。

3. 品种适应性及适栽地区　该品种早实丰产性较强，核仁色深，嫁接成活率高，抗病性较差，宜在土层深厚的立地条件下栽植。

岱　香

1. 品种来历　1992 年山东省果树研究所用早实核桃品种辽核 1 号作母本，香玲为父本进行人工杂交选育而成。1997 年定为优系，编号为 92-3-7。1998—2002 年进行复选、决选，并在肥城、泰安、费县等地进行高接区试及品种对比试验。根据核桃良种选育标准和记载方法，详细调查了枝条节间长度和粗度等植物学特征、生物学特性和坚果经济性状。2003 年通过山东省林木品种审定委员会审定并命名。

2. 品种特征特性

(1)植物学特征　树姿开张，树冠圆形。树干皮灰白色，幼树期间平滑，大树有纵裂。枝条粗壮密集，皮光滑。1 年生枝绿褐色，无毛，具光泽，髓心小。徒长枝多有棱状突起。新梢平均长 14.67 厘米，直径 0.83 厘米。2 年生枝褐色，多年生枝灰白色。混合芽圆形，肥大饱满，二次枝有芽座，主、副芽分离，黄绿色，具有茸毛。混合芽抽生的结果枝着生 2～4 朵雌花，雌花柱头黄绿色，雄花序长 9 厘米左右。复叶长约 47.9 厘米，小叶数 7～9 片，长椭圆形，基部歪斜，先端有短尖，小叶柄极短，顶生小叶具 3.5～5 厘米长的叶柄，且叶片较大，长约 17.8 厘米，宽约 11.3 厘米。小叶全缘，叶面深绿色，无毛，背面淡绿色。侧脉 14 对，脉腋具簇状短茸毛。

(2)生长结果特性　树势强健，树冠密集紧凑。幼树期生长旺盛，新梢粗壮，髓心小，占木质部的百分率为 42.9%。随树龄增加树势缓和，枝条粗壮，萌芽力、成枝力均强，节间平均长 2.42 厘米，分枝力强(1∶4.3)，抽生强壮枝多，新梢尖削度大。混合芽大而多，连续结果，雄花芽少是该品种丰产、稳产的突出优良性状。嫁接苗定植后，第一年开花，第二年开始结果，坐果率为 70%。侧花芽比率在 95%以上，多双果和三果。结果母枝抽生的果枝短且多，果枝率高达 91.2%。为雄先型品种。果实圆形，浅绿色，茸毛稀，皮孔小而密，果柄短，青果皮厚约 0.26 厘米，三径平均为 4.57 厘米。

(3)坚果经济性状　坚果圆形，浅黄色，果基圆，果顶微尖。壳面较光滑，缝合线紧、稍凸，不易开裂。内褶壁膜质，纵隔不发达。坚果纵径约为 4.0 厘米，横径约为 3.6 厘米，侧径约为 3.78 厘米，壳厚约 1 毫米。平均单果重 13.9 克，仁重约 8.1 克，易取整仁，内种皮浅黄色，无涩味，核仁饱满，香味浓，不涩。出仁率为 58.7%，脂肪含量为 66.2%，蛋白质含量为 20.7%，坚果综合品质优良。

(4)物候期　在山东省泰安地区，岱香核桃 3 月下旬发芽，4 月中旬雄花开放，4 月下旬为雌花期。9 月上旬果实成熟，果实发育期 123 天左右。11 月上旬落叶，植株营养生长期 210 天。雌花期与鲁丰等雌先型品种的雄花期基本一致，可互为授粉品种。

3. 品种适应性及适栽地区　该品种适应性广，早实、丰产、优质。但是，在土、肥、水条件差的山区，生长过于缓慢，影响早期单位面积产量。而在土层深厚的平原地，树体生长快，盛果期快而产量高，坚果大，核仁饱满，香味浓，好果率在 95%以上。岱香核桃适宜生长的环境条件是：年平均气温 9℃～15℃，极端低温高于－28℃，≥10℃的年积温为 4000℃，年降水量 500 毫米左右，年日照 2500 小时，无霜期 170 天以上。土层厚度 1 米以上，土壤 pH 值适应范围为 6.3～8.2，最适宜在平原壤土地栽植。

岱　辉

1. 品种来历　山东省果树研究所从早实核桃品种香玲实生后代中选出的优良矮化核桃新品种，2003年通过山东省林木品种审定委员会审定并命名。

2. 品种特征特性　树势强健，树冠密集紧凑。分枝力强，坐果率为77%，侧花芽比率为96.2%，多双果和三果。坚果圆形，纵径约为4.1厘米，横径约为3.5厘米，侧径约为3.8厘米，壳厚约0.9毫米。平均单果重13.5克，略大于香玲。仁浅黄色，果基圆，果顶微尖。壳面光滑，缝合线紧，稍凸，不易开裂。内褶壁膜质，纵隔不发达，易取整仁。核仁饱满，浅黄色，香味浓，不涩。出仁率为59.3%，脂肪含量为65.3%，蛋白质含量为19.8%。在山东省泰安地区，3月下旬萌芽，4月中旬雄花开放，4月下旬为雌花期。9月上旬果实成熟，果实发育期120天左右。11月上旬落叶，植株营养生长期210天。

3. 品种适应性及适栽地区　该品种产量高，坚果大，核仁饱满，适宜在土层深厚的平原地区栽培。

鲁　丰

1. 品种来历　1978年通过人工杂交育成，亲本为上宋6号和阿克苏9号，1985年选出，1989年定为优系，代号为N78-1-10，1991年开始以元丰核桃为对照，在山东省肥城及章丘等地进行高接对比试验，表现突出，1996年通过专家验收，定名为鲁丰。

2. 品种特征特性

(1)生长结果特性　树势中庸，树姿直立，树冠半圆形。枝条粗壮较密集，分枝力强，一般从第二年起开始大量分枝。1年生枝条绿褐色。复叶长约44.87厘米，小叶倒卵形，果柄细，长3.5厘米。青果皮绿色，茸毛稀。早实型，2年生开始结果。属雌先型，雌花双生或三生，单生较少，坐果率为80%，有腋花芽结果能力，侧花芽比例为86%，雄花量少。11年生母树株产坚果约13千克，5年生嫁接树株产约3千克(最高株产5.2千克)。坚果近圆形，纵径3.65厘米，横径3.42厘米，侧径3.45厘米，平均单果重13.2克。壳面多浅沟，不很光滑。缝合线窄，稍隆起，结合紧密。壳厚约1毫米，可取整仁，出仁率为62.2%。核仁色浅，饱满，仁重约8.21克，脂肪含量为71.2%，蛋白质含量为16.7%，味香甜，无涩味。在干旱条件下，果实大小变化很小。在各区试点及山东推广栽培区未发生冻害现象。田间自然感病率低于5%。在砂石山区及青石山区的微酸性土壤至微碱性土壤中均生长良好。

(2)**物候期** 在山东省泰安地区3月下旬萌芽，4月中旬副梢萌动，3月下旬至4月上旬为新梢始长期，4月中旬至5月上旬为速长期。雌花盛期4月中旬，雄花散粉期4月下旬。坚果8月下旬成熟，11月中旬开始落叶。

3. 品种适应性及适栽地区 鲁丰核桃适宜在年平均气温9℃～15℃，低温极限－28℃，≥10℃年积温为5000℃，年降水量500毫米左右，年日照时数在2500小时左右，无霜期170天以上的区域栽培。土层深度要求在1米以上，对土壤酸碱性要求不严，土壤pH值适应范围为6.3～8.2，最适宜在青石山区含钙丰富的微碱性土壤上生长。

岱　丰

1. 品种来历 山东省果树研究所从丰辉核桃实生后代中选出，2000年4月通过山东省林木品种审定委员会审定。

2. 品种特征特性 坚果长椭圆形，果顶尖，果基圆，果实中大型，纵径约为4.85厘米，横径约为3.52厘米，侧径约为3.48厘米，平均单果重14.5克。壳面较光滑，缝合线较平，结合紧密，壳厚约1毫米，可取整仁。核仁充实、饱满、色浅、味香，无涩味，出仁率为 58.5%。核仁脂肪含量为 66.5%，蛋白质含量 18.5%。坚果品质上等。

树势较强，树姿直立，树冠圆头形。枝条粗壮，较密集。混合芽肥大、饱满、无芽座，雌花多双生，腋花芽结实能力强。侧生混合芽比例为 87%，属雄先型。在山东省泰安地区，3 月下旬发芽，4 月上旬展叶，4 月中旬雄花开放，4 月 20 日左右雌花盛开。坚果 8 月下旬成熟。

3. 品种适应性及适栽地区　该品种适宜在华北及西部地区的山区、丘陵区栽培。

元林和青林

1. 品种来历　由山东省林业科学研究院通过核桃种间杂交(母本为元丰，父本为强特勒)选育出的新品种。2007 年 9 月通过了山东省科学技术厅组织的成果鉴定，并命名为元林、青林。

2. 品种特征特性

(1)元林　树姿直立或半开张，生长势强，树冠自然半圆形，枝条平均长 23.76 厘米，直径 0.86 厘米，节间长 3.64 厘米，侧生混合芽率为 85%左右，以中、短果枝结果为主。单枝以双、三果为主，多者坐果可达 8 个，坐果率为 60%～70%，结果母枝连续结果能力较强，可连续 4 年结果。早实、丰产性状表现突出。果实黄绿色，长椭圆形，果点较密，果面有茸毛，青皮厚约 0.4 厘米，青皮成熟后容易脱落。坚果长圆形，纵径约为 4.25 厘米，横径约为 3.6 厘米，侧径约为 3.42 厘米，平均单果重 16.84 克。壳面光滑美观，浅黄色。缝合线略窄而平，结合紧密，壳厚 1.26 毫米左右，褶壁退化，易取整仁。核仁充实饱满，仁重约 9.35 克，出仁率为 55.42%左右，脂肪含量为 63.3%，蛋白质含量为 18.25%，味香微涩。

(2)青林　优良母株生长旺盛，干性强，树姿直立，结实量大。33 年生树高约 18.5 米，干高约 5.9 米，胸径约为 41.6 厘米，冠径约为 12 米×10 米，材积量约为 1.168 立方米，平均每年材积量为 0.0354 立方米，第一代能够保持母株的特性。7 年生实生树平均株高 9.17 米，干高 5.2 米，胸径为 11.55 厘米，年平均树高生长量为 1.31 米，胸径增长量为 1.65 厘米。坚果长椭圆形，果基圆，果顶微尖，纵径约为 4.03 厘米，横径约为 3.52 厘米，侧径约为 3.44 厘米。平均单果重 17.78 克，壳面为条状刻沟，较深，壳面较光滑，壳色黄褐色，缝合线窄凸，结合紧密，壳厚约 2.18 毫米。内褶壁退化，横隔膜膜质，取仁易，可取半仁或整仁。核仁浅黄色，充实饱满，内种皮淡黄色，无涩味，浓香，品质上等。仁重约 7.27 克，出仁率为 40.12%左右，脂肪含量为 67.7%，蛋白质含量为 13.79%。

3. 品种适应性及适栽地区

(1)元林　萌芽晚，抗晚霜，较抗细菌性黑斑病、炭疽病，结果早，品质优，丰产性状稳定，外观商品性状优良等特点。适宜在平原和丘陵山地、梯田堰边等土壤立地条件较好，在早春容易发生冻害的地区的地方栽植。

(2)青林　作为实生核桃品种，适于材果兼用。

绿波、豫新和薄丰

1. 品种来历　河南省是我国核桃的主要产区之一，栽培历史悠久，种质资源丰富。由于长期采用种子繁殖，遗传性状各异，一些具有突出优良性状的变异单株散生各地，选择培育这些种质资源是实现核桃早实、优质、丰产的主要途径。河南省引种新疆核桃有近 40 多年的历史，具有核桃选优的雄厚的物质基础。1971 年以来，在核桃种质资源调查的基础上，开展了优株选择，通过多点栽培和品种比较试验，从 485 株优树中选育出了绿波、豫新、薄丰 3 个早实、优质、丰产核桃新品种，并在“七五”期间参加了全国良种核桃区域试验。其中绿波新品种 1989 年被评为全国第一批 16 个早实核桃新品种之一。到目前，这 3 个新品种在河南省已嫁接繁殖 11 万多株，建立无性系核桃良种园 67 余公顷，并且禹县、浚县、卢氏、嵩县、洛阳、洛宁、林县、辉县等地的良种园已开花结果，先后被山西、陕西、北京、甘肃、河北、辽宁和湖南等省市引种栽培，均表现出了早实、优质、丰产的特性。

2. 品种特征特性

(1)绿波(原名禹林 1 号)　树势较旺，树形开张、自然圆头形。叶色绿，树干皮孔稀疏，小枝呈褐绿色，青果皮翠绿，果皮较厚。小叶多为 5～7 片，叶长约 9 厘米，叶宽约 5 厘米。高接在 7 年生砧木上，接后，4 年生树高约 5.8 米，主干高约 5.5 米，干径约 14.4 厘米，平均冠幅 4.2 米，果枝平均长 8.6 厘米，直径 0.6 厘米。分枝力为1∶3，常抽生二次梢。3 月底至 4 月初发芽，4 月上中旬展叶。属雌先型，4 月中下旬雌花盛开，雄花 4 月中下旬开始散粉，历时约 5 天。8 月底至 9 月初果实成熟。10 月中旬开始落叶，持续 1 个月左右。

腋芽抽枝结实力强，侧花芽率 100%。母枝平均抽生新枝 3 个，抽生果枝 2.9 个，果枝率为 97%，每果枝平均坐果 2 个，最多达 4 个。结果母枝连续结实能力强，3 年连续结果率为 90%，高接在 8 年生砧木上，翌年平均结果 47 个，第三年平均结果 468 个，第四年平均结果 388 个，第五年达 684 个，4 年生树平均年株产坚果 397 个；高接在 10 年生砧木上，第四年结果 1200 多个，折合 15.5 千克(每千克 80 个)。大面积高接换种后的第二年，平均单株结果 0.6 千克以上。播种后第二年即可结果。

青果皮翠绿，斑点明显，成熟期表面果皮仍保持绿色。坚果卵圆形，果形指数为 0.84，缝合线隆起，但较窄，果面有浅刻纹。平均单果重 12 克，三径平均值为 3.6 厘米，壳厚 0.9～1.1 毫米。能取整仁或半仁，出仁率为 54%～58.4%，仁黄白色，风味浓香，脂肪含量为 68.7%～72.9%，粗蛋白质含量为 18.78%，氨基酸总含量为 42.4%

绿波品种在全国良种评比与区域试验园中，树冠投影单位面积平均产仁 303.8 克，评为全国第一批早实核桃新品种。目前已高接换优 3 万多株，无性系建园 67 余公顷。主要在河南、山西、河北、陕西、辽宁、甘肃和湖南等地栽培。

(2) 豫新(原名阿 85) 树势中庸，叶色浓绿，树形紧凑、圆柱形。高接在 7 年生砧木上，接后 5 年生树高约 5.5 米，主干高约 1 米，干径约 14 厘米，平均冠幅 3.2 米。树干皮孔较稀，小枝呈绿色，青果皮绿色。小叶多为 5～9 片，叶长 12 厘米，叶宽 6 厘米。枝条粗壮，果枝平均长 5.3 厘米，直径 0.6 厘米。芽大而饱满，分枝能力强，分枝力为 1∶3.1，侧花芽率为 97%，常抽生二次梢。3 月底至 4 月初发芽，4 月上中旬展叶，属雌先型，4 月中下旬盛开，雄花 4 月中下旬开始始散粉，历时 4 天左右。果实 9 月初成熟。10 月中旬落叶，持续 1 个月左右。

腋芽抽枝结实力强，母枝平均抽生新枝 3.1 个，平均抽生果枝 3 个，果枝率为 97%，每个果枝平均坐果 1.6 个、多为单果，很少有 3 个果。母枝连续结果能力强，3 年连续结果率为 90%，产量稳定。高接在 7 年生本地实生核桃树上，翌年平均结果 122 个，第三年平均结果 138 个，第四年平均结果 559 个，第六年达到 1078 个，连续 5 年平均年产果 548 个，即 8.6 千克，播种后第二年即可结果。

坚果较大，近圆形，果形指数为 0.9，三径平均值为 4 厘米，单果重 13.2～15.6 克，缝合线平，壳表面刻纹少而浅，果面较光，内褶壁不发达，取仁极容易，壳厚 1～1.2 毫米。出仁率为55%～57.7%，核仁浅黄色，风味香，脂肪含量为 70.7%～72.7%，粗蛋白质含量为 16.57%，氨基酸总含量为 48.4%。

豫新品种在全国良种评比与区域试验园中，其丰产性状表现突出，树冠投影单位面积平均产仁 353.4 克，名列前茅。目前已用嫁接的方法高接换优 8 万多株，无性系建园 200 多公顷。是一个早实、丰产、优质、适生范围广的优良新品种。

(3)薄丰(原名嵩县1号)　树势旺盛,树姿开张,树冠扁圆形,分枝力强,分枝力为1∶4.4。多抽生二次枝,偶尔抽三次枝。7年生树高约6.8米,主干高约55厘米 ,干径约11厘米,平均冠幅4.2米。树干皮孔较稀,呈圆形,有浅纵裂。青果皮绿色,果柄较长。叶浅绿色,小叶多为5～9片,叶长约14.5厘米 ,叶宽约7厘米。枝条粗壮,小枝为灰绿色,主、副芽相距较远,有芽座。果枝平均长10厘米,直径0.74厘米,3月下旬发芽,4月初展叶,属雄先型。雄花4月上中旬散粉,历时3天左右,雌花4月上中旬盛开,9月初果实成熟,10月中旬落叶,历时1个月。

腋芽抽枝结实力很强,侧花芽率为97%,母枝抽生果枝2～3个,粗壮的长结果母枝可抽生果枝20多个,且都能结果,每果枝结果1～5个,双果率为74%。结果母枝连续3年结果率达90%。定植1年生苗,翌年开始结果,平均株产果27个,第三年结果129个,第四年结果341个,第五年结果574个,第六年结果1253个,第七年结果1767个,平均每年结果515个,折合7.2千克。

青果皮淡绿色,有黄斑,皮厚0.3～0.4厘米。坚果卵圆形,果形指数为0.82,果面光洁,缝合线平,外观美,平均单果重13克,三径平均值3.6厘米,壳厚0.9～1.2毫米。内壁光滑,可取整仁,出仁率为53%～59.2%,粗蛋白质含量为23.99%,粗脂肪含量为72.4%,核仁饱满,色黄白,风味浓香。

该品种丰产性突出,在全国良种评比园中虽比其他品种晚嫁接1年,但树冠单位投影面积产仁量仍达242克,在山地栽培中表现出较强的耐旱能力,是一个壳薄、丰产、蛋白质含量较高、优质的有发展前途的良种。目前已嫁接繁殖5000株以上。

3. 品种适应性及适栽地区　该品种长势旺,适应性强,抗果实病害,丰产,优质,宜加工核桃仁,适于在我国华北、西北各省,凡年平均气温在12℃～16℃、年降水量400～800毫米、日照时数

2000 小时以上、无霜期 150 天以上的地区都可栽植，但要选择背风向阳的山丘缓坡地、平地或排水良好的沟平地。以在地下水位为 2 米以下、中性至弱碱性、透气良好且能保水的壤土或沙壤土的地方栽植最为理想。

西扶 2 号

1. 品种来历 扶风隔年核桃是我国珍贵的早实核桃种质资源，同新疆隔年核桃一样具有早实特性，丰产性强，植株较低矮，是实现园艺式矮化栽培的理想材料。但是由于长期有性繁殖，坚果多为杂合体，品质良莠不齐，有些单株果实小，夹隔，品质差，产量低；同时也有一些优变单株，果个大，出仁率高，不夹隔，品质好，极丰产。因此，选择产量高，早实，品质好的优良单株，进一步培育为新品种，在生产上广泛应用，对实现陕西地区乃至全国核桃园艺式矮化栽培，生产优质核桃，有着重要的意义。

西扶 2 号桃核是从陕西省扶风县降帐镇罗家村林场选育出的。首先从 1970 年播种的扶风隔年核桃实生苗中选出翌年能结实的苗木，1972 年建园，进行林粮间作管理，根据一定的产量、品质和抗性等指标，1981 年对该园所有植株进行野外调查、室内测定分析，西扶 2 号被初选为优株。1982—1983 年连续 2 年进行了复选，建立无性系测定园，1987 年决选为优树，并通过了省级鉴定，认为该优树产量、品质均达到国内先进水平，1990 年被林业部列为科技兴林 100 项重点推广项目之一，1992 年陕西省科委立项进行新品种培育研究，进行了区域比较试验，在黄土高原地区丰产性能十分明显，将成为黄土高原南部的重要栽培品种。目前在甘肃天水、陕西渭北及延安以南丘陵地区至山西吕梁地区有大面积栽培，并在四川等 20 多个省进行了引种试验和栽培。该品种 1981 年初选号为“扶 2”，1987 年决选定名为“西扶 2 号”。

2. 品种特征特性 树势开张，树体较低矮，高 5～6 米，分枝力强，冠幅约 4.2 米，1 年生枝黄绿色，主干分枝早，树干较低，节间较短，枝条斜平，复芽、上芽呈锥状，顶芽有明显两棱，侧枝占枝条数的 86%，复叶为奇数羽状复叶，顶部小叶大，小叶数 5～7 片，最少 3 片，最多 9 片，混合芽抽生枝条开花坐果后，粗壮枝条能发 1～3 个副梢，副梢上具有带柄芽。有二次开花结果习性，但二次花不能坐果。

早实性特别明显，嫁接苗当年可全部开花，翌年能全部结果，丰产性强，腋花芽枝开花结果率高（100%），中短果枝率也高（78.13%），产量高而稳，长、中、短果枝比为 12∶65∶23，果实产量 0.447 千克/米^2，超过国家颁布的优树标准，连续结果能力强，稳产，每雌花序着生 3 朵雌花，坐果率 60%，以双果为主。

坚果元宝形，果面有中等麻点，纵径约为 3.08 厘米，横径约为 3.188 厘米，缝合线径约为 3.078 厘米，三径平均为 3.117 厘米，壳厚约 1.669 毫米，隔膜革质，取仁容易。含油率为 68.49%。

在陕西关中地区，萌芽期为 3 月 25 日，展叶期为 4 月上旬，嫩叶呈黄绿色，雄花盛期为 4 月 18 日至 24 日，雌花盛期 4 月 15 日至 20 日，属雌先型。雌花 18 日以前开的可由西扶 1 号雄花进行授粉。坚果 9 月中旬成熟，落叶期为 11 月中旬。

3. 品种适应性及适栽地区　经过 10 多年的观察研究，该品种抗病性强，尤其在渭北地区对黑斑病、灰斑病、轮斑病有较强的抗性，抗旱性强，较耐寒。

西扶 2 号核桃适宜在年平均气温 8.5℃～14℃，最低气温不低于－25℃、年降水量 500 毫米以上、年日照时数 2500 小时、无霜期 170 天以上的地区栽培，黄土高原地区海拔为 700～1300 米，以 800～1200 米为最佳适生区，秦巴山区汉江流域海拔为 800～1500 米，商洛及秦岭北坡地区海拔为 600～1400 米，以 700～1200 米为最佳适生区。以土壤深厚疏松的坡凹坡麓河谷及四旁栽植最好。土壤以红沙岩、石灰岩及片麻岩，斑状花岗岩等风化的沙壤土壤最适宜。中性、微酸性、微碱性土壤均能生长。

西林2号

1. 品种来历 由原西北林学院从早实、薄壳、大果核桃实生后代中选育而成。1989年定名。主要栽培于陕西、河南、宁夏等地。

2. 品种特征特性 树势强健，树姿开张，树冠自然开心形，分枝力强，节间短。属雌先型，早熟品种，侧生混合芽率为88%，每果枝平均坐果1.2个，长、中、短果枝比为35∶35∶30。坚果圆形，三径平均为3.94厘米，平均单果重14.2克。壳面光滑，略有小麻点。缝合线窄而平，结合紧密，壳厚约1.21毫米。内褶壁退化，横隔膜膜质，易取整仁。核仁充实饱满，出仁率为61%。核仁呈乳黄色，味脆而甜香。

3. 品种适应性及适栽地区 该品种生长势强，早实丰产，适应性较强。坚果个大均匀，品质优良，宜作生食。适宜于华北、西北及平原地区栽培。

陕核1号

1. 品种来历 由陕西省果树研究所从扶风县隔年核桃实生群体中选出。1989年定名。已在陕西、河南、辽宁和北京等地栽培。

2. 品种特征特性 树势较强，树姿半开张，树冠半圆头形，为短枝型品种，分枝力强，丰产性和抗病性均强。属雄先型，中熟品种。侧生混合芽率为47%，每果枝坐果平均1.36个。坚果近圆形，三径平均为3.48厘米，平均单果重11.8克。壳面光滑，壳厚约1.09毫米。可取整仁或1/2仁，乳黄色，出仁率为60%，风味好。

3. 品种适应性及适栽地区 该品种短果枝结果，丰产，但坚果较小。适宜加工销售，可在西北、华北核桃栽培区栽培。

陕核5号

1. 品种来历　由杨卫昌等从新疆早实核桃实生树中选出。在陕西陇县、眉县、商洛等地成片栽植。现已在河南、山西、北京、辽宁和山东等地栽植。

2. 品种特征特性　树势旺盛，树姿半开张，14年生母树高约8.3米。枝条长而较细，分布较稀。分枝力强，侧生混合芽比例为100%。平均每果枝坐果1.3个。属雌先型，在陕西省4月上旬发芽，4月下旬雌花盛开，雄花散粉始于5月上旬。9月上旬坚果成熟，9月下旬开始落叶。坚果中等偏大，长圆形。平均单果重10.7克。壳薄，有时露仁，取仁极易，可取整仁。仁重约5.9克，出仁率为55%。仁色浅，风味甜香，粗脂肪含量为69.07%。品质优良，较丰产，树冠垂直投影产核仁143克/米^2。

3. 品种适应性及适栽地区　该优系树体生长快，坚果品质优良，但早期丰产性较差，核仁常不充实。宜在肥水条件较好的条件下栽植或与农作物间种。

西扶1号

1. 品种来历　由原西北林学院从陕西扶风县隔年核桃实生后代中选育而成。1989年定名。在陕西、河南、河北、山西、甘肃和北京等地栽培。

2. 品种特征特性　树势中庸，树姿较开张，树冠圆头形，分枝力中等，丰产性及抗病性均强。属雄先型，晚熟品种。侧生混合芽率为90%，长、中、短果枝比例为25∶55∶20，每果枝平均坐果1.29个。坚果长圆形，果基圆形，三径平均为3.17厘米，平均单果重12.5克。壳面光滑，缝合线窄而平，结合紧密，壳厚约1.2毫米。内褶壁退化，横隔膜膜质，易取整仁。出仁率为53%，核仁充实饱满，味香甜。

3. 品种适应性及适栽地区 该品种适应性强，早期丰产性强，有较强的抗性，适于在华北、西北及秦巴山区等地栽培。

金薄香1号

1. 品种来历 由山西省农业科学院果树研究所从新疆薄壳核桃中实生选育而成。1985年从新疆引入核桃优良种子，当年冬季经过沙藏层积处理，翌年春天在温室内点播和用营养袋育苗法培育实生苗，1987年移栽到大田实生炼苗。同时采顶端饱满芽，在山核桃上嫁接，成苗后定植。经过4～5年的观察，将抗寒性弱、易感病的单系淘汰，初选出适应性较强的优系继续进行植物学特征、生物学特性、适应性的调查研究及驯化栽培、品种比较和区域试验。1991年首批嫁接苗进入初结果期，初选出金薄香系列早实、薄壳型核桃新品系，金薄香1号是其中之一。经过十几年的栽培观察、区域试验证明，该品种具有早果、丰产、出仁率高、品质优、抗逆性强等优良特性。2004年9月经山西省林木品种审定委员会组织专家鉴评，认为该品种是一个具有发展潜力的核桃新品种。

2. 品种特征特性

(1)植物学特征 1年生枝条呈绿褐色，2年生枝条灰绿色，皮孔较稀，灰白色，形状不规则。叶呈浅绿色，无褶缩，叶脉明显，叶缘无锯齿。叶芽长圆形，着生于叶腋间；休眠芽着生于枝条中下部；雌花芽半圆形、饱满，着生于枝条顶端叶腋间；雄花芽呈长圆锥形、瘦小，着生于叶腋间。

(2)生长结果习性 幼树生长较旺，树姿直立，芽具早熟性，树冠中下部部分枝条能抽生二次枝。成龄树干性较弱，新梢年平均生长量为33.3厘米，短果枝占80%，中果枝占15%，长果枝占5%，全树结果部位比较均匀，结果枝以单果为主。该品种在山核桃上嫁接后，嫁接苗在苗圃就能开花结果，第二年部分植株可结果，第五年进入初盛果期，连续结果能力强，丰产。

(3)果实经济性状　坚果长圆形，缝合线明显，纵径为4.5厘米，横径约为3.81厘米，侧径约为3.61厘米，果形指数为1.18，平均单果重15.2克。壳厚约1.15毫米，易取仁，出仁率为60.5%。果仁乳黄色，单仁重约9.2克，肉乳白，肉质细腻，香味浓，微涩，品质上等。

(4)物候期　该品种在晋中地区3月下旬开始萌芽，4月上旬开花、展叶，4月中旬新梢开始生长，6月中下旬为果实硬核期，9月上旬果实成熟，10月下旬开始落叶，全年生长期为200～220天。

3. 品种适应性及适栽地区　该品种对土壤适应性较强，耐旱、耐瘠薄，在平地、丘陵、山区均生长良好。抗寒性较强，冬季地面最低温度达－25℃时仍能安全越冬。抗病虫害。

金薄香2号

1. 品种来历　由山西省农业科学院果树研究所从新疆薄壳核桃优良品种(具体品种不详)自然实生树中选出的薄壳核桃新品种，2006年9月通过山西省林木品种审定委员会组织的专家审定。

2. 品种特征特性　树姿直立，多年生枝条呈灰白色，2年生枝条呈灰褐色，1年生枝条呈灰绿色，枝条有光泽。顶叶长约18.12厘米、宽约9.8厘米、厚约0.3毫米，浓绿色，无褶皱，叶片平展，叶柄长约3.9厘米、直径约0.4厘米，叶缘无锯齿，光滑。叶芽较小，圆、钝。雄花芽长约0.7厘米、宽约0.4厘米，钝圆锥形。雌花芽较小，圆，饱满，着生于枝条叶腋间。坚果圆形，纵径约为3.7厘米，横径约为3.9厘米，侧径约为3.6厘米，果形指数为1.9，平均单果重12.3克，缝合线浅平，壳厚约1毫米，仁重约7.6克，出仁率为61.7%，易取出整仁或半仁，果仁颜色较深，果肉乳白色，肉质酥脆，余味香，品质上等。金薄香 2 号核桃母树生长势较强，中央领导干干性强，骨干枝分枝角度为 80°，6 年生侧枝约长 2.4 米；下垂枝长势较弱，萌芽率高，成枝力弱，1 年生枝平均长 19.4 厘米，副梢长 20 厘米，枝条长势中等，根蘖发生较多。幼树生长较旺，芽具早熟性，中下部强旺枝条能抽生二次枝及少量徒长枝。该品种嫁接在山核桃上，嫁接苗在苗圃就能开花结果，翌年部分植株可结果，第四年进入盛果初期，盛果期平均每 667 平方米产量 200 千克，丰产，连续结果能力强。在山西省晋中地区，3 月下旬开始萌芽，4 月上旬雄花开花、展叶，4 月中旬新梢开始生长，6 月中下旬为果实硬核期，9 月上旬果实成熟，10 月下旬开始落叶，11 月上中旬叶片全部脱落。

3. 品种适应性及适栽地区　该品种在平地、丘陵、山区均能种植，在核桃产区都可以发展。抗寒性较强，冬季地面最低气温－25℃时仍能安全越冬，耐旱，抗病虫。对肥水要求较高，肥水不足时，容易出现大小年结果现象。

晋　香

1. 品种来历　由山西省林业科学研究所从祁县新疆核桃实生树中选育而成。1991 年定名。主要在山西、河南、陕西和辽宁等地栽培。

2. 品种特征特性　树势强健，树姿较开张，树冠矮小，半圆形，分枝力强。14 年生母树年产核桃 12 千克左右。嫁接苗翌年结果，6 年生树株产核桃约 4 千克。坚果圆形，三径平均为 3.57 厘米，平均单果重 11.5 克。壳面光滑美观，缝合线平，结合较紧密，壳厚约 0.82 毫米。内褶壁退化，横隔膜膜质，可取整仁，出仁率为 63%左右。仁饱满，乳黄色，味香甜。

3. 品种适应性及适栽地区　该品种丰产性强，坚果美观，出仁率高，生食、加工皆宜。抗寒、耐旱、抗病性强，适宜矮化密植栽培。要求肥水条件较高，适宜在我国北方平原或丘陵区土肥水条件较好地块栽培。

晋　丰

1. 品种来历　由山西省林业科学研究所从祁县的新疆核桃实生树中选育而成。1991 年定名。主要在山西、河南、陕西和辽宁等地栽培。

2. 品种特征特性　树势中庸，树姿较开张，树冠半圆形，干性较弱而短果枝较多，分枝力为 2.02，果枝率为 84.38%，果枝平均坐果 1.56 个。为雄先型。坚果圆形，中等大，平均单果重 11.34 克。壳面光滑美观，壳厚约 0.81 毫米，微露仁，缝合线较紧。可取整仁，出仁率为 67%。仁色浅，风味香，品质上等。

3. 品种适应性及适栽地区　该品种丰产、稳产，需要注意疏花疏果。耐寒、耐旱、较抗病。适宜在我国北方平原或丘陵区土肥水条件较好地块栽培。

温 185

1. 品种来历　由新疆维吾尔自治区林业科学研究院在阿克苏市温宿县薄壳核桃实生群体中选育而成。1989 年定名。主要在新疆阿克苏、喀什等地栽培，现已在河南、陕西、山东和辽宁等地栽培。

2. 品种特征特性　树势较强，树姿较开张。枝条粗壮，发枝力极强，有二次枝。雌先型，早熟品种。侧生混合芽率为 100%，每果枝平均坐果 1.71 个。坚果圆形或长圆形，果基圆，果顶渐尖。三径平均为 3.4 厘米，平均单果重 15.8 克。壳面光滑，缝合线平或微凸起，结合紧密，壳厚约 0.8 毫米。内褶壁退化，横隔膜膜质，易取整仁。出仁率为 65.9%，核仁充实饱满，乳黄色，味香。

3. 品种适应性及适栽地区　该品种抗逆性强，早期丰产性极强，坚果品质极优，对肥水条件要求较高，适宜密植栽培。适宜在我国北方平原或丘陵区土肥水条件较好地块栽培。

新早丰

1. 品种来历 由新疆维吾尔自治区林业科学研究院从阿克苏市温宿县早丰、薄壳核桃实生群体中选育而成。1989 年定名。主要在新疆阿克苏、喀什、和田等地栽培，现已在河南、陕西、辽宁等地栽培。

2. 品种特征特性 树势中庸，树姿开张，树冠圆头形，分枝力极强。属雄先型，中熟品种。侧生混合芽率为 97%，每果枝平均坐果 2 个。1 年生枝条粗壮，短果枝占 43.8%，中果枝占 55.6%，长果枝占 0.6%。坚果椭圆形，果基圆，果顶渐小，突尖。三径平均为 3.54 厘米，平均单果重 13.1 克。壳面光滑，缝合线平，结合紧密，壳厚约 1.23 毫米。内褶壁革质，出仁率为 51%。核仁饱满，乳黄色，味香，品质中上等。

3. 品种适应性及适栽地区 该品种发枝力强，坚果品质优良，早期丰产性强，较耐干旱，抗寒、抗病性较强。宜在肥水条件较好的地区栽培。

阿扎 343

1. 品种来历 由新疆维吾尔自治区林业科学研究院从阿克苏扎木试验站核桃实生群体中选育而成。1989 年定名。主要在新疆阿克苏、喀什、和田等地栽培，现已引种在河南、陕西、辽宁等地栽培。

2. 品种特征特性 树势旺盛，树姿开张，树冠圆头形，发枝力强。属雄先型，中熟品种，结果枝属中短枝型，侧生混合芽率为 93%。实生树 2～3 年生或嫁接后 2 年出现雌花。丰产性强，高接在 17 年生的砧木上，翌年开始结果，第四年平均株产 5.14 千克。

坚果椭圆或卵圆形，果基圆，果顶小而圆。三径平均为3.7厘米，平均单果重16.4克。壳面光滑，缝合线窄而平，结合较紧密，壳厚约1.16毫米。内褶壁和横隔膜膜质，易取整仁，出仁率为54%，仁乳黄色至浅琥珀色，味香。在肥水条件较差时核仁常不饱满。

3. 品种适应性及适栽地区 该品种适应性强，产量高而稳。坚果外观美观，适宜带壳销售。雄花先开，花粉量大，花期长，是雌先型品种理想的授粉品种。

新巨丰

1. 品种来历 由张树信等于1983年从新疆温宿县木本粮油林场和春4号实生后代中选育而成。1989年定名。原代号为温246号。主要在新疆阿克苏、山西等地栽培。

2. 品种特征特性 树势强，树姿开张，发枝力强，果枝率为81.1%。1年生枝条绿褐色，枝条粗壮，短果枝占16.3%，中果枝占56.1%，长果枝占27.6%。混合芽大而饱满，复叶有3～9片小叶。砧苗嫁接后2年开始开花，雌花序可着生1～3朵雌花。其中，单果占52.9%，双果占35.3%，3果占11.8%，少有4果，果枝平均着果1.8个。属雌先型，雌花期为4月下旬至5月上旬，比雄花散粉期早8～10天。9月下旬坚果成熟，11月上旬落叶。较耐干旱，较耐盐碱，抗病、抗寒。坚果大，椭圆形，果基圆，果顶圆稍细，微尖。纵径约为7厘米，横径约为4.6厘米，侧径约为4.9厘米，平均单果重29.2克。壳面较光滑，色较浅。缝合线微隆起，结合紧密，壳厚约1.38毫米。内褶壁革质，横隔革质，易取整仁。出仁率为48.5%，核仁重约14.15克，核仁色较深，味甜香，但核仁基部不甚饱满。

3. 品种适应性及适栽地区 该品种树势强，抗逆性强，产量高，坚果特大，但核仁基部不饱满，充实度稍差。适宜在水肥较好的立地上栽培。

新　丰

1. 品种来历　由郑炎甫等于1976年从新疆和田县拉依喀乡农民买合买提·吐逊的宅旁选出。原代号为和上10号，1985年定名。主要在新疆和田、喀什、阿克苏等地栽培。

2. 品种特征特性　坚果长圆形，果基平，果顶凸而尖。纵径约为4.5厘米，横径约为3.4厘米，侧径约为3.3厘米，平均单果重18克。壳面较光滑，色较深。缝合线较凸出，结合紧密，壳厚约1.2毫米，内褶壁发达、革质，横隔革质，可取1/2仁。核仁充实饱满，出仁率为53.1%，味香。

树势强，树姿开张，发枝力强，平均发枝2.95个，果枝率为89.8%，每果枝平均着果1.84个。1年生枝条绿褐色，节间稍长，混合芽肥大饱满，具芽座。小叶3～5片，叶片大而浓绿，间具畸形单叶。嫁接树2年开花，每雌花序具1～3朵雌花，其中2～3朵的花序占70%以上。属雌先型。

3. 品种适应性及适栽地区　该品种树势强，树姿开张，坚果品质优良，丰产性强，适应性强，抗病，耐旱，适宜在新疆、西北、华北核桃栽培区发展。

新　露

1. 品种来历　由郑炎甫等于1976年从新疆阿克苏地区实验林场实生核桃园中选出。原代号为2994、阿林10号，1985年定名。主要在新疆和田、阿克苏等地栽培。

2. 品种特征特性　坚果扁圆形。纵径约为4.6厘米，横径约为3.8厘米，侧径约为4.5厘米，平均单果重19.5克。壳面光滑，局部发育不全，有孔洞，使果仁外露，色浅。缝合线平，结合较紧密，壳厚约1.4毫米，内褶壁退化，横隔膜质，易取整仁。核仁重约10.2克，出仁率为52.3%，味香。

树势较强，树姿开张，发枝力较弱，每母枝平均抽枝1.7个，果枝率为83%，每果枝平均坐果1.84个。1年生枝条黄绿色，以中长果枝为主，混合芽肥大饱满，无芽座。小叶3～7片。嫁接树2年开花，每雌花序具1～2朵雌花，少数3朵。属雌先型。

3. 品种适应性及适栽地区　该品种树势强，树姿开张，坚果大而露仁，性状稳定，产量较低，抗病、耐旱、耐寒力较强。

新温179号

1. 品种来历　由张树信等于1983年从新疆温宿县木本粮油林场核桃实生园"扎63号"子一代植株中选育而成，原代号为"OB179"，1990年定名。主要在新疆阿克苏、喀什等地栽培。

2. 品种特征特性　坚果圆形，果顶、果基圆。纵径约为4.5厘米，横径约为3.8厘米，侧径约为4.1厘米，平均单果重15.94克。壳面光滑，色浅。缝合线平，结合较紧密，壳厚约0.86毫米。内褶壁退化，横隔膜膜质，易取整仁，果仁充实饱满，色浅，味香，核仁重约9.8克，出仁率为61.4%，脂肪含量为70.4%。早实性较强，盛果期冠影每平方米产果仁约339.1克，大小年不明显。

树势较强，树姿开张，每母枝平均抽枝2.95个，果枝率为93.2%，嫁接后翌年即可开花。属雌先型，雌花序具1～3朵雌花，单花率为27.3%，双花率为67.3%，三花枝率为5.4%，果枝平均坐果1.78个，花期在4月中旬至5月初，雌花先开8～10天，9月中旬坚果成熟，11月上旬落叶。较耐干旱，能耐－25℃低温，少有病虫害。

当年生枝灰绿色，小枝粗壮，短果枝占50%，中果枝占46.4%，长果枝占3.6%，具二次生长枝。单或复芽，混合芽大而饱满，馒头形，无芽座，复叶3～9片，具畸形单叶，顶叶大而肥厚，深绿色。

3. 品种适应性及适栽地区　该品种树势较强，树姿开张，适应性较强，早期丰产性强，盛果期产量上等，坚果光滑美观，品质特优，宜带壳销售或进行加工，适宜在条件较好地区集约栽培。

新 萃 丰

1. 品种来历 由张树信等于1979年从新疆温宿县土木秀克乡7大队3小队农田中选育而成，原代号为“温10号”，1989年定名。主要在新疆阿克苏、喀什等地栽培，已在北京、河南等地扩种。

2. 品种特征特性 坚果椭圆形，果顶、果基稍小而圆，果尖稍凸。纵径约为4.6厘米，横径约为3.5厘米，侧径约为3.6厘米，平均单果重17.4克。壳面光滑，淡褐色。缝合线微凸，结合紧密，壳厚约1.25毫米，内褶壁中等，横隔膜革质，易取仁。果仁饱满，色浅，味香，核仁重约9.8克，出仁率含量为50.6%，脂肪含量为68.5%。早期产量稍低，盛果期冠影每平方米产果仁约249.6克。

树姿开张，发枝力较强，每母枝平均抽枝1.95个，结果枝率为100%，嫁接后翌年即可开花。雌花序具1～6朵雌花，单花率为6.98%，双花率为16.28%，三花率为53.49%，多花枝率为23.26%，果枝平均坐果3.09个，花期为5月初至中旬，属雌先型，雌花先开7～10天，9月中旬坚果成熟，11月上旬落叶。较耐干旱及粗放管理，抗寒及抗病能力较强。

当年生枝深褐色，枝条较细较稀，短果枝占92.3%，中果枝占7.7%。芽型中等，饱满。复叶5～9片，呈长椭圆形，较小，深绿色。

3. 品种适应性及适栽地区 该品种树势较强，树冠较大，开张，适应性强，产量中上等，坚果品质优良，宜带壳销售作生食，适宜林农间作栽培和作育种材料。

新温81号

1. 品种来历 由张树信等于1983年从新疆温宿县木本粮油

林场核桃实生园“扎 465 号”子一代植株中选育而成，原代号为“OB81”，1990 年定名。主要在新疆阿克苏、喀什等地区栽培。

2. 品种特征特性　坚果椭圆形，果顶、果基圆，果尖稍凸。纵径约为 4.1 厘米，横径约为 3.1 厘米，侧径约为 3.2 厘米，平均单果重 10.93 克。壳面较光滑，色浅。缝合线紧密，壳厚 0.86 毫米，内褶壁退化，横隔膜膜质，易取整仁。果仁充实饱满，色浅，味浓香，核仁重约 6.7 克，出仁率为 61.4%，脂肪含量为 67.4%。早实丰产性明显，盛果期产量中等，冠影每平方米产果仁约 209 克，大小年不明显。

树势强，生长旺盛，树姿开张，每母枝平均抽枝 3.4 个，果枝率为 91.2%，具二次生长枝，嫁接后翌年即可开花。雌花序具 1～4 朵雌花，单花枝率为 33.8%，双花枝率为 50.7%，三花枝率为 9.9%，四花枝率为 5.6%，果枝平均坐果 1.7 个，花期为 4 月中旬至 5 月上旬，雌花先开 4～5 天，8 月上中旬坚果成熟，11 月上旬落叶。较耐干旱，在栽培条件较差的地区也能丰产。

当年生枝绿褐色，较粗壮，短果枝占 82.6%，中果枝占 15.9%，长果枝占 1.5%，混合芽大而饱满，馒头形，无芽座。复叶 3～7 片，具畸形单叶，叶片小，深绿色。

3. 品种适应性及适栽地区　该品种长势强，树姿开张，适应性强，早期丰产性强，盛果期产量中等，坚果小，品质特优，宜带壳销售生食或带壳加工，适宜在栽培条件较好地区集约栽培。

新新 2 号

1. 品种来历　由新疆林业厅组织有关单位于 1979 年从新和县依西里克乡吾宗卡其村的菜田里选出，张树信等将其育成该品种，1990 年定名。主要在新疆阿克苏、喀什等地栽培。

2. 品种特征特性　坚果长圆形，果基圆，果顶稍小，平或稍圆，纵径约为 4.4 厘米，横径约为 3.3 厘米，侧径约为 3.6 厘米，平均单果重11.63克。壳面光滑,浅黄褐色。缝合线窄而平,结合紧密,壳厚约1.2毫米,内褶壁退化,横隔膜中等,易取整仁。果仁饱满,色浅,味香,核仁重约6.2克,出仁率为53.2%,脂肪含量为65.3%。早实丰产性强,盛果期冠影每平方米产果仁324.3克,稳产。

树冠较紧凑,结果母枝平均发枝1.95个,果枝率为100%,嫁接后翌年即可开花。雌花序具1～4朵雌花,单花枝率为26.4%,双花枝率为48.6%,三花枝率为22.2%,四花枝率为2.8%,果枝平均坐果2.01个,花期为4月下旬至5月上旬。属雄先型,雄花先开10天左右,具二次雄花,9月上中旬坚果成熟,11月上旬落叶。较耐干旱,能抗－25℃低温,抗病性较强。

当年生枝绿褐色,小枝梢细长,具二次生长枝,短果枝占22.5%,中果枝占58.3%,长果枝占29.2%。单或复芽,混合芽大而饱满,馒头形,无芽座,复叶3～7片,具畸形单叶,叶片较小,深绿色。

3. 品种适应性及适栽地区 该品种长势中等,树冠较开张,适应性强,适宜密植,早期丰产性强,盛果期产量上等,坚果品质优良,宜带壳销售,尤宜集约密植。

薄壳香

1. 品种来历 由北京市农林科学院林果研究所从新疆核桃实生园中选育而成。1984年定名。主要在北京、山西、陕西、辽宁和河北等地栽培。

2. 品种特征特性 坚果长圆形,果顶凹。三径平均为3.58厘米,平均单果重12克。壳面较光滑,有小麻点,颜色较深,缝合线较窄而平,结合紧密,壳厚约1.2毫米。内褶壁退化,横隔膜膜质,易取整仁。出仁率为59%,核仁充实饱满,仁色浅,风味香,品质上等。

树势较旺,树姿较开张,分枝力中等。为雌、雄同熟,晚熟品种。侧花芽率为70%，幼树2～3年开始结果。丰产性较强，18年生砧木，高接翌年开始结果，第三年株产约3.7千克。该品种较耐干旱，耐瘠薄土壤，在北京地区不受霜冻危害。树干溃疡病及果实炭疽病、黑斑病发生率很低。在太行山区易受核桃举肢蛾的为害。

3. 品种适应性及适栽地区　该品种适应性强，早期产量较低，盛果期产量中等。坚果品质特优，尤宜带壳销售作生食用。适宜在华北地区栽培。

京861

1. 品种来历　由北京市农林科学院林果研究所从引自新疆核桃种子的实生苗中选育，1989年通过林业局鉴定。主要在北京、山西、陕西、河南、辽宁和河北等地栽培。

2. 品种特征特性　坚果长圆形，中等大，平均单果重11.24克，大果重13克。壳面光滑美观，壳厚约0.99毫米，缝合线紧，偶尔有露仁果，可取整仁。出仁率为59.39%，仁色浅，风味香，品质上等。

植株生长势强，树姿较开张，树冠圆头形，叶中大偏小，深绿色，为雌先型。在晋中地区4月上旬萌芽，4月下旬雌花开放，4月底至5月初雄花开放，9月上旬果实成熟，11月上旬落叶。果实发育期125天，营养生长期215天。

3. 品种适应性及适栽地区　该品种适应性较强，较抗寒，耐旱，不抗病，丰产性强，结果过多，果个易变小，适宜在华北干旱山区矮化密植栽培，但应注意科学栽培管理。

绿　岭

1. 品种来历　由河北农业大学和河北绿岭果业有限公司从香玲核桃中选出的芽变种。1995年选出，经过多代嫁接繁殖，性状稳定，2000年中试，2005年年通过河北省林木品种审定委员会认定并命名。

2. 品种特征特性 植物学特性与香玲相似,树势强壮,树姿开张。叶为奇数羽状复叶,有小叶 5～9 片。花为雌雄同株异花。雌花序具 1～2 朵雌花,雄花序长 2～4 厘米。坚果卵圆形、浅黄色,三径平均为 3.42 厘米,平均单果重 12.8 克,壳厚约 0.8 毫米,均匀不露仁,缝合线平滑而不突出,果面光滑美观。内种皮淡黄色,无涩味,种仁颜色浅黄,饱满浓香。出仁率在 67%以上,脂肪含量为 67%,蛋白质含量为 22%。与香玲相比,绿岭核桃具有壳薄、果个大、出仁率高、脂肪和蛋白质含量高等优点。在河北临城萌芽期为 3 月下旬,展叶期为 4 月上中旬,果实成熟期为 9 月初,比香玲晚 3～5 天,果实生育期 110～120 天,落叶期在 11 月上旬。生长旺盛,3 年生树高 2.7～3 米,冠径 2.2～2.8 米,干周 15 厘米左右。为雄先型,以中短枝结果为主,侧芽结果率为 83 2%。属早实类型,栽植翌年可结果,第五年进入盛果期,产量 3000 千克/公顷以上。抗逆性、抗病性、抗寒性均强,较耐旱。对细菌性黑斑病和炭疽病具有较强的抗性。

3. 品种适应性及适栽地区 绿岭适宜在河北省太行山、燕山南麓以及邢台平原核桃栽培区推广,栽植地宜选择土层深厚的山地梯田、缓坡地或平地,旱薄地不宜栽植。

第二节 晚实品种

礼品 1 号

1. 品种来历 由辽宁省经济林研究所从新疆纸皮核桃的实生后代中选育而成。1989 年定名。礼品 1 号属晚实核桃品种。已在辽宁、河南、北京、河北、山西、陕西和甘肃等地栽培。

2. 品种特征特性 树势中庸,树姿开张,分枝力中等。属雄先型，中熟品种。实生树6年生或嫁接树3年生出现雌花，6～8年生以后出现雄花，丰产性中等。果枝率为50%左右，每果枝平均坐果1.2个，坐果率在50%以上，属长果枝型。坚果长圆形，基部圆，顶部圆并微尖，坚果大小均匀，果形美观。三径平均为3.6厘米，平均单果重9.7克。壳面光滑，色浅，刻沟极少而浅，缝合线平且紧密，壳厚约0.6毫米，属纸皮类。内褶壁退化，可取整仁，种仁饱满，种皮黄白色，核仁重约6.74克，出仁率为70%，品质极佳。

该品种坚果大小一致，壳面光滑，取仁极易，出仁率高，品质极佳。在大连地区花期为5月上中旬。9月中旬果实成熟。嫁接树3年生开始结果，产量中等。常作为馈赠亲友的礼品。

3. 品种适应性及适栽地区　该品种适应性强，抗病耐寒，适宜北方栽培区发展。

礼品2号

1. 品种来历　由辽宁省经济林研究所从新疆纸皮核桃的实生后代中选育而成。1989年定名。属晚实核桃品种。已在辽宁、河北、北京、山西和河南等地扩大栽培。

2. 品种特征特性　树势中庸，树姿半开张，分枝力较强。属雌先型，中熟品种。实生树6年生或嫁接树4年生开花结果，高接后3年结果，结果母枝顶部抽生2～4个结果枝，果枝率为60%左右，属中短果枝型，每果枝平均坐果1.3个，坐果率在70%以上，多双果。该品种丰产性强，15年生母树年产坚果平均14.6千克，10年生嫁接树平均株产5.4千克。坚果较大，长圆形，果基圆，顶部圆微尖。三径平均为4厘米，平均单果重13.5克，壳面较光滑，缝合线窄而平，结合较紧密，但轻捏即开，壳厚约0.7毫米。内褶壁退化，极易取整仁，出仁率为67.4%，仁饱满，品质好。在大连地区花期为5月上中旬，9月中旬坚果成熟。

3. 品种适应性及适栽地区 该品种属纸皮类，适应性强，丰产抗病，坚果大，壳极薄，出仁率高，耐寒。适宜在我国北方核桃栽培区发展。

晋龙1号

1. 品种来历 由山西省林业科学研究所从实生核桃群体中选育而成。1990年定名。主要在山西、北京、山东、陕西和江西等地栽培。

2. 品种特征特性 幼树树势较旺，结果后逐渐开张，树冠圆头形，分枝力中等。嫁接后2～3年开始结果，3～4年后出现雄花。为雄先型。果枝率为45%左右，果枝平均长7厘米，属中短果枝型，每果枝平均坐果1.5个，坐果率为65%左右，多双果。坚果近圆形，果基微圆，果顶平。三径平均为3.82厘米，平均单果重14.85克。壳面较光滑，有小麻点，缝合线窄而平，结合较紧密，壳厚约1.09毫米。内褶壁退化，横隔膜膜质，易取整仁，出仁率为61%。仁饱满，黄白色，品质上等。

3. 品种适应性及适栽地区 该品种果型大，品质优，适应性强，2年生嫁接苗开花株率达23%，抗寒、耐旱、抗病性强，适宜在华北、西北丘陵山区发展。

晋龙2号

1. 品种来历 由山西省林业科学研究所从实生核桃群体中选育而成。1990年定名。主要在山西、山东和北京等地栽培。

2. 品种特征特性 树势强，树姿开张，树冠半圆形。属雄先型，中熟品种。果枝率为12.6%，每果枝平均坐果1.53个。嫁接苗3年开始结果，8年生树株产坚果5千克左右。坚果近圆形，三径平均为3.77厘米，平均单果重15.92克。缝合线窄而平，结合紧密，壳面光滑美观，壳厚约1.22毫米。内褶壁退化，横隔膜膜质，可取整仁。出仁率为56.7%，仁饱满，淡黄白，风味香甜，品质上等。

3. 品种适应性及适栽地区　该品种果型大而美观，生食、加工皆宜，丰产、稳产，抗逆性强，适宜在华北、西北丘陵山区发展。

晋薄1号和晋薄2号

1. 品种来历　由山西省林业科学研究所从晚实实生核桃中选育而成。1991年定名。主要在山西、山东及河南等省栽培。

2. 品种特征特性

(1)晋薄1号　树冠高大，树势强健，树姿开张，树冠半圆形，分枝力强。中熟品种。每雌花序多着生2朵雌花，双果较多。坚果长圆形。三径平均为3.38厘米，平均单果重11克。壳面光滑美观，缝合线窄而平，结合紧密，壳厚约0.86毫米。内褶壁退化，横隔膜膜质，可取整仁。出仁率为63%左右，仁乳黄色，饱满，风味香甜，品质上等。

(2)晋薄2号　树势中庸，树冠中大，树冠圆球形，分枝力较强。属雄先型，中熟品种。以短果枝结果为主，每雌花序具2～3朵雌花，双果、三果较多。坚果圆形，三径平均为3.67厘米，平均单果重12.1克。壳厚约0.63毫米。表皮光滑，少数露仁。内褶壁退化，可取整仁。出仁率为71.1%，仁乳黄色，饱满，风味香甜，品质上等。

3. 品种适应性及适栽地区

(1)晋薄1号　坚果品质极优，果形美观，壳薄、仁厚。生食、加工皆宜。高接后3年开始结果，较丰产，抗性强。适宜在华北、西北丘陵山区发展。

(2)晋薄2号　坚果品质极优，出仁率高，生食、加工皆宜。高接后3年开始结果。抗寒，耐旱，抗病性强。适宜在华北、西北丘陵山区发展。

纸皮1号

1. 品种来历 由山西省林业科学研究所从核桃实生群体中选育而成。

2. 品种特征特性 树势较强，树姿开张，主干明显。属雄先型。坚果长圆形，果形端正，顶部微尖，基部圆，缝合线平，壳面光滑。平均单果重11.1克，壳厚约0.86毫米，可取整仁。仁黄白色，出仁率为66.5%，味浓香，品质好。

3. 品种适应性及适栽地区 该品种丰产稳产，品质好，出仁率高，适应性强。适宜在华北、西北地区栽培。

西洛1号、西洛2号、西洛3号和西洛4号

1. 品种来历 由原西北林学院从陕西洛南县核桃实生园中选育而成。1984年定名。主要在陕西、甘肃、山西、河南、山东、四川和湖北等地栽培。

2. 品种特征特性

(1)西洛1号(原优树商地1号) 树姿直立，盛果期较开张，分枝力较强。属雄先型，晚熟品种。侧生混合芽率为12%，果枝率为35%，长、中、短果枝的比例为40∶29∶31。坐果率为60%左右，多为双果。坚果近圆形，果基圆形。三径平均为3.57厘米，平均单果重13克。壳面较光滑，缝合线窄而平，结合紧密，壳厚约1.13毫米。内褶壁退化，横隔膜膜质，易取整仁，出仁率为57%。核仁充实饱满，风味香脆。

母树树龄72年，树势中庸健壮，树高约12.5米，胸径约61厘米，冠径约14米，似主干疏层形。该树高产稳产，腋花芽结果枝率为53%，顶花芽结果枝率为70%。常年产量平均100千克/株，果实品质优良，坚果椭圆形，顶部稍平，壳面光滑，三径平均为3.32厘米。壳厚1毫米左右，仁满易取，淡黄色，味油香，出仁率为

50.8%。该品种在陕西洛南地区，雄花盛开于4月7日，雌花盛开于4月25日。

(2)西洛2号(原优树商地3号)　树势中庸，树姿早期较直立，以后多开张，分枝力中等。属雄先型，晚熟品种。侧生混合芽率为30%，果枝率为44%，长、中、短果枝的比例为40∶30∶30。坐果率为65%，其中85%为双果。坚果长圆形，果基圆形。三径平均为3.6厘米，平均单果重13.1克。壳面较光滑，有稀疏小麻点，缝合线平，结合紧密，壳厚约1.26毫米。内褶壁退化，横隔膜膜质，易取仁，出仁率为54%。核仁充实饱满，乳黄色，味甜香，不涩。

母树属优质丰产型，树龄100年，树势健壮，树姿开张，树高约9.5米，冠径约15.9米，胸径约58厘米，呈多主枝自然开心形。该树显著特点是坐果率高，落花落果率低(15.4%)，每果序多3果，常年平均产量为125千克/株。坚果形状长圆形，壳面光滑。三径平均为3.12厘米。种仁淡黄色，仁饱满易取。出仁率为53.45%。该树在陕西洛南地区，雄花盛开于4月17日，雌花盛开于4月25号。

(3)西洛3号(原秦龄2号)　树势较强，为变则主干形，分枝力中等，坐果率为60%，且90%为双果，坚果9月上中旬成熟。坚果圆形或椭圆形，壳面光滑，平均单果重14.1克，壳厚1.2毫米。核仁饱满，取仁容易，平均出仁率为59.6%。

母树属高产优质型。树势健壮，树高约18米，冠径约14米，胸径约66.7厘米，似主干疏层形。该树显著特点是高产稳产，常年产量平均为100千克/株。坚果大小整齐，椭圆形。壳面光滑，三径平均为3.16厘米。种皮淡黄色，仁饱满易取。出仁率为56.64%。该树雄先型，在陕西洛南地区，雄花盛期为4月26日，雌花盛开期为5月5号。

(4)西洛4号(原秦龄4号)　属优质丰产型。树势健壮，树高约 15.6 米,冠径约 14.5 米,胸径约 44.5 厘米,两主枝自然开心形。该树常年产量约为 80 千克/株,坚果卵圆形,壳面光滑,三径平均为 3.18 厘米,种皮淡黄色,仁饱满易取。出仁率为 54.58%。该树为雄先型,在陕西洛南地区,雄花盛开于 4 月 15 日,雌花盛开于 5 月 1 日。

(5)果实营养成分比较分析　见表 3-3,3-4。

表 3-3　6个品种母株及后代坚果种仁营养成分分析表

品种			西洛1号		西洛2号		西洛3号		西洛4号		西扶1号		西扶2号	
			母树	后代	母树	后代	母树	后代	母树	后代	母树	后代	母树	后代
含油率(%)			68.27	67.94	64.48	69.04	72.04	64.85	69.21	71.33	70.23	68.48	66.06	63.81
脂肪酸	饱和脂肪酸	豆蔻酸	微量	微量	微量	微量	微量	微量	微量	微量	微量	微量	微量	微量
		棕榈酸(%)	5.4	4.9	5.8	5.5	5.7	6.4	6.6	5.7	5.7	6.0	6.3	6.4
		硬脂酸(%)	2.5	2.1	2.0	2.3	1.6	2.3	1.7	1.6	2.3	3.1	2.7	2.3
	不饱和脂肪酸	油酸(%)	18.4	16.0	17.7	13.9	19.9	15.1	12.2	21.8	12.9	14.1	14.1	15.5
		亚油酸(%)	66.1	67.86	67.5	68.40	61.60	67.62	69.0	66.16	64.3	66.7	67.4	70.55
		亚麻酸(%)	7.6	9.14	7.0	9.85	11.2	8.3	10.5	9.6	14.8	10.1	9.4	5.3
		花生烯酸	微量	微量	微量	微量	微量	微量	微量	微量	微量	微量	微量	微量
蛋白质(%)			17.63	18.53	19.13	—	14.59	21.20	18.84	15.18	16.54	19.31	20.45	23.13
氨基酸	色氨酸(%)		0.053	0.070	0.066	0.063	0.045	0.070	0.052	0.05	0.047	0.051	0.059	0.077
	苯丙氨酸%		0.948	1.354	1.030	1.135	1.093	1.034	1.079	0.0946	1.038	1.113	1.036	1.235
	赖氨酸%		0.633	0.823	0.637	0.688	0.705	0.624	0.665	0.64	1.077	0.688	0.583	0.736
	苏氨酸%		0.737	1.113	0.844	0.679	0.919	0.842	0.794	0.749	0.884	0.895	0.744	0.937
	蛋氨酸%		0.217	0.270	0.304	0.234	0.075	0.229	0.332	0.158	0.149	0.170	0.267	0.198
	亮氨酸%		1.567	2.154	1.769	1.864	1.834	1.747	1.783	1.57	1.671	1.722	1.458	1.753
	异亮氨酸%		0.816	1.062	0.917	1.015	0.895	0.888	0.936	0.827	0.808	0.816	0.774	0.908
	缬氨酸%		1.024	1.323	1.133	1.190	1.080	1.131	1.13	1.009	1.00	0.987	0.898	1.056

续表 3-3

	品种	西洛1号		西洛2号		西洛3号		西洛4号		西扶1号		西扶2号	
		母树	后代	母树	后代	母树	后代	母树	后代	母树	后代	母树	后代
矿质元素	全磷(P_2O_5)(%)	0.782	0.784	0.751	0.782	0.715	0.966	0.812	0.991	0.661	0.753	0.678	0.787
	全钾(%)	0.276	0.330	0.286	0.264	0.284	0.314	0.263	0.333	0.255	0.266	0.283	0.270
	镁(%)	0.160	0.171	0.160	0.166	0.165	0.166	0.165	0.171	0.161	0.166	0.168	0.170
	铁(%)	3.38×10^{-5}	8.38×10^{-5}	4.18×10^{-5}	4.04×10^{-5}	4.92×10^{-5}	8.28×10^{-5}	6.26×10^{-5}	5.32×10^{-5}	4.96×10^{-5}	4.78×10^{-5}	5.52×10^{-5}	4.62×10^{-5}
	锰(%)	3.60×10^{-5}	5.33×10^{-5}	5.20×10^{-5}	6.10×10^{-5}	2.70×10^{-5}	8.90×10^{-5}	2.40×10^{-5}	8.03×10^{-5}	3.10×10^{-5}	7.80×10^{-5}	2.15×10^{-5}	3.85×10^{-5}
	锌(%)	3.20×10^{-5}	2.20×10^{-5}	3.30×10^{-5}	1.20×10^{-5}	1.40×10^{-5}	3.75×10^{-5}	2.20×10^{-5}	2.70×10^{-5}	3.10×10^{-5}	2.40×10^{-5}	2.70×10^{-5}	2.35×10^{-5}
	钙(%)	2.34×10^{-4}	2.64×10^{-4}	2.78×10^{-4}	3.14×10^{-4}	1.78×10^{-4}	3.34×10^{-5}	2.44×10^{-4}	2.72×10^{-4}	2.24×10^{-4}	3.24×10^{-4}	2.06×10^{-4}	2.52×10^{-4}

注:①8 种氨基酸,除色氨酸为脱脂后百分含量

②脂肪酸成分数据由西北植物研究所中心技术室测定。其他数据由陕西省农科院黄土高原农业测试中心测定

表 3-4 产于不同国家核桃仁营养成分及产量比较

<table>
<tr><th rowspan="2">国 别</th><th colspan="3">油 脂</th><th rowspan="2">蛋白质（%）</th><th rowspan="2">碳水化合物（%）</th><th rowspan="2">纤维素（%）</th><th rowspan="2">矿物元素（%）</th><th rowspan="2">产量（千克）</th></tr>
<tr><th>总含量（%）</th><th>亚油酸含量（%）</th><th>酸价</th></tr>
<tr><td>中 国</td><td>69.65</td><td>65.93</td><td>1.4</td><td>19.13</td><td>10.82</td><td>3.36</td><td>1.22</td><td>125（洛 2）</td></tr>
<tr><td>美 国</td><td>66.80</td><td>72.8</td><td>5.11</td><td>29.58</td><td>6.53</td><td>1.56</td><td>2.86</td><td rowspan="4">114</td></tr>
<tr><td>前苏联</td><td>55.9～61.01</td><td>62.7</td><td>0.65</td><td>14.5～24.0</td><td>8.41～11.04</td><td>1.75～2.75</td><td></td></tr>
<tr><td>德 国</td><td>56.86～69.6</td><td></td><td>9.81</td><td>17.5～21.88</td><td>2.4～3.8</td><td></td><td>2.16～2.95</td></tr>
<tr><td>法 国</td><td>60.71</td><td></td><td></td><td>17.63</td><td></td><td></td><td></td></tr>
</table>

3. 品种适应性及适栽地区 该品种果实大小均匀，品质极优，有较强的抗旱、抗病性，耐瘠薄土壤。坚果外形美观，核仁甜香。在不同立地条件下均表现丰产。适宜于秦巴山区、西北、华北地区栽培。

秦核 1 号

1. 品种来历 由陕西省果树研究所主持的全省核桃选优协作组选育而成。

2. 品种特征特性 树势旺盛，丰产性强。长果枝型。坚果壳面光滑美观，三径平均 3.7 厘米，平均单果重 14.3 克，壳厚 1.1 毫米，仁饱满，出仁率为 53.3%。品质好，丰产稳产，适应性强。

3. 品种适应性及适栽地区 同西洛 1 号。

豫 786

1. 品种来历 由河南省林业科学研究所 1978 年选择获得的优良单株，1988 年定为优系，并在河南省核桃主要产区扩大试种。

2. 品种特征特性 树势中庸，树姿较开张，分枝力中等。属雌属先型,早熟品种。坐果率为80%左右,以短果枝结果为主,果枝短而细。嫁接后3年结果,第五年平均株产坚果2千克。坚果方圆形,三径平均为3.6厘米,平均单果重12克左右。壳面光滑,缝合线平,结合紧密,壳厚约1.1毫米。内褶壁退化,横隔膜膜质,可取整仁,出仁率为56%。核仁充实饱满,色浅黄,味香甜而不涩。

3. 品种适应性及适栽地区 该优系坚果品质优良,丰产,抗果实病害。适宜在西北、华北丘陵山区栽植。

北京746号

1. 品种来历 由北京市农林科学院林果所从晚实核桃实生后代中选育而成。1986年定名。主要在北京、山西、河北和河南等地栽培。

2. 品种特征特性 树势较强,树姿较开张,分枝力中等。雄先型,中熟品种。每母枝平均发枝2.1个。侧生混合芽率为20%左右,侧枝果枝率为10%左右。坐果率为60%左右,双果率为70%左右。高接后2年即形成混合花芽,3年后出现雄花。坚果圆形,果基圆,果顶微尖。三径平均为3.3厘米,平均单果重11.7克。壳面光滑,外观较好。缝合线窄而平,结合紧密,壳厚约1.2毫米。内褶壁退化,横隔膜革质,易取整仁,出仁率为54.7%。仁饱满,乳白色,风味佳,浓香不涩。

3. 品种适应性及适栽地区 该品种抗病,适应性强。产量高,连续结果能力强。坚果中等大小,品质优良,出仁率高,宜带壳销售。适宜在华北地区栽培。

冀　丰

1. 品种来历 1979—1999年河北省昌黎果树研究所白仲奎等人在全省范围内进行系统的核桃实生选种研究,经过20余年的筛选及区域性试验，选育出了冀丰核桃新品种。该品种于1999年11月通过河北省林业局组织的专家鉴定，2000年4月获得河北省林业科技进步二等奖，2001年2月通过河北省林木品种审定委员会审定。

2. 品种特征特性　树势中庸，树姿开张，树形为自然圆头形。枝条银灰色，皮孔中密，无茸毛。混合芽圆头形，贴生，中大，芽尖绿褐色。叶为复叶，9～11片，小叶长椭圆形，叶色浅绿，有光泽，叶端微尖，叶锯齿为全缘，叶柄长约2.2厘米，淡绿色。雄花花序发生量中等，长约7.5厘米，雌花量中等，柱头黄绿色。青果圆形，黄绿色，无茸毛，果点较密、黄色，果柄长约3厘米，青皮厚约0.6厘米。母枝平均抽生果枝2.3个，果枝率为70%，果枝平均坐果1.8个，坐果率在90%以上，连续结果能力强。在昌黎地区4月1日萌芽，4月14日展叶，4月12日雄花芽膨大。4月22日雄花开放，4月下旬散粉。4月22日雌花始开，4月25日盛开、受精，雌雄同熟。6月下旬生理落果，但极少。果实8月下旬成熟，10月30日落叶，生长期210天。坚果表面光滑，缝合线窄而平，结合紧密。坚果圆形，浅黄色，果顶平圆，果底平滑。三径平均值为3.24厘米，平均单果重11.19克。壳厚约1.14毫米，易取仁，可取整仁，出仁率为58.5%。种仁充实、饱满，黄白色，脂肪含量68.53%，蛋白质含量为16.2%，风味香甜。

3. 品种适应性及适栽地区　属晚实核桃，抗旱、耐瘠薄，适应性广，丰产优质，对核桃黑斑病、炭疽病有一定抗性。适宜在华北地区及与之土壤气候相近地区栽培。宜选土层较厚的浅丘陵区。

里　香

1. 品种来历　1979—1999年河北省昌黎果树研究所白仲奎等人在全省范围内系统进行核桃实生选种研究，经过20余年的初选、复选、决选及区域试验，选育出了里香核桃新品种。该品种

1999年11月通过河北省林业局组织的专家鉴定,2000年4月获得河北省林业科技进步二等奖,2001年2月通过河北省林木品种审定委员会审定并命名。

2. 品种特征特性 树势中庸,树姿半开张,树形为自然圆头形,分枝力强。枝条顶端抽生,褐色,皮孔稀疏中大,节间中长,无茸毛。混合芽圆头形,多为1～3芽。芽中大,芽尖褐色。叶为复叶,5～9片,小叶长椭圆形,叶色深绿,叶端微尖,叶锯齿为全缘。叶柄长约1.8厘米,黄绿色。雄花花序发生量中等,长约8.7厘米。雌花数量中等,柱头黄色。青果长圆形,黄绿色,无茸毛。果点密,黄色。果柄长1.7～3.5厘米。青皮厚约0.3厘米。平均每母枝抽生果枝1.6个,果枝率为75%,每果枝平均坐果1.56个,坐果率为80%以上,连续结果能力强。在昌黎地区4月4日萌芽,4月14日展叶,4月7日雄花膨大,4月22日雄花开放。4月25日雌花开放,4月28日盛开,雌花受精期为4月下旬,雌雄同熟。6月下旬生理落果,但较少。果实9月上旬成熟,11月初落叶,生长期210天。坚果卵圆形,白褐色,果顶尖,果底平圆。坚果表面略麻,色浅,缝合线窄,略凸,结合紧密,三径平均为3.37厘米,平均单果重12.9克,大小适中。壳厚约1.19毫米,易取仁,可取整仁,出仁率平均57.27%。种仁充实、饱满、色浅,脂肪含量为68.97%,蛋白质含量为16%,风味浓香。

3. 品种适应性及适栽地区 属晚实核桃,抗旱、耐瘠薄,抗核桃黑斑病、炭疽病。适宜在华北地区及土壤气候相近的地区栽培。

第三节 铁(泡)核桃品种

我国核桃属植物中,作为坚果栽培的有2个种,即核桃和铁核桃,又称核桃种群和铁核桃种群。铁核桃种群集中分布于我国西南亚热带山区。

漾濞泡核桃

1. 品种来历　漾濞泡核桃是我国铁核桃种群中古老的晚实主栽良种，漾濞核桃无性系品种，是云南、贵州、四川等地的传统优良品种，已有1000多年的栽培历史。具有个大、壳薄、仁色浅、食味香醇、品质优良等优点，近10年来，在云南、四川、重庆和贵州等地得到了大规模发展。

2. 品种特征特性　树势中等，树姿开张，树冠圆头形，发芽较早，属雄先型，多顶芽结果，中熟品种。结果枝为中短枝型，果枝率为52.6%。平均每果枝坐果2.3个。坚果扁圆球形，缝合线窄且明显隆起，壳面光滑。单果重12～16克，壳厚1毫米，易取仁，出仁率为53.5%～57.6%，种仁出油率为70%左右。核仁充实，饱满，色乳黄，风味香。嫁接树第七年开始结果，丰产性强，品质好，适应性较强。3月中旬发芽展叶，3月下旬雄花开放，4月上旬雌花开放、授粉、形成果实，9月下旬果实成熟，10月下旬落叶。从发芽至落叶历时230天。

3. 品种适应性及适栽地区　漾濞泡核桃遍布云南各地，在海拔1200～2900米的地区均可正常生长，而以1600～2500米最为适生，生长快，产量高，质量好。贵州、四川、西藏等地已经大面积引种；山西、陕西、甘肃、新疆、河北、河南、山东、浙江以及广西等地均有引种。该品种适宜于年平均气温11.4℃～18℃，最冷月平均温3.8℃～10.9℃，绝对最低温－5.8℃，年平均降水量700～1100毫米(集中于5～10月份)，干湿季节明显的气候条件。它为阳性树种，喜光，喜生于山谷两侧、山坡中部和下部、“四旁”等土壤疏松、深厚、肥沃、湿润、排水良好的地方，在石灰土、红壤、黄壤、紫色土、棕色森林土等类型土壤(pH值为5.5～7.5)上均能正常生长。漾濞泡核桃为深根性树种，其主根发达，侧根水平伸展较远，须根多。在土壤条件良好的地方主根最深可达 4～6 米,侧根水平伸展可达 10 米以上。加强土壤水肥等栽培管理,采摘果实时尽量少伤树体,则大小年现象不明显。

云龙细皮核桃

1. 品种来历 云南省云龙县是核桃产量大县和基地县之一,拥有云南大泡核桃、鸡蛋皮核桃、云龙细皮核桃等泡核桃优良品种资源。1993—1996 年,云龙县林业站、云南省林业科学院漾濞核桃研究站考察和鉴定了云龙细皮核桃。

2. 品种特征特性 树高 10～15 米,树姿开张,树冠广圆形。树皮银灰色,中、幼年树树干表皮平滑,老树则呈不规则纵裂。1～3 年生枝褐色或褐绿色。羽状复叶,小叶 11 片,叶片长椭圆形,叶面深绿色。雄花为葇荑花序、长 10～16 厘米,雌花序具 2～3 朵雌花,多为 3 朵。坚果长圆球形,果形指数为 1.08～1.09,三径为 3.44～3.52 厘米,果中等大,果尖圆、微尖,果顶微凹,两肩略突起,果底圆,缝合线窄而明显,刻点小而浅,较美观。核壳厚 0.9～1 毫米,内褶壁光滑,横隔膜纸质,种仁饱满易取(整仁或半仁);种仁浅黄白色,较美观,风味香醇且甜,品质优良。单果重 10.8～11.93 克,果仁单重 6.73～6.9 克,出仁率高达 56.84%～64.1%,果仁含油率为 68%。

发枝能力为 1.27～1.44,短果枝占 68.4%,中果枝占 31.6%,以短果枝结果为主。花果枝率高达 96%～100%,坐果率高达 87%～94.4%,每穗有果 2.13～2.39 个。3 月上中旬萌芽,3 月下旬至 4 月上旬开花,处暑后果熟,比一般泡核桃提早 15 天成熟。

3. 品种适应性及适栽地区 云龙细皮核桃是一个丰产优质、耐寒、耐瘠薄、适应性强的优良品种,可在泡核桃种植区域的中、高山区推广栽培。

云新 90301 号、云新 90303 号和云新 903063 号

1. 品种来历　针对云南长期存在的核桃结实晚，种壳刻纹深密不美观及不耐寒等重大缺陷，从 20 世纪 60 年代初就开展了以改变云南良种核桃晚实、种壳不美观为主要目的的核桃杂交育种研究工作，选用我国南北两大核桃种群的优良品种和早实优株进行杂交育种。通过“七五”及“八五”的相继研究，已培育出早实、丰产、优质杂交新品系核桃 5 个，达到了预期的育种目标，1999 年这 5 个新品系被原国家林业部列为南方核桃主产区重点推广的新品种。但是，所选育出的这 5 个新品系核桃在丰产性、外观上（种壳光滑度）及口感食味上尚未充分综合我国南北两大核桃种群亲本的优势性状，还需做进一步的选育。因此，在“八五”所取得的研究成果基础上，于 1990—2004 年，又开展了种间杂交新组合培育新品种的研究，继续选用云南的优良大姚三台核桃与新疆早实丰产优株核桃进行我国南北两大核桃种群的种间杂交育种研究，以求培育出更丰产、更优质的早实杂交新品种核桃。通过育种目标制定、亲本选择、杂交、杂种子代选择，无性系区试等育种程序，现已筛选出云新 90301 号、云新 90303 号、云新 903063 号 3 个优良的早实核桃新品种。经 7 年的栽培观测、分析，新选育出的这 3 个早实核桃品种其综合性状已超过“八五”期间所选育出的 5 个新品系核桃，在产量和质量上已达到或超过国标规定的优级指标，使核桃的杂交育种工作又上了一个新台阶。现所选育出的这 3 个优良早实核桃新品种已在云南省示范推广。

2. 品种特征特性　3 个优良早实核桃新品种生长情况、植物学特征及物候期：1997 年嫁接至 2003 年对 3 个优良早实核桃新品种生长的情况、植物学特征进行了观测，云新 90301 号、云新 90303 号、云新 903063 号这 3 个品种的树体呈自然开心形，分枝低，长势中等。与母本（三台核桃）比，7 年生其树高分别为母本的

46.84%、48.52%、40.78%，干径分别为母本的 64.04%、73.17%、69.50%，冠幅分别为母本的 47.53%、46.05%、52.30%；与父本(新早 13 号)相比，其树高、干径、冠幅相差不大；而复叶长、小叶数、小叶形状介于两亲本之间，呈趋中变异；在早结实(1～3 年开花结果)、顶芽形状、腋芽形状、有无芽距(主副芽是否分开)等习性上，偏向于父本(新早 13 号)。

各新品种的物候期不尽相同，芽膨大期为 2 月 20 日至 3 月 2 日，展叶期为 3 月 15 日，雄花盛期为 3 月 25 日至 30 日，雌花盛期为 4 月 1 日至 10 日，幼果形成期为 4 月 15 日至 25 日，果实成熟期为 8 月 25 日至 9 月 5 日，落叶期为 11 月 20 日至 30 日，全年生长天数253～265 天。3 个新品种的主要物候期均介于两亲本间而偏向于父本(新早 13 号)；与母本(三台核桃)相比，新品种的发芽期比之早 15 天，果实成熟期早 20 天，新品种的雌花盛期与三台核桃的雄花期相遇，可作为三台核桃的授粉品种。

3 个新品种 5 年生树的花枝率为 92.30%～95.43%，每花枝平均花数 2.54～2.8 朵，果枝率为 68.90%～73.30%，侧果枝率为 56%～57.2%，每果枝平均坐果 2.27～2.35 个，坐果率为 70%～77.5%，株产 3.26～4.61 千克，每 667 平方米产 107.58～152.13 千克；而 7 年生的花枝率为 95.8%～96.7%，每花枝平均花数 2.66～2.93 朵，果枝率为 77.9%～86%，侧果枝率为87. 4%～88.6%，每果枝平均坐果 2.31～2.41 个，坐果率为 82%～85.40%，株产 3.96～5.68 千克，每 667 平方米产 130.68～187.44 千克。表明无论是 5 年生或 7 年生其丰产性能都很好。

新品种坚果的三径为 3.19～3.34 厘米，形状长扁圆形或扁圆形，种壳刻纹光滑，取仁易，仁色黄白，饱满，壳厚 0.82～0.86 毫米，果重 8.16～10.75 克，仁重 4.94～6.35 克，出仁率为 59.06%～60.53%，含油率为 68.4%～68.6%，食味香醇品质优良。

选育出的这3个优良早实新品种比较耐寒，培育至今在各区试点及示范推广地区均未发生寒害。云南省林业科学院昆明试点曾多次下雪，或遇倒春寒，温度低达-7℃，但新品种的植株都未受冻害，而母本三台核桃的枝条则受冻而干枯。另外，新品种核桃的树体矮化，与父本新早13号相似，只有同龄母本三台核桃树体的1/3。

3. 品种适应性及适栽地区　水平及垂直区域性的栽培试验表明，新品种在滇南、滇西南的红河、临沧及思茅等地海拔高度为1800～2300米的南亚热带至南温带广大山区表现较好；而在滇西、滇中的大理、玉溪、楚雄、曲靖等地海拔高度在1700～2100米的中亚热带及北亚热带地区生长较为适宜；在滇西北、滇东北的丽江、中甸、怒江、昭通等地海拔高度在1600～2000米的南温带地区生长较好。新品种总的生态适应性原则是在高纬度地区海拔高度适当降低，而在低纬度地区海拔高度适当升高。综合各区试点的表现情况，这3个优良早实核桃新品种的适栽环境条件为年平均气温13℃～15.5℃，年降水量900毫米以上，年日照时数2000小时以上，微酸性土壤，土层深厚(1米以上)、湿润、排水良好。

云新高原(云新7914号)、云新7926号、云新云林(云新8034号)、云新8064号和云新85227号

1. 品种来历　针对云南核桃生产特性，栽培技术存在的结实晚、效益慢、种壳欠美观、市场竞争力不强的难题，云南省林业科学院于20世纪60年代初开展了以培育早实、丰产、优质核桃新品种为育种目标的核桃杂交育种研究。研究首次选用我国南方核桃良种云南薄壳核桃与北方新疆核桃的早实丰产优株进行种间杂交试验研究，已培育出早实、丰产、优质、适应性较广泛的云新7914号、云新7926号、云新8034号、云新8064号及云新85227号5个核

桃杂交新品系。1997年7月通过云南省科委组织鉴定，1998年8月被国家林业部列为全国示范推广良种。

2. 品种特征特性

(1)云新高原(云新7914号)

①生长特性。树势强健，树冠紧凑，分枝力较强，为中果枝类型。12年生树高约4.9米，干径约15.53厘米，冠幅约9.39米^2，分枝高42～120厘米，母枝平均长15.69米，母枝平均直径1.14厘米，新梢平均长12.52厘米，新梢平均直径1.14厘米。树形为开心形。

②结果习性与产量。1年生嫁接苗种植后12年开花结果，每母枝平均抽梢2.87枝。属雄先型，雌花多双生，少数单生或3生，顶花枝占47.22%，侧花枝占52.78%，花枝率为68.39%，平均每花枝着花2.1朵；顶果枝占49.78%，侧果枝占50.22%，果枝率占58.22%，坐果率为74.57%，每果枝平均坐果1.73个。5年进入初盛果期，株产3.5千克，12年生株产量约17千克。

③坚果性状与品质：果大，扁圆球形，三径平均值3.64厘米，刻纹大浅，壳厚约0.8毫米，取仁易，仁色浅黄，饱满，果重约12.08克，出仁率为54.34%，含油率为67.5%，食味香醇，品质优良。

④物候期。在云南漾濞地区，2月下旬发芽、雄花膨大，3月上旬展叶，3月中下旬抽梢，3月下旬雌花成熟，雄花盛花散粉，4月上旬幼果形成，5～7月份为新梢、叶片、果实速生期，果实于9月上旬成熟，11月份落叶。

(2)云新7926号

①生长特性。树势中等，树冠紧凑，分枝力较强。12年生树高约5.54米，干径约13.63厘米，冠幅约15.02米^2，分枝高100～127厘米。树形为开心形。

②结果习性与产量。1年生嫁接苗种植后1～2年开花结果，

每母枝平均抽梢1.79枝。属雄先型，雌花序多具2朵雌花，少数为3朵，顶果枝占64 12%，侧果枝占35.88%，果枝率为62.79%；每果枝平均坐果1.5个，坐果率70.98%。5年进入初盛果期，株平均产3.8千克，12年生株产量达15千克。

③坚果性状与品质。果型中等，扁圆球形，三径平均为3.34厘米，壳刻纹大、浅，壳厚约0.92毫米，取仁易，仁色浅黄，饱满，果重12克，仁重4.98克，出仁率为48.53%，仁含油率为70.03%，食味香醇，品质优良。

④物候期。在云南漾濞地区，2月上中旬发芽，3月中下旬展叶、抽梢，雌花显蕾，雄花开始伸长，4月初雌花成熟，雄花散粉，4月中旬幼果形成，5～7月份为新梢、叶片、果实速生期，9月中旬果实成熟，11月底落叶。

⑤抗性。比云南薄壳核桃耐寒及湿热。

(3)云新云林(原代号为云新8034号)

①生长特性。树势较旺，树冠紧凑，树形为开心形，为中短果枝类型。12年生树高约5.08米，干径约13.81厘米，冠幅约8.69米^2，分枝高30～130厘米，母枝平均长59.39厘米，母枝平均直径2.14厘米，新梢平均长20.93厘米，新梢平均直径1.04厘米。

②结果习性与产量。1年生嫁接苗种植后1～2年开花结果，每母枝平均抽梢3.55枝。属雄先型，顶花枝占45.2%，侧花枝占55.8%，花枝率为86.68%，平均每花枝着花2.18朵；顶果枝占48.82%，侧果枝占51.18%，果枝率为58.22%，坐果率为68.56%，每果枝平均坐果1.78个。5年进入初盛果期，平均株产3.5千克，12年生株产量达13.8千克。

③坚果性状与品质。坚果大小中等，扁圆球形，三径平均3.18厘米，壳刻纹大、浅，壳厚约0.85毫米，取仁易，仁色浅黄，饱满，果重约9.59克，核仁重约5.32克，出仁率为54.79%，含油率为69.6%，食味香醇，品质优良。

④物候期。在云南漾濞地区，2月上中旬发芽，3月中下旬展叶、抽梢，3月下旬雄花成熟散粉，4月初雌花成熟，4月中下旬幼果形成，5～7月份为新梢、叶片、果实速生期，9月上旬果实成熟，12月初落叶。

⑤抗性。比云南薄壳核桃耐寒及湿热。

(4)云新8064号

①生长特性。树势较旺，树冠紧凑，树形为开心形。12年生树高约5.3米，干径约13.88厘米，冠幅约11.76米^2，分枝高50～137厘米，母枝平均长30.28厘米，母枝平均直径1.36厘米，新梢平均长14.09厘米，新梢平均直径1.07厘米。

②结果习性与产量。1年生嫁接苗种植后1～2年开花结果，每母枝平均抽梢4.11枝。属雌雄同型，顶花枝占39.35%，侧花枝占60.55%，花枝率为85.28%，平均每花枝着花1.7朵；顶果枝占42.56%，侧果枝占57.44%，果枝率为73.70%，坐果率为78.78%，每果枝坐果1.6个。12年生树株产量达13.5千克。

③坚果性状与品质。坚果大小中等，扁圆球形，三径均值3.37厘米，壳刻纹大、浅，种壳厚约0.99毫米，取仁易，仁色浅黄，饱满，果重约9.68克，仁重约5.07克，出仁率为52.23%，仁含油率为68.7%，食味香醇，品质优良。

④物候期。在云南漾濞地区，2月上中旬发芽，3月中下旬展叶、抽梢，3月下旬雌雄花成熟，4月中旬幼果形成，5～7月份为新梢、叶片、果实速生期，9月上中旬果实成熟，12月初落叶。

⑤抗性。比云南薄壳核桃耐寒及湿热，培育以来尚未发生病害。

(5)云新85227号

①生长特性。树势较旺，树冠紧凑，树形为开心形，为中短果枝类型。12年生树高约5.15米，干径约15.9厘米，冠幅约9.9米^2，分枝高30～195厘米，母枝平均长106.08厘米，母枝平均直

径 2.75 厘米，新梢平均长 25.07 厘米，新梢平均直径 1.11 厘米。

②结果习性与产量。1 年生嫁接苗种植后 1～2 年开花结果，每母枝平均抽梢 2.47 枝。属雄先型，顶花枝占 49.4%，侧花枝占 50.6%，花枝率为 95.73%，平均每花枝着花 1.97 朵；顶果枝占 51.25%，侧果枝占 48.75%，果枝率为 88.7%，坐果率为 78.91%，每果枝平均坐果 1.65 个。5 年进入初盛果期，株产 3.2 千克，12 年生株产量达 14.5 千克。

③坚果性状与品质。坚果大小中等，扁圆球形，三径平均为 3.17 厘米，种壳刻纹大、浅，壳厚约 0.9 毫米，取仁易，核仁色浅黄，饱满，果重约 8.66 克，仁重约 4.15 克，出仁率为 48.18%，仁含油率为 71.9%，食味特香，无涩味。

④物候期。在云南漾濞地区，2 月中旬发芽，3 月下旬展叶、抽梢，3 月下旬雄花成熟散粉，4 月上旬雌花成熟，4 月下旬幼果形成，5～7 月份为新梢、叶片、果实速生期，9 月上旬果实成熟，12 月初落叶。

⑤抗性。比云南薄壳核桃耐寒及湿热，培育至今尚未发生病害。

3. 品种适应性及适栽地区 该核桃杂交新品系适宜的生态条件：年平均气温 12.2℃～17.5℃，低温极限 −15℃（休眠期），>10℃的年积温 4500℃，年降水量 1000 毫米左右，海拔高度 1500～2400 米的温凉地区；微酸微碱中性土壤均可生长。依据其生态习性以及喜光的生物学特性最好选择阳坡或半阳坡、深厚湿润、排水良好的壤土或沙壤土，水源条件较好的地带作为核桃杂交新品系的种植园地。绝不宜栽植在干旱瘠薄的土地上。

漾江 1 号

1. 品种来历 自 1980 年以来，云南大力开展了泡核桃的良种选育工作，现已选出了一批优良品种，其中漾江 1 号新品种已于

2006 年 3 月通过省级科技成果鉴定。1998 年,漾江 1 号研究被列入云南省“九五”科技攻关项目,开始了在云南省内外的区域试验。主要在大理白族自治州境内的漾濞、云龙、永平、南涧、祥云、大理、剑川等县、市栽培,省外主要是重庆市开县。

2. 品种特征特性 该品种树势较强或中庸,自然开心形。在立地条件差的地方,盛果期树高达 16 米,干径 36 厘米,树冠投影 113 平方米。顶芽圆锥形,腋芽扁圆锥形。雌花基部暗红色。1～3 年生枝条上的芽除主芽外,常有 2 个副芽,主芽与两个副芽的距离较大。1980 年发现的母树,尽管立地条件很差,两边被高大的泡核桃树所遮蔽,仍高达 16 米,主干高约 5.2 米,干径约 36 厘米,树冠投影面积达 113 平方米,株产约 47.88 千克,每平方米树冠投影约产仁 258 克。1982 年的嫁接树,2006 年树高约 8.4 米,株产达 35.5 千克,每平方米树冠投影产仁量达 358 克。坚果扁圆球形,两端较平,尖端钝尖,壳面较光滑,刻点小、少、浅,缝合线较平,紧密。平均单果重 10.6～16.5 克,核仁重 5.5～10.2 克,壳厚约 1 毫米。内隔壁纸质,内褶退化,取仁极易,可取整仁,出仁率为 52.24%～61.94%;仁饱满,黄白色,味香。在漾濞彝族自治县海拔 1900 米地区,3 月上中旬芽萌动,3 月下旬至 4 月上旬雄花开放,4 月上中旬雌花开放,9 月上旬果实成熟,10 月中旬开始落叶。

3. 品种适应性及适栽地区 漾江 1 号抗早春霜冻能力强于大泡核桃。在海拔 2100 米以上的祥云县普朋乡,2005 年 3 月初大雪过后,新梢虽被冻死,但随后又重新抽生结果枝并开花结果,2005 年 7 月 29 日大理白族自治州林业局组织现场验收,漾江 1 号平均结果量是对照大泡核桃的 7.78 倍。

漾江 1 号核桃生长发育适宜的气候条件是:年平均气温12℃～15℃,年降水量 800～1200 毫米,云南省境内海拔 1800～2300 米范围内均可栽培。建园时选择背风向阳的缓坡地、平地及排水良好的沟坪地。以疏松肥沃、有机质含量较高、土层深度在 1 米以上,pH

值为5.5～7、保水透气性良好的壤土或沙壤土为佳。

黔1号

1. 品种来历 由贵州省林业科学研究所经实生选育而成。

2. 品种特征特性 树势旺盛，树姿直立。发芽较晚，属雄先型。单果圆形，平均单果重8.4克。壳面有浅麻点，缝合线窄而凸起，结合较紧密，易取整仁，出仁率为63%。核仁充实，饱满，乳黄色，风味香。

3. 品种适应性及适栽地区 该品种较丰产，坚果虽小而质优，适宜在年平均温度12℃以上，生长期230天以上的西南高原黄棕壤土和黄壤土等地区种植。

黔2号

1. 品种来历 由贵州省林业科学研究所经实生选育而成。

2. 品种特征特性 树势旺盛，树姿直立，发芽较晚，属雄先型。嫁接树第二年至第四年开始结果。8年后进入盛果期。坚果圆形，平均单果重13克。壳面有浅麻点，缝合线窄而平，结合紧密，易取整仁，出仁率为59%。核仁充实，饱满，乳黄色，风味香。

3. 品种适应性及适栽地区 该品种抗旱性强，早期丰产，抗病性强，适宜在年平均温度12℃以上，生长期230天以上的西南高山地区种植。

黔3号

1. 品种来历 由贵州省林业科学研究所经实生选育而成。

2. 品种特征特性 树势中等，树姿直立。发芽较晚，属雄先型。嫁接树第二年至第四年开始结果。坚果圆形，平均单果重10.3克。壳面有浅麻点，缝合线窄而凸起，结合紧密，较易取整仁，出仁率为67%。核仁充实，饱满，乳黄色，风味香。

3. 品种适应性及适栽地区 该品种适应性强，早期丰产，抗病性强，适宜在年平均温度12℃以上，生长期200天以上的西南高山地区种植。

第四节 国外优良品种

清 香

1. 品种来历 产自日本，由日本清水直江从晚实核桃的实生群体中选育而成。1948年定名。

2. 品种特征特性 树势中庸，树姿半开张。幼树期生长较旺，结果后树势稳定。属雄先型，晚熟品种。一般仅顶芽能够结实，结果枝占60%以上，连续结果能力强，坐果率在85%以上。发枝率为1∶2.3，双果率高。丰产性强，嫁接后3年结果，5年丰产，每667平方米产坚果278千克。坚果椭圆形，外形美观，平均单果重14.3克。缝合线紧密，极耐漂洗，壳厚约1毫米，内隔膜退化，可取整仁。出仁率为53%左右，仁饱满，色浅黄，风味香甜，无涩味。

3. 品种适应性及适栽地区 该品种树势强健，抗旱、耐瘠薄，对土壤要求不严。开花晚，抗晚霜。中熟品种。对炭疽病、黑斑病抵抗能力较强。果型大而美观，核仁品质好，丰产性强。适宜在华北、西北、东北南部及西南部分地区大面积发展。

美国主要核桃良种

美国是核桃规模化栽培的国家，从1770年引种栽培到加利福尼亚州以来，至今已有220多年的历史。目前美国的核桃种植面积9.4万多公顷，其中加州有77032.62公顷，占全国总面积的81.52%(南加州占60%，北加州占21.52%)，其余在俄勒冈州和华盛顿州。加州核桃的种植面积增长很快。1969 年的种植面积为 56412.45 公顷，1982 年增加到 72204.22 公顷，至 1992 年种植园面积发展到 77032.62 公顷。加州 58 个县有 40 个县栽培商品核桃，核桃种植园集中分布在萨克门托和圣华金的山谷地带。美国早实丰产核桃园，一般每公顷种植 500 株(株行距 4 米×5 米)，盛果期(15～40 年)时每公顷核桃的产量可达 5.75～6.5 吨，单株产量在 13 千克左右。目前美国核桃年总产量 23 万吨左右，90% 产于加州，其次是俄勒冈州及华盛顿州。1980—1995 年核桃的年均产量为 22.3 万吨，1986 年产 18 万吨为最低年，1993 年达 26 万吨，为最高年。总产量的 2/3 在国内销售，1/3 销售到世界各地。美国平均每年出口 5 万吨左右的带壳核桃和 13 万吨左右的核桃仁。年创汇 10 多亿美元(核桃果每吨约 0.17 万美元，核桃仁每吨约 0.9 万美元)，经济效益十分显著。美国核桃生产具有 3 个特点：一是具有高度集中的商品基地。美国 90%的核桃园都集中在加州的圣特西和萨克拉门托谷地；二是核桃园实行集约化经营，采用优良品种，进行科学施肥，灌溉和树体管理；三是在管理上实现高度的专业化和机械化。

目前美国核桃的栽培品种有 39 个。这些品种主要栽培在加州。其中，具有早实、丰产、优质特性并有一定抗性，目前栽培面积较广，深受栽培者喜爱的优良品种有 13 个。这 13 个品种中老品种有 3 个，新品种有 10 个。

1. 强特勒(Chandler)

(1)品种来历　产自美国，是杂交品种，为美国主栽早实核桃品种，1984 年引入我国。

(2)品种特征特性　树体较大，长势中等，树姿较直立，丰产性强，小枝粗壮，节间中等。发芽晚，属雄先型。侧生混合芽率在 90%以上。嫁接树 2 年后开始结果，4～5 年后形成雄花序。坚果长圆形，三径平均为 4.4 厘米，平均单果重 11 克，壳面光滑，色较浅。缝合线窄而平，结合紧密，易取整仁，核仁单个重约 6.3 克，出仁率为 49%，仁色浅。壳厚 1.5 毫米。核仁充实，饱满，色乳黄，风味香。丰产性强，侧枝结果率为 80%～90%，中熟。栽植面积逐年扩大，是加州很有希望的品种。

(3)品种适应性及适栽地区　该品种适应性强，产量中等，核仁品质极佳，较耐高温。发芽晚，抗晚霜，适宜在年平均温度 11℃以上，生长期 220 天以上的地区，有灌溉条件的深厚土壤上种植。

2. 彼得罗(Pedro UC50-113)　产自美国，1984 年引入我国。彼特罗是杂交品种，树体中等。丰产性强，侧枝结实率为 80%，中熟。坚果长椭圆形，平均单果重 12 克。壳面较光滑。缝合线略凸起，结合紧密，壳厚约 1.6 毫米。易取仁，核仁单个重约 6.5 克，出仁率为 48%，仁色浅。

该品种坚果较大，发芽晚，抗晚霜危害。为晚熟品种，适宜在生长期 200 天以上的地区栽培。

3. 维纳(VinaUC49-49)　产自美国，是美国主栽品种，1984 年引入我国。维纳是杂交品种，树体小至中等，长势较旺，树姿较直立。丰产性强，侧枝结果率为 80%～90%，早实型品种。属雄先型，早熟至中熟。坚果锥形，果基平，果顶渐尖，平均单果重 11 克。壳厚约 1.4 毫米，光滑。缝合线略宽而平，结合紧密。核仁单个重约 5.7 克，出仁率为 48%，仁色浅，易取仁。

该品种适应华北核桃栽培区的气候，抗寒性强于其他美国栽培品种。早期丰产性强。

4. 特哈玛(Tehama UC58-11)　产自美国，1984 年引入我国。特哈玛是杂交品种，树体大，长势旺，树姿直立，丰产性强，侧枝结果率为 70%～80%。属雄先型，晚熟品种。坚果椭圆形，平均单果重 11 克。壳面较光滑，缝合线略凸起，结合紧密，壳厚约 1.5 毫米。易取仁，核仁单个重约 6.7 克，出仁率为 50%，仁色浅。成熟期中等。

该品种适宜作农田防护林。发芽较晚，可免遭春季晚霜危害。适合在北京及其以南地区栽培。

5. 希尔(Serr UC59-129)　产自美国，是美国20世纪70年代的主栽品种，1984年引入我国。希尔是杂交品种。树体偏大，树势旺，易感苹果蠹蛾及黑斑病。丰产性稍差。其坚果大，略呈椭圆形，平均单果重12克。壳薄，约1.2毫米，壳面较光滑，缝合线结合较紧密。易取仁，出仁率为59%，核仁单个重约7.6克，仁色浅。

该品种坚果较大，品质优良，树势旺盛，但落花较严重，丰产性差。适宜作防护林林果材兼用树种。

6. 爱米格(Amigo UC55-226)　为美国主栽品种。1984年由奚声珂引入我国。爱米格是杂交品种。丰产性强，侧枝结果率为80%～90%，早熟至中熟。坚果大，坚果略长圆形，平均单果重10克。壳中色，壳面较光滑，缝合线平，结合紧密，壳厚约1.4毫米。易取仁，核仁单个重约6.8克，出仁率为52%，仁色浅，目前栽培面积较小。

属雌先型，在北京4月中旬发芽，4月下旬为雌花盛期，5月上旬为雄花散粉期。9月上旬坚果成熟。

该品种树体较小，树姿较开张，丰产。适于密植栽培，可在北京及其以南地区栽植。

7. 契可(Chico UC56-206)　为美国主栽品种。1984年由奚声珂引入我国。现在河南、北京、辽宁等地试种。契可是杂交品种，树体直立性强，适宜密植栽培。树势较旺，较直立，树体小。丰产性强，每雌花序具2朵雌花，个别年份会出现3朵以上的穗状花序。属雄先型。侧枝结果率为90%～100%，结实早，坚果小，坚果略呈长圆形，果基平，果顶圆。纵径约为4厘米，横径约为3.5厘米，侧径约3.4厘米，平均单果重8克。壳浅色，光滑，缝合线略宽而略凸起，结合紧密，壳厚约1.5毫米。易取仁，核仁单个重约

5 克，出仁率为 47%，仁色浅，充实饱满，核仁品质优。早期丰产性强。

早实型，嫁接苗 2 年后开始结果。芽小，呈球形，小叶片长椭圆形，枝条节间短，青果皮薄，约 0.3 厘米。在美国表现为雌花先开散粉较晚，而在北京 4 月上旬发芽，雌花期为 4 月 25 日，雄花散粉期在 4 月 20 日至 25 日，坚果成熟期在 9 月上旬。

该品种为短枝型早实品种，树体小，树姿较开张，丰产，多双果或多果，品质较好。对华北地区的气候适应性较强，尤宜在水肥条件较好的园地密植或篱式栽培。

8. 卡特(Chandler)　彼特罗与 UC56-224 的杂交后代，树体中等大小，生长势强，半直立，丰产性强，主要以中短枝果枝结果，花芽形成容易，顶芽与腋芽均可形成花芽，而且侧芽结实率高，为 80%～90%。坚果大，呈心形，平均单果重 12.86 克，壳面光滑，缝合线紧密，皮薄，出仁率高达 52%，核仁色泽好，浅色仁达 90%。坚果品质极好，被美国认为是加利福尼亚州最有前途的品种。在产地 4 月上中旬展叶，4 月下旬至 5 月上旬开花，属雄先型品种。9 月中下旬果实成熟，该品种展叶较晚，黑斑病危害较轻，并且适应性较强。

9. 捷克(Chico)　夏凯(Sharkey)与玛凯地(Marchetti)的杂交后代，是良好的早实型品种。树体较小，树冠圆形，树体直立，树体生长势中等，长、中短枝均可形成花芽，腋芽成花好，侧芽结实率达 100%。坚果圆形、较小，平均单果重 10.6 克，缝合线紧密，果皮较薄，出仁率较高，一般为 47%～50%，70%以上为浅色仁，核仁品质极优。该品种在加利福尼亚州 3 月中下旬展叶，4 月下旬至 5 月上旬开花，属雌先型品种。果实于 9 月中旬成熟。该品种早实、丰产性很强，树冠较小、直立，适于密植栽培。

10. 圣冷特(Sunland UC66-4)　是加州大学杂交培育出的新品种。树势旺，丰产性强，侧枝结实达 80%～90%，中熟至晚熟，坚果很大。核仁单个重约 9.9 克，出仁率为 58%，仁色浅，宜在晚霜及黑斑病发生不严重的地区栽培。

11. 赫瓦特(Howard UC64-182)　赫瓦特是杂交品种，树体小至中等，长势中等。丰产性强，侧枝结果率为 80%～90%。中熟。坚果大，核仁单个重约 6.5 克，出仁率为 50%，浅色核仁占 90%，品质好。

12. 爱西丽(Ashley)　爱西丽是一个优良、丰产的品种，在加州栽培极广。侧枝结果率为 80%～90%。坚果略大，核仁单个重约 5.6 克，出仁率为 50%，仁色浅。

13. 哈特利(Hartley)　1915 年由约翰．哈特利(JohnHartley)夫妇在 Napa 谷地私有核桃园中选育而成，是美国加利福尼亚州栽培最广、面积最大的品种，也是美国出口带壳核桃的主要品种。树体中等至大，树姿半开张，土质较好时生长较旺盛，结果枝主要以顶花芽结果为主，腋芽成花率为 10%～20%，故进入结果期较晚，但进入盛果期后，产量很高。结果枝平均长 7.5 厘米，直径 0.7 厘米，每结果枝上坐果 1.3 个。坚果较大，平均单果重 13.5 克，坚果基部宽而平，顶部尖似心脏形，缝合线紧密，果皮薄，出仁容易，出仁率为 45%～50%，且 90%以上为浅色仁。树体较抗病，不易遭受黑斑病的危害。在美国加利福尼亚州于 4 月上中旬展叶，4 月下旬至 5 月上中旬开花，属雄先型。果实于 9 月中旬成熟，为中熟品种。不易遭受苹果蠹虫及黑斑病的危害。其丰产性能好，品质好。

14. 培尼(Payne)　1898 年在 Santa Clara 县乔治・培尼(GeorgePayne)核桃园中发现的 1 株培尼的实生优株，是极丰产株型，后在加利福尼亚州嫁接繁殖，已成为当地的主栽品种之一。是美国出口核桃果及核桃仁的主要品种。树体中等大小，树冠圆形，生长势极强，树体生长旺盛，枝条成花容易，果枝率达 80%，顶芽和腋芽均可成花，且侧芽结实率高达 90%，果枝平均长 12.5 厘米，直径 0.7 厘米，属中短型果枝，每果枝上坐果 1.5 个，丰产性强。为了防止结果过多，幼树期需进行中度或重度修剪，以调节产量，防止树体早衰。成年树也需适当重剪，以维持旺盛生长势。坚果中等至小，平均单果重 11.25 克，缝合线紧密，皮薄，取仁较容易，单个核仁重约 5.4 克，壳薄，出仁率为 48%～52%，浅色果仁约占 50%。在美国加利福尼亚州于 3 月中下旬展叶，4 月中下旬开花，雌雄花期吻合，故在单一品种栽植时，也能获得较高的产量。果实于 9 月初成熟，为早熟品种。至今仍在圣华金谷等地普遍种植。

15. 福兰克蒂(Franquette)　是引自法国的古老品种，其树体高大，生长势中等至旺，为中晚熟品种。顶枝结果，坚果小，单果核仁重约 5.1 克，出仁率为 46%，仁色浅，适宜在易遭晚霜危害的地区栽培。

第四章 核桃良种规模化苗木繁育技术

良种壮苗是核桃规模化栽培的基础和前提。由于核桃具有生产结果周期长的特性，种苗质量将影响产量和品质几年，甚至是几十年。因此，通过规模化培育措施，繁育高标准核桃良种嫁接壮苗是提高核桃栽培效益的切入点。

第一节 苗圃地的选择

一、选择苗圃地注意事项

1. 土壤条件 土壤是繁育良种壮苗的基础，苗圃地土壤要求耕作层深厚，土壤疏松透气，团粒结构良好，腐殖质含量高，pH 值中等或微酸。

2. 地理位置和交通条件 圃地要选在城郊，要求交通便利，背风向阳，供排水渠道和水电线路等基础设施较好，便于苗木管理和运输销售。

3. 水电供给条件 苗圃生产需水量大，城市自来水成本高，一般不作为生产用水。场地周边应有供灌溉和能够饮用的无污染的自然水源；专业苗圃要求就近有足够容量的供电线路。

核桃苗圃忌积水，苗圃周围要有排水沟，或用水泵排水，防止积水。

4. 用工条件 专业型核桃甾圃，多使用有技术的固定工人，但在不同的季节对临时雇工的需求变化较大，且因销售量和施工业务的时间不确定，常需要短时间大量用工，因而圃地周边要有丰富的、廉价的劳动力资源。

5. 其他风险防范 不同的生产项目有不同的风险防范，但种植业普遍的自然风险是相同的，如不在山口风力集中处、洪水淹没区、冰雹多发区建圃，不在城市扩大城郊地带、干道边建圃（常被建设征地）。

二、苗圃的建立

苗圃地选定之后，为了合理利用土地，要根据已有的资料如地图、气象、土壤、地形、水文、病虫害情况、与排灌有关的水利技术资料、育苗树种的特性、育苗方法和每年计划生产任务等，将土地进行合理区划和设计。把所需的生产用地和辅助用地进行合理布局。

规模化核桃苗圃地，要规划出播种区（即培育苗木的生产区）、采穗圃、道路、排灌系统和办公用房（包括办公室、宿舍、仓库、种子贮藏室等）。

第二节　核桃良种嫁接苗培育技术

一、嫁接技术

无论采用哪种嫁接方法，都必须遵循以下技术要求，才能保证嫁接成活率。

1. 形成层要对齐靠紧 无论是枝接还是芽接，砧穗的形成层与砧木要对齐靠紧。因为嫁接成活主要是靠形成层产生愈伤组织，进而形成输导组织，最后形成一个完整的植株。所以，砧穗形成层对得齐、靠得近，愈伤组织产生得快，输导组织就容易形成，嫁接成活率就高；反之，成活率就低。

2. 嫁接时间要选好　嫁接时间很关键，因为愈伤组织的产生要求有一定的温度范围，核桃愈伤组织产生多的平均温度为26℃左右。时间选好、温度适宜，愈伤组织产生得多而快，成活率就高；反之，成活率就低。通常枝接在春季，芽接在5～7月份。

3. 嫁接方法要得当　嫁接方法是提高成活率的一个重要环节。芽接用大方块形芽接，枝接用双舌接与插皮接成活率高。用其他方法成活率低。

4. 绑扎材料要选对　芽接用麻皮绑扎，弹性小，密封不严，成活率低；用0.005及0.007毫米的微膜（地膜）绑扎，弹性大，密封严，成活率高。

5. 绑扎松紧要适度　枝接由于接穗、砧木木质化程度高，所以，一般绑扎得越紧，成活率越高；反之，成活率越低。芽接由于接芽及砧木木质化程度低，芽片直接与形成层细胞接触，如果绑扎过紧，压坏接穗和砧木的大量薄壁细胞，成活率就低；绑扎太松，接穗与砧木间的空间太大，延长了砧穗愈伤组织的结合时间，成活率也低，而只有松紧适度，即使砧穗形成层紧靠，又很少压坏形成层细胞，砧穗细胞活力大，愈伤组织产生得快而且数量大，砧穗产生的愈伤组织结合在一起的时间短，能很快形成输导组织，成活率就高。

6. 把好砧穗质量关　无论是枝接还是芽接，都要把好砧穗质量关。砧木要选生长健壮的苗木，苗干要壮不要高，根系要多不要长。芽接接穗要选生长旺盛的当年生枝，接芽要饱满健壮，无芽座或芽座小的芽，不选木质化程度低、芽不饱满的接穗，更不能把雄花接上。枝接接穗选木质化程度高，生长健壮、髓心小、没有失水的接穗。

7. 接穗的采集与贮藏要得当　芽接接穗随采随打复叶，采回接穗后要把它放在阴凉通风处，洒上水，再用浸过水的湿麻袋盖严，可保存2～3天；枝接接穗采回后，要及时蜡封，30～50条捆成

1 捆，挂上标签，写明品种，在背阴处用湿沙或湿土埋严，要求尽量使接穗与湿沙土接触，并在中央及四周埋秸秆通气。

二、砧苗的培育

砧木苗是指利用种子繁育而成的实生苗，主要用作嫁接苗的砧木。砧木的质量如何，直接影响嫁接成活率及建园后的经济效益。

1. 采种及贮藏

(1)采种　首先选择生长健壮、无病虫害和种仁饱满的壮龄树(最好是 30～50 年生)为采种母树。当果实形态成熟，即青皮由绿变黄并开裂时，即可采收。此时的种子内部生理活动微弱，含水量少，发育充实，最易贮存。若采收过早，胚发育不完全，贮藏的养分不足，晒干后种仁干瘪，发芽率低。即使发芽出苗，生活力弱，也难长成壮苗。采种的方法有捡拾法和打落法两种。前者是随着果实自然落地，定期捡拾；后者是当树上果实青皮有 1/3 以上开裂时打落。为确保种子质量，种用核桃应比商品核桃晚采收 3～5 天。种用核桃不用漂洗，可直接将脱掉青皮的坚果拣出晾晒。未脱青皮的，可堆沤脱皮或用乙烯利处理，3～5 天后即可脱去青皮。难以离皮的青果成熟度差，不宜做种子。晾晒的核桃砧木种子，要以薄层摊在通风干燥处，不要放在水泥地面、石板或铁板上受阳光直接暴晒，以免影响种子的生活力。

(2)贮藏　核桃种子无后熟期。采收后的种子，秋冬季可以直接播种(郑州市采用青皮核桃播种，翌年 5～6 月份即可嫁接，当年即可出圃，每 667 平方米均效益较常规育苗实现了翻番)，晾晒也不需干透，而春播的种子贮藏时间则较长。多数地区以春播为主，贮藏时应注意保持低温(5℃左右)、低湿(空气相对湿度为 50%～60%)和适当通气，以保证种子经贮藏后仍有正常的生活力。核桃种子的贮藏方法，主要是室内干藏法，其中分普通干藏法和密封干藏法两种。前者是将秋采的干燥种子装入袋或缸等容器内，放在经过消毒的低温、干燥和通风的室内或地窖内。种子少时可以装袋吊在屋内，既防鼠害，又可通风散热。种子如需过夏，贮藏时要用密封干藏法，即将种子装入双层塑料袋内，并放入干燥剂密封，然后放进可控温、控湿和通风的种子库或贮藏室内存放。

除室内干藏法外，也可采用室外湿沙埋藏法。即选择排水良好，背风向阳，无鼠害的地方，挖掘贮藏坑，一般坑深为 0.7～1 米，宽 1～1.5 米，长度依种子数量而定。贮藏前，种子应进行水（或盐水）选，将漂浮于水上、种仁不饱满的种子剔除，将浸泡 2～3 天饱满的种子取出沙藏。先在坑底铺一层湿沙（手握成团不滴水为度），一层湿沙摆一层核桃，层间湿沙厚度为 5 厘米左右，顶部盖湿沙与坑口相平，上面用土培成屋脊形，同时，在贮藏坑四周开排水沟，以免积水浸入坑内，造成种子霉烂，为保证贮藏坑内空气流通，应于坑的中间（坑长时每隔 1.5 米）竖一草把，直达坑底，坑上覆土厚度可依当地气温高低而定，早春应注意检查坑内种子状况，勿使霉烂。

2. 圃地的整理 圃地的整理，也是保证苗木生长及质量的重要环节。整地主要是指对土壤进行深翻耕作。通过整地可增加土壤的通气透水性，并有蓄水保墒、翻埋杂草残茬、混拌肥料及消灭病虫害等作用。由于核桃幼苗的主根很深，深耕有利于幼苗根系的生长，翻耕深度应因时因地制宜。秋耕宜深（20～25 厘米），春耕宜浅（15～20 厘米）；干旱地区宜深，多雨地区宜浅；土层厚时宜深，河滩地可浅；移植苗宜深（为 25～30 厘米），播种苗可浅。北方地区，宜在秋季深耕，并结合施肥及灌冻水。春播前可再浅耕 1 次，然后耙平，再打埂整畦。近年来河南省郑州市采用的宽窄行、起垄、盖薄膜育苗新方法，取得了较好的效果，改善了核桃种子出苗小环境，提早了出苗时间，提高了育苗成活率和出圃率。该方法是把以前的平均株行距，平地分畦播种方式做了改进。采用相同株距，在保持每667平方米株数不变的情况下，把行距重新分配，即采用一个宽行、一个窄行的方法。其特点是排水良好，苗木生长早，起苗容易，嫁接方便，同时明显改善了通风透光条件，提高了光能利用率，生长量明显比传统育苗大，为提前嫁接节约了时间。

3. 播前种子处理 秋播种子不需任何处理，可直接播种。春季播种时，播种前应进行浸种处理，以确保发芽。浸种方法有如下几种：

(1)*冷水浸种法* 用冷水浸泡7～10天，每天换1次水，或将盛有核桃种子的麻袋放在流水中，使其吸水膨胀，裂口后即可播种。

(2)*冷浸日晒法* 将用冷水浸泡过的种子置于阳光下暴晒，待大部分种子裂口时即可播种。

(3)*温水浸种法* 将种子放在80℃温水缸中，即刻搅拌，使其自然降至常温后，再浸泡8～10天，每天换水。种子膨胀裂口后，捞出核桃播种。

(4)*石灰水浸种法* 山西省汾阳县南偏城果农的经验是，把50千克核桃倒入1.5千克石灰加10升水配制的溶液中，用石头压住核桃，再加冷水，不换水，浸泡7～8天，然后，捞出核桃暴晒几小时，种子裂口即可播种。

(5)*开水浸种法* 当时间紧迫，种子未经沙藏而急需用其播种时，可将种子放入缸内，然后倒入种子量1.5～2倍的沸水，随倒随搅拌，2～3分钟后捞出播种，也可搅到水温不烫手时捞出种子，再倒入凉水中，浸泡一昼夜后捞出播种，此法还可同时杀死种子表面的病原菌，但因担心烫坏种子，故一般不提倡用此法，而且只能用于中厚壳种子。

4. 播　种

(1)*播种时期* 播种核桃可分为秋播和春播。播种期的选择主要根据当地的气候条件。如当地春季风沙大而秋季墒情又好，则以秋播为好。另外，秋播的种子可不必处理。所以，北方地区应以秋播为主。秋播可延长至灌防冻水以前进行。有时由于外购种子不及时，土壤已冻结或当地鸟兽害严重等原因不能进行秋播时，可在春季采用覆膜播种，播后约 20 天即可出苗。据此，可以推算出避开当地晚霜的播种期。

近两年，河南省郑州市于 9～10 月份采用带青皮的核桃点播，效果非常好。当年即可出苗，即使冬季幼苗上部冻死，但根仍然存活，为翌年春季幼苗的快速生长打下了基础，如果管理到位，可以实现 1 年即育成成品苗，而且达到国家二级苗以上的苗木可占到 90％以上。

（2）*播种方法*　手工点播可分为床作和垄作。床作时株行距为 15～20 厘米×40～60 厘米。如为垄作应先整地做垄，垄宽 50 厘米，高 20 厘米，垄距 50 厘米。采用宽窄行起垄方式的，垄宽 30 厘米，高 20 厘米，宽行垄距 70 厘米，窄行垄距 20 厘米。随后在垄上覆盖地膜，并在地膜两侧压土，然后在床或垄上地膜两边（相距 15～20 厘米）打孔，将经过处理的种子播入孔中。放置种子时，应使其缝合线同地平面垂直，种尖也向一侧播下，这样出苗整齐。播后覆土厚 5～10 厘米。床作可浅些，垄作要深些；春播可浅些，秋播宜深些。

（3）*播种量*　过去计算播种量，常按每 667 平方米若干千克（如 180～300 千克）计算。现在一般按育苗株行距、种粒大小以及种子利用率来计算。每 667 平方米用种量（千克）＝667×10 000 厘米^2÷（株距×行距）（厘米^2）÷（每千克种子粒数×种子利用率）。例如，以株行距 15 厘米×50 厘米计算，每 667 平方米应有 8 900 个播穴。大粒种子每千克至少有 60 粒，种子利用率按 90％计算，这样，每 667 平方米用大粒种子最多为 165 千克。另外，用大粒种子育苗，不仅当年的苗木粗壮，而且翌年长势也旺，适于嫁接。实际上，在现实育苗中用的种子都比较小，一般每千克都在

100 个左右，操作时，可抽查几次 1 千克种子的粒数，取得平均数即可。

5. 苗期管理 核桃春播后 20 天左右，开始发芽出苗，40 天左右幼苗出齐。要培育健壮的砧木苗，就必须加强苗期田间管理工作。

(1)补苗 当幼苗大量出土时要及时检查。若发现缺苗严重，应及时补苗，以保证单位面积的成苗数量。补苗的方法有用水浸催芽的种子重新点播，也可将边行或多余的幼苗带土移栽。

(2)施肥灌水 一般来说，在核桃苗木出齐前不宜灌水，以免造成地面板结。但北方一些地区，春季干旱多风，土壤保墒能力较差，出苗率多受影响。这时，需及时灌水，并在表土干燥后进行浅松土。当幼苗出齐后，为了加快生长，应及时灌水。5～6 月份是幼苗生长的关键时期，在北方地区一般要灌水 2～3 次，并结合追施速效氮肥 2 次，每次每 667 平方米施硫酸铵 10 千克左右。7～8 月份雨量较多，可根据雨情决定灌水与否，并追施磷、钾肥 2 次。9～10 月份一般灌水 2～3 次，特别要保证灌好最后一次封冻水。此外，幼苗生长期间还可进行根外追肥，用 0.3%尿素或磷酸二氢钾液喷布叶面，每 7～10 天喷 1 次。在雨水多的地区或季节，要注意排水，以防苗木晚秋徒长或烂根死亡。

(3)中耕除草 苗圃的杂草生长快，繁殖力强，与幼苗争夺水分和养分，有些杂草还是病虫的媒介或寄主，因此，对苗圃地必须及时除草和中耕。在幼苗前期，中耕深度为 2～4 厘米，后期可逐步加深至 8～10 厘米。中耕次数，可视具体情况进行 2～4 次。中耕除草还应与追肥灌水相结合，每次追肥后必须灌水，并及时中耕和消灭杂草。

(4)防止日灼 幼苗出土后，如遇高温暴晒，其嫩茎先端往往容易焦枯，即日灼，俗称烧芽。为了防止日灼，除注意播前整地的质量外，播后可在地面覆草。这样，可降低地温，减缓蒸发，也能增

强苗木长势

(5)防治病虫害 核桃苗木的病害主要有黑斑病、炭疽病、苗木菌核性根腐病和苗木根腐病等。其防治方法是除在播种前土壤消毒和深翻之外,对苗木菌核性根腐病和苗木根腐病,可用10%硫酸铜或70%甲基硫菌灵可湿性粉剂1000倍液浇灌根部,每667平方米用药液250～300千克,再用消石灰撒于苗茎基部及根际土壤,对抑制病害蔓延有良好效果。对黑斑病、炭疽病和白粉病等,可在发病前每隔10～15天喷等量式200倍波尔多液2～3次,发病时喷70%甲基硫菌灵可湿性粉剂800倍液,防治效果良好。为害核桃苗木的害虫主要有象鼻虫、刺蛾、金龟子和浮尘子等。对此,应选择适宜时期喷布90%敌百虫晶体1000倍液,或2.5%溴氰菊酯乳油5000倍液,或80%敌敌畏乳油800倍液,或2.5%氯氟氰菊酯乳油1000倍液等,都可取得良好效果。核桃病虫害防治详见第八章。

(6)越冬防寒 多数地区的核桃苗不需防寒,但在冬季经常出现－20℃以下低温的地区,则需做好苗木的保护工作。其防寒方法是将苗木就地弯倒,然后用土埋好即可。先平茬后埋土,效果也不错。

三、嫁接苗的培育

1. 接穗的选择标准

(1)选好采穗母树 采穗母树应是生长健壮、无病虫害的良种树,选好后要及时做好标记。

(2)建立良种采穗圃 采穗圃必须是优良品种嫁接树或高接改优树。由于接穗的质量直接关系到嫁接成活率的高低,因此,应加强对采穗母树或采穗圃的综合管理。

接穗分为枝接接穗和芽接接穗两种,因其对成活率的影响不同,其标准也不相同。枝接接穗为条长1米左右,直径1～1.5厘米之间的发育枝或徒长枝，枝条要求生长健壮、发育充实、髓心较小，无病虫害。在1年生穗条缺乏的情况下，也可用强壮的结果母枝或基部带2年生枝段的结果母枝，但成活率较低。芽接所用的穗条，应是半木质化的当年发育枝；其上所采接芽，应成熟饱满。

2. 接穗的采集、贮运及处理方法

(1)接穗的采集　枝接接穗的采集，从核桃落叶后直到芽萌动前(整个休眠期)都可进行。但因各个地区气候条件不同，采穗的具体时间亦有所不同。北方核桃抽条现象严重(特别是幼树)和冬季与早春枝条易受冻害的地区，均宜在秋末冬初采集。此时采的接穗，只要贮藏条件好，防止枝条失水或受冻，就可保证嫁接成活率。在冬季抽条和寒害轻微的地区，或采穗母树为成龄树时，可在春季芽萌动之前采穗，此时可随采随用或短期贮藏，接穗的水分充足，芽子处于即将萌动状态，嫁接成活率显著提高。

芽接所用接穗(以刚木质化的枝条为好)多为夏季随用随采，或作短暂贮藏，一般贮藏期不宜超过3天，贮藏时间越长，成活率越低。

采穗时，宜用手剪或高枝剪，忌用镰刀削，剪口要平，不要呈斜茬。采后，将穗条根据长短和粗细分级(弯曲的弓形穗条要单捆单放)，每捆30～50根，打捆时，穗条基部要对齐，将剪下的复叶夹在穗条间，先在基部捆一道，再在上部捆一道，然后剪去顶部过长、弯曲或不成熟的顶梢。有条件的最好用蜡封住剪口，以防失水，最后用标签标明品种。芽接用的接穗，从树上剪下后要立即去掉复叶，留2厘米左右长的叶柄，每20或30根打成一捆，标明品种。打捆时，要防止叶柄蹭伤其他幼嫩枝的表皮。

(2)接穗的贮运　枝接所用的接穗，最好在气温较低的晚秋或早春运输。高温天气易造成霉烂或失水，最好不要运输接穗。严冬运输接穗时，应注意防冻。接穗运输前，应先用塑料薄膜包好并密封，远途运输时，塑料包内要放些湿锯末或苔藓；铁路运输时，还需将包好的接穗装入木箱、纸箱或麻袋内后再交运。

将接穗就地贮藏过冬时，可在阴凉处挖宽 1.2 米、深 80 厘米的沟，沟的长度按接穗的多少而定。然后，将标明品种的成捆接穗放入沟内，若放多层，层间应加 10 厘米左右的湿沙或湿土，接穗放好后，在上面盖湿沙或湿土，厚约 20 厘米。土壤结冻时，应加厚至 40 厘米。如果要在土壤解冻前使用接穗，则上面还要加盖草帘或玉米秸秆。当春季气温升高时，需将接穗转移到温度较低的地方，如土窖、窑洞或冷库等。核桃接穗贮藏的最适温度是 0℃～5℃，最高不能超过 8℃，空气相对湿度在 90％以上。放在冷库和冰箱内的接穗，应避免停电升温或过度降温，否则会严重影响嫁接成活率。

为保证室外嫁接所用接穗的贮藏安全，可在距嫁接地点较近的山坡背阴处或山洞内，用湿沙贮藏。嫁接时，再将其运至嫁接地点。这样既经济，又能保证嫁接成活率。

芽接所用的接穗，由于当时气温很高，因此保鲜非常重要，否则，会大大降低嫁接成活率。采下接穗后，要用塑料薄膜包好，但应注意通气，不可密封，还要在里面放些苔藓或湿锯末等，运到嫁接地时，要及时打开薄膜，并把它置于潮湿阴凉处，并经常洒水保湿。

(3)接穗的处理　接穗的处理，主要包括剪截和蜡封，一般需在嫁接前进行。接穗剪截的长度，因嫁接方法而异。室内嫁接所用接穗，一般长 13 厘米左右，有 1～2 个饱满芽；室外枝接用的接穗，一般长 16 厘米左右，有 2～3 个饱满芽。无论哪种接穗，都要特别注意上部第一芽的质量，一定要完整、饱满和无病虫害，以中等大小为好。上部第一芽距离剪口 1 厘米左右。发育枝先端部分一般不充实，木质疏松，髓心大，芽体虽大，但质量差，不宜做接穗用。

接穗全蜡封能有效地防止水分散发。蜡封，一般在嫁接前 15

天以内进行，效果最佳。蜡封的方法是将石蜡放入容器(铝锅、烧杯等)内，在容器底部可先加少量水，然后用电或煤火等加热，使石蜡液化并保持在90℃～100℃。蜡封时，将剪成段的接穗的一头，在蜡液中迅速蘸一下，甩掉表面多余的蜡液，再蘸另一头，使整个接穗表面包被一层薄而透明的蜡膜。如果蜡层发白掉块，说明蜡液温度过低，为保证蜡液温度适当，可在容器内插一根棒状温度计，以随时观察温度的变化，当温度超过100℃时，应及时将容器撤离热源或关闭电源。

3. 砧木选择 选择砧木，应根据不同栽培区域的生态条件和当地的生产情况，确定合适的砧木类型。实践证明，我国北方地区采用核桃本砧或核桃楸作砧木效果较好；南方地区则以野核桃和铁核桃作砧木为宜。砧木苗应为1～2年生树，基径在0.8厘米以上。高接改优时，砧木树龄可较大(一般不超过30年生)，砧桩嫁接部位多是侧枝或副侧枝，砧桩横断面直径宜在8厘米以下。

4. 嫁接时期 核桃的嫁接时期因地区和气候条件不同而异，各地应根据当地的实际情况来决定。一般来说，室外枝接的适宜时期是从砧木发芽至展叶期。北方地区多在3月下旬至4月下旬，南方则在2～3月份。此时，生长开始加快，砧、穗易离皮，伤流较少或没有伤流，愈伤组织形成较快，嫁接成活率高。北方地区，芽接宜在5月中旬至7月初进行，其中以5月下旬至6月中旬为最适期；云南多在3月份进行芽接；贵州秋季芽接在7～8月份进行，枝接在2月中旬至3月中旬进行。核桃的嫁接成活率不稳定，选择适宜的嫁接时期对提高成活率有较大作用。

5. 嫁接方法 根据嫁接时期和所用接穗的不同，嫁接方法可分为枝接和芽接两大类，每类都包括多种嫁接方法。

(1)芽接 核桃芽接方法较多，根据芽片或切口的形状，可分为方块形芽接、环状芽接和“T”字形芽接等方法。但无论采用哪种方法，芽片均应取自当年生长健壮的发育枝的中上部，以中等大的嫩芽为最好，砧木以 1 年生壮苗最为理想，也可用 2～3 年生经平茬后的当年生枝，嫁接部位以砧木中下部平直光滑、节间稍长处为最好。

①方块形芽接。此法成活率高，成本低，嫁接速度快，节省芽，正常情况下，成活率可达 90%以上，每人每天可嫁接 500 株左右，目前已推广到全国各地。嫁接前先制作双刃芽接刀，制作方法是根据接穗节间长短不同制成边长不同的方木块，即不同规格的方木块，边长 3.6～5 厘米，厚为 2 厘米，中间钻直径为 2 厘米的圆孔(圆孔的作用是切芽时可以让叶柄穿过，不绊叶柄。操作时便于手持，可用小手指钩住圆孔)，两侧各放一个双面刀片，刀片上面加上用三合板做成的 X 形保护片，一可防刀片割手，二可控制切芽深度，不致将接穗割断。从三合板外面两边各用两个螺丝钉固定刀片即可。双刃嫁接刀的两面都可使用，一个嫁接刀片一般可嫁接 500 株左右，用钝时可随时取下换上新刀片。

在砧木距地面 30 厘米以下，选一光滑处用特制的双刃芽接刀划切长 1.5～2 厘米(因砧木粗细而不同)的树皮，用指甲先从切口的一侧抠开，然后将切口的砧木皮撕掉，并在下切口的一侧撕下 0.2 厘米宽的树皮(叫伤流口，不一定要撕掉)，以便伤流液的排出。根据砧木粗度先取相应粗度的穗条，并在成熟的饱满芽处用双刃刀取芽。在接穗上取下与砧木切口大小一样的芽片(注意不要弄掉芽内部的生长点或护芽肉)，迅速将芽片嵌入砧木的切口，用 2～3 厘米宽的塑料条或地膜包严包紧(不可将排水伤流液口下端包严)，芽和叶柄露在外面(图 4-1)。

另外，小方块芽接所取的方块较小，一般芽片长 1～1.5 厘米，宽 0.6～1.2 厘米，利用小芽片嫁接可利用较细的接穗，从而扩大了接穗的采集范围和砧木的利用率。

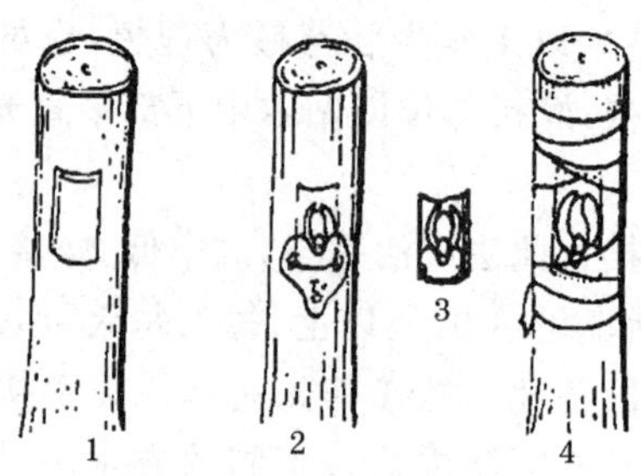

图 4-1　方块形芽接

1. 切砧木　2. 切接穗

3. 芽片　4. 镶入芽片并绑缚

②“T”字形芽接。先将芽片切成盾形，长 3～5 厘米，上部宽 1.5 厘米。砧木以 1～2 年生为宜，在其上距地面 10～20 厘米处选光滑部位切一“T”字形切口，横向比接芽略宽，深达木质部，长度与芽片相当，切开后用刀挑开皮层，将接芽迅速插入，务使芽、砧紧密相贴，上切口形成层要对齐，然后自上而下地用塑料条绑严(图 4-2)。

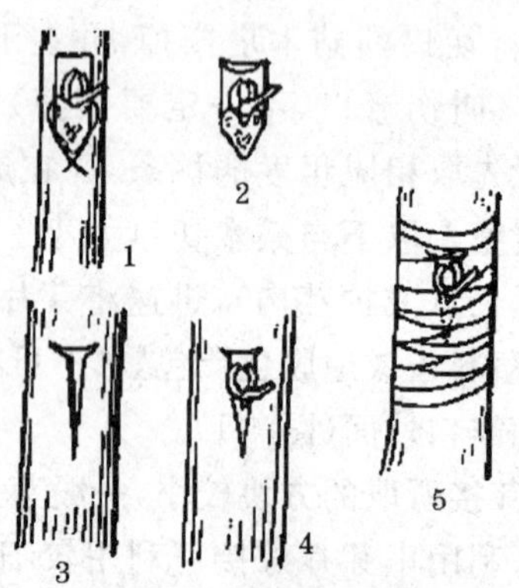

图 4-2　“T”字形芽接

1. 切接芽　2. 芽片　3. 砧木“T”字形切口

4. 插入接芽　5. 绑缚

③环状芽接。在接穗上选好接芽后，先在芽上1厘米和芽下1.5～2厘米处，各环切一周，深达木质部，然后在芽背面纵切一刀，取下环状芽片。再于砧木适当高度光滑处，环割取下与芽片相同大小的筒状树皮，将芽片迅速镶嵌于砧木切口内，然后绑严。要特别注意勿使芽环左右移动(图4-3)。

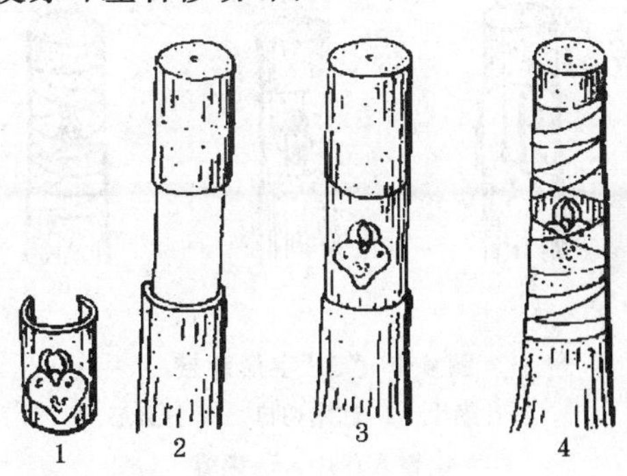

图4-3　环状芽接

1. 环状芽片　2. 砧木环状接口

3. 镶入芽片　4. 绑缚

④"工"字形芽接。在接芽上下方各环切一刀，深达木质部，长3～4厘米，宽1.5～2.5厘米。再从接穗背面取下0.3～0.5厘米长的树皮作为"尺子"，在砧木适当部位，量取同样长度，上下各切一刀，宽度达干周的2/3左右，从中间竖着撕去0.3～0.5厘米宽的皮，然后剥开两边的皮层，将芽片四周剥离(仅剩维管束相连)，用拇指按住接芽侧面，向左推下芽片(带一块护芽肉)，将芽片嵌入砧木切口中，用塑料条自上而下包扎严密(图4-4)。

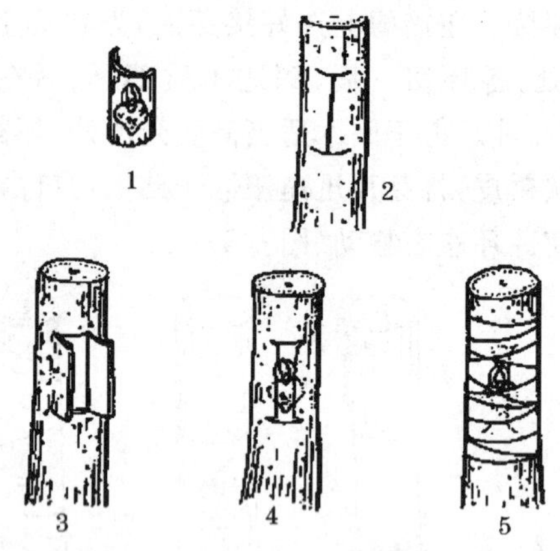

图 4-4 “工”字形芽接

1. 取下芽片 2. 砧木切口 3. 打开砧皮
4. 镶入芽片 5. 绑缚

(2)枝接　以枝条为接穗的嫁接方法,称为枝接。按操作地点又分为室外枝接和室内枝接两种。

①室外枝接。其嫁接方法,主要有劈接、插皮舌接和插皮接等。

A. 劈接。适于树龄较大、苗干较粗的砧木,是过去应用最为普遍的一种嫁接方法。操作要点是选用 2～4 年生、直径 3 厘米以上的砧木,于地面上 10 厘米处锯断砧干,削平锯口,用刀在砧木中间垂直劈入,深约 5 厘米。将接穗两侧各削一个对称的斜面,长 4～5 厘米,然后迅速将接穗插入砧木劈口中,使接穗削面露出少许,并使砧、穗两者的形成层紧密对合。如接穗较砧木细,则应使一侧形成层对齐,然后用地膜或塑料条绑严,保持接口湿度,以利于愈合(图 4-5)。

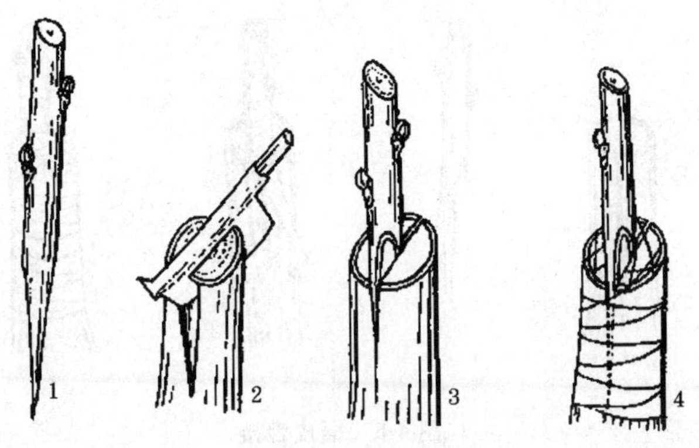

图 4-5 劈接

1. 接穗削面 2. 砧木切口

3. 插入接穗 4. 绑缚

B. 插皮舌接。操作方法是，选适当位置锯断（或剪断）砧木树干，削平锯口，然后选砧木光滑处，由上至下地削去长 5～7 厘米，宽 1 厘米左右的老皮，露出皮层。将蜡封接穗削成长 6～8 厘米的大削面。削时注意刀口一开始就要向下切凹，并超过髓心，然后斜削，保证整个斜面较薄，再用手指捏开削面背后皮层，使之与木质部分离，将接穗的木质部插入砧木削面的木质部与皮层之间，让接穗的皮层盖在砧木皮层的削面上，最后，用塑料条绑紧接口（图 4-6）。此法由于需要将皮层与木质部分离，故应在皮层容易剥离、伤流较少时进行。并注意接前不要浇水，而是在接前 3～5 天预先锯断砧木放水，以避免伤流液过多影响嫁接成活。此法既可用于苗木嫁接，也可用于大树高接。

C. 插皮接。又叫皮下接。操作要点是首先剪断或锯断砧干，削平锯口，在砧木光滑处，由上向下垂直切一刀，深达木质部，长约 1.5 厘米，顺刀口用刀尖向左右挑开皮层。如接穗太粗，不易插

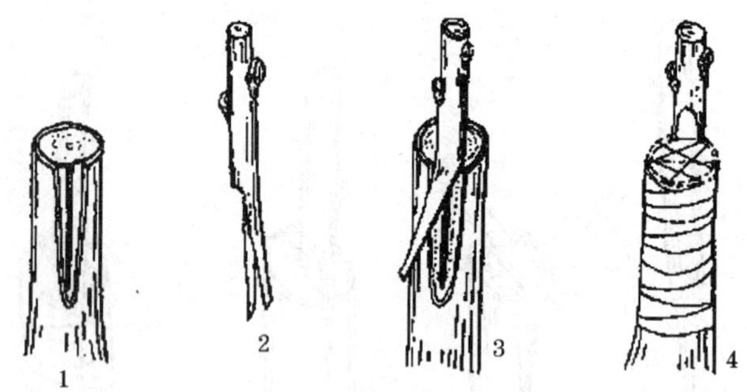

图 4-6　插皮舌接

1. 砧木削面　2. 接穗侧削面

3. 插入接穗　4. 绑缚

入，也可在砧木上切一个 3 厘米左右上宽下窄的三角形切口。接穗的削法是，先将一侧削成一个大削面（开始先向下切，并超过中心髓部，然后斜削），长 6～8 厘米；其另一侧的削法是在两侧轻轻削去皮层（从大削面背面往下 0.5～1 厘米处开始）；将削好的接穗顺砧木上刀口插入，接穗内侧露白 0.7 厘米左右，然后用塑料布包扎好即可（图 4-7）。

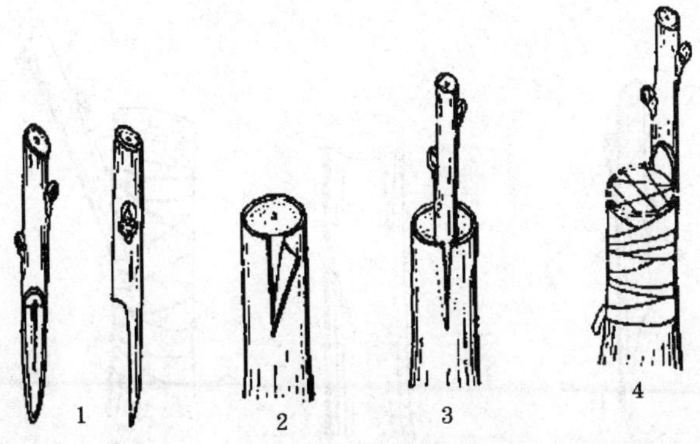

图 4-7　插皮接

1. 接穗削面　2. 砧木切口
3. 插入接穗　4. 绑缚

D. 腹接。又称一刀半腹接法。选用直径度不小于 2～3 厘米的砧木，在距地面 20～30 厘米处与砧木呈 20°～30°角向下斜切 5～6 厘米长的切口（不超过髓心），接穗一侧削 5～6 厘米长的大削面，背面削 3～4 厘米长的小削面。用手轻掰砧木上部，使切口张开，将接穗大斜面朝里插入切口，对准形成层，放手后即可夹紧，在接口以上 5 厘米处剪断砧木，用塑料条包严扎紧（图 4-8）。

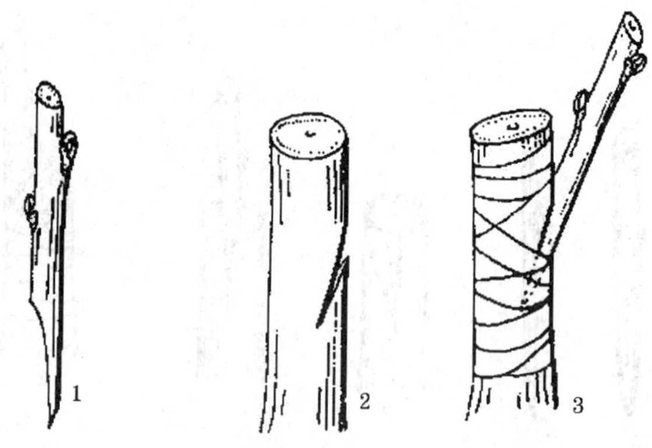

图 4-8　腹接

1. 接穗侧切面　2. 砧木切口

3. 插入接穗并绑缚

②室内枝接。核桃室内枝接，是利用出圃的实生苗作砧木，在室内嫁接的方法。此法能有效地避免伤流液对嫁接成活率的影响，并可人为地创造宜于砧穗结合的有利条件，具有适宜嫁接期长，可实行机械化操作，成活率高且稳定等优点。该法在整个休眠期都可进行，但以 3～4 月份为最适期。室内嫁接因所用砧木不同，可分为苗砧嫁接和子苗砧嫁接两种。

A. 自控电热温床苗砧嫁接。该技术的主要特点是成活率高且稳定，生长季节长，易于掌握，便于工厂化育苗，尤其适用于室外嫁接较难成活地区的基层苗圃及专业户采用。但工序较复杂，育苗成本高，技术环节较难掌握，且需一定的设备条件。

第一步，自控电热床的建造与组装。需购控温仪一台(控温范围为 0℃～50℃)及与其配套的农用电热丝两盘(每盘长 110 米，其中一盘备用)，生产厂家有上海医用仪器厂等。还应准备足量新鲜的过筛锯末、纸绳、农用膜、温度计、修枝剪、扁铲、芽接刀以及砌墙用的材料。春季嫁接时，在背风向阳的地方，用室外地下式温床。冬季嫁接时，应采用室内半地下式温床。室外地下式温床建造时，先将地面挖长 5 米，宽 1.7 米，深 0.6 米的坑槽，然后用砖砌四周(临时性温床也可不砌)，且高出地面 10 厘米。室内半地下式温床是在专用或代用的室内两边邻墙处，挖长 5 米，宽 1.7 米，深 0.3 米的床槽，用砖砂浆砌四周，且高出地面 30 厘米，同时铲平床底。温床建造好后，先在床底部均匀铺 5 厘米厚的湿锯末或细湿沙，用脚踩实。然后以 5～6 厘米的等距将电热线拉直，两端挂在专门设置的小木桩上，直至把一盘电热丝均匀铺完为止。再把电热丝的两端用导线与控温仪连接起来，将控温仪的感温探头置于电热丝上，用锯末埋住，接通电源，3～5 分钟后，控温仪上温度指针缓缓上升时，说明工作正常，这时断掉电源，在电热丝上覆盖3～5 厘米厚的湿锯末，上再铺一层塑料薄膜。接着，将含水量为55％～60％的湿锯末填入床内，厚度为 35～40 厘米，上覆盖塑料膜，待植苗。

第二步，准备砧木、接穗。砧木选择 1～2 年生核桃实生苗，要求生长健壮，无病虫、无劈裂、根系完整、地径为 0.9～1.8 厘米。冬季或早春嫁接时，于土壤结冻前起苗，开沟假植于温床附近的湿土或湿沙中，2 月下旬后嫁接时，以随起随用较好。接穗应从采穗圃或优树上采集。要选择树冠外围生长健壮、无病虫，充分木质化的 1 年生发育枝或二次枝，直径应在 0.7～1.8 厘米，采穗时间为前一年 11 月上旬至 12 月上旬，或翌年 2 月底前后。采后立即蜡封伤口，按品种 50 根 1 捆捆绑，挂上标签，沙藏于冷库(0℃～5℃)或通风的地下窖内待用。早春也可随接随采。

第三步，嫁接。12 月上旬至翌年 4 月上旬均可嫁接，但以 2 月中旬至 3 月下旬效果最佳。2 月中旬前嫁接时，要将砧木及接穗置于床温为 25℃～30℃的湿锯末中“催醒”砧木 6～8 天，接穗为 3～5 天，使砧穗处于正常生理活动状态。若 2 月中旬后嫁接，接穗和砧木不做“催醒”处理。嫁接一般多采用双舌对接法(图 4-9)。其步骤为:一是将处理好的砧木从根际以上 2～3 厘米处剪断,去掉上部,并剪除过长的主根和侧根,剪平因起苗挖断的伤口,保留 15～20 厘米的根毛区;二是选择与砧木粗度相等或相近的接穗,截成长 10～12 厘米,带有 2～3 个饱满芽的枝段(切勿误用雄花芽及枝条上部髓心过大的部分),上部剪口距芽眼 1 厘米左右;三是将砧木及接穗(下部)用扁铲削成 4～6 厘米光滑的马耳形削面,然后在切面上部约 1/3 处分别纵切一刀,深度为 1～2 厘米;四是再将各自的短舌面分别插入对方的切缝,各自的长舌面覆盖于对方的整个切面,并使形成层对准。若砧、穗粗度不等时(接穗不能粗于砧木),只将一边形成层对准即可;五是最后用纸绳绑扎4～5 圈,松紧要适度。为了提高工效,可三人一组流水作业,即一人铲削砧、穗削面,一人插合,另一人绑扎,每天可嫁接 1500 株左右。

第四步,入床愈合。将接好的苗木每 5 株捆绑成小捆,成行植于温床内,苗木距四周墙边 10 厘米,根部距农膜层 2～3 厘米,上部仅露出顶芽,苗木之间用湿锯末填充实。床内植苗密度为每平方米有效面积 500～600 株,即每床可植 4000～5000 株。苗木入床结束后,将控温仪的感温探头插入温床中间,深度达根下部,然后将控温仪调至 28℃左右,接通电源,一般经 15～20 小时,即可升至控制温度。同时在床中的不同部位插入温度计 2～3 支,深度与控温仪探头同深,以判断控温仪是否正确或失调。最后在床面上部搭木条,用塑料薄膜覆盖,露天温床最上部还要加盖草帘,以保温和防止太阳直射,烧伤嫩芽。在苗木愈合的整个过程中,要经常观察温度,使其真正保持在控温范围内。只要床内温度稳定在 25℃～30℃,培养料相对湿度为 55%～60%,均可取得理想的结果。在上述温湿度范围内,一般 7 天开始产生愈伤组织,15～20 天即可基本愈合。这时及时关闭电源,白天揭去覆盖,使之逐渐降温锻炼2～3天，以适应外界条件。若是温室或其他保护地栽植时，可直接移植。如果外界条件不稳定，保护措施差，不适宜栽植时，将出圃的苗木，用湿锯末埋藏在阴凉通风的地方或地下窑窖内，暂时贮藏，待外界气候宜于栽植时，再将苗木取出移植在保护性苗圃中。

第五步，幼苗移植与圃地管理。一是移植地选择与整地。应选择背风向阳、地势平坦、排灌良好，土层深厚肥沃、pH值为中性至微碱性的壤土或沙壤土的地块。于秋冬季深耕整平，打细土块，捡净石块草根，培埂做床。床宽2～3米，长8～10米。早春对床内二次中耕整地，结合中耕施足基肥，每667平方米施农家肥3000千克左右，磷酸二铵50千克；二是移苗时期。温室内移植，可随出床随栽，塑料拱棚或其他保护措施移植，均应在3月上旬至3月底移苗。室外埋土移植，必须在4月中旬后气温稳定时才能进行；三是移栽方法。栽植密度为行距40～50厘米，株距15～20厘米，沟深15厘米，先将愈合好的苗木植于沟内，栽端扶正，舒展根系，用细土埋住接口以下，用手按实，一次灌足定根水，待水下渗后，再将苗木全部埋严，接穗顶部以上覆土厚度为3～5厘米，使整个苗行呈鱼脊状；四是幼苗保护措施。幼苗保护主要措施有温室移栽、塑料拱棚移栽地膜覆盖移栽和埋土延迟移栽等。温室移栽可人为控制温湿度，是理想的措施，但成本高，难于推广。塑料拱棚移栽，能够提高光能利用率，防止外界不良因素影响，易于推广。但应注意覆盖遮荫，当棚内温度超过30℃时，要及时通风，以防日灼。当气温基本稳定时，可取掉塑料薄膜，一般移植15天左右时，幼苗萌发逐渐出土，要经常检查放苗，同时要注意幼苗的遮荫与防寒工作。培土移栽，虽对圃地上部加覆盖保护措施，但培土层要高出接穗顶部3厘米以上，且移栽期要推迟至4月中旬以后。此法因生长季节短，生长量小，小批量育苗时适当采用。

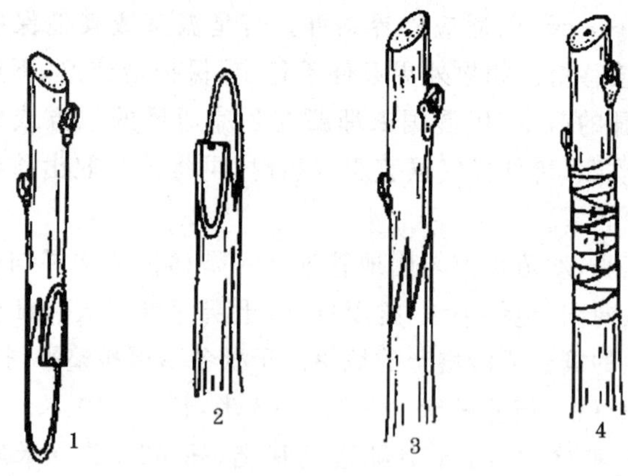

图 4-9 双舌接

1. 接穗削面 2. 砧木削面

3. 插入接穗 4. 绑缚

B. 子苗砧嫁接。此法的优点是嫁接效率高，育苗周期短，成本低。具体方法包括砧木培育、接穗准备、嫁接、愈合及栽植等几步。

第一步，培育砧木。选个大、成熟饱满的坚果为种子，根据嫁接时期的需要，分批催芽和播种。播种前做好苗床，用腐熟的农家肥、腐殖质或蛭石作床土或将床土装在高 25 厘米、直径 10 厘米的塑料营养钵内，以备播种。播种时，必须使核桃种缝同地面垂直，否则胚轴弯曲不便嫁接。当胚芽长到 5～10 厘米长时即可嫁接。为保证砧苗干径粗度，应对子苗减少水分供应，实行“蹲苗”。亦可在种子长出胚根后，浸蘸浓度为 250 毫克/升的 α-萘乙酸和吲哚丁酸的混合液，然后放回苗床，覆土 3 厘米厚，可使胚轴粗度显著增加。

第二步，准备接穗。从优良品种(或优株)母树上采集充实健壮、无病虫害的1年生发育枝，结果母枝也可用作接穗。接穗要求细而充实，髓心小，节间较短，直径以1～1.5厘米为宜。若超过2厘米，则不能使用。将接穗剪成12厘米左右长的枝段(上留1～2个饱满芽)，并进行蜡封处理。

第三步，嫁接。子苗嫁接时期以3月上中旬为宜。方法多用劈接。当砧苗生根发芽，将要展出第一片真叶时，把它从苗床中取出，在子叶柄以上1厘米处切断，顺子叶柄沿胚轴中心向下切约2厘米长的切口。然后将接穗下端削成楔形，插入砧木切口，注意勿伤子叶柄。接完后，用塑料条或细麻皮绑缚。嫁接完成后，将接口以下部分放在250毫克/升的α-萘乙酸溶液中浸蘸，可有效控制萌蘖产生，并促进新根的形成和生长。

第四步，愈合和栽植。先做好苗床，并在底层铺25～30厘米厚的疏松肥沃土壤。在苗床上面搭拱形塑料棚，拱棚中间高1.5厘米左右。然后，将嫁接苗按一定距离埋植起来，在接口以上覆盖湿润蛭石(含水率为40%～50%)，愈合的温度为24℃～30℃，棚内空气相对湿度应保持在85%以上，并注意放风通气。经15天左右，接穗芽就可萌发。此时，白天要揭棚放风，逐步增加日照和降低室温，使苗木得到适当锻炼。30天左右，当有2～3片复叶展开，室外日平均气温升至10℃～15℃时，即可将苗木移栽到室外圃地，一般选阴天或傍晚栽植。在良好的管理条件下，当年苗高可达40～60厘米或更高。

6. 嫁接苗管理　从嫁接到完全愈合及萌芽抽枝，需30～40天的时间。为保证嫁接苗健壮生长，应加强如下管理：

(1)谨防碰撞　刚接好的苗木接口不甚牢固，最忌碰撞造成错位或劈裂，应禁止人畜进入圃地，管理时注意勿碰伤苗木。

(2)除萌　接后20天左右，砧木上易萌发大量幼芽，应及时抹掉，以免影响接芽萌发和生长。

(3)剪砧及复绑　芽接时，砧木未剪或只剪去一部分。一般芽接后，在接芽以上留1～2片复叶剪砧。如果嫁接后可能有降雨时，可暂不剪砧，接后5～7天可剪留2～3片复叶。到接芽新梢长至20厘米长以上时，再从接芽以上20厘米处剪砧。此外，有试验表明，芽接后6～8天，另换塑料条复绑，对保证接芽成活和生长有利。

(4)解除绑缚物　室外枝接的苗木，因砧木未经移栽，生长量较大，可在新梢长至30厘米以上时，及时解除绑缚物。而室内枝接和芽接苗，生长量较小，绝大部分可在建园栽植时解绑，以防起苗和运输过程中接口劈裂。

(5)绑棍防风折　接芽萌发后生长迅速，枝嫩复叶多，易遭风折。因此，可在新梢长至20厘米长时，在一旁插一木棍，用绳子将新梢和支棍绑紧，以起固定新梢和防止风折的作用。

(6)加强肥水管理和病虫害防治　核桃嫁接之后的2周内，禁忌灌水施肥。当新梢长至10厘米长以上时，应及时追肥灌水。也可将追肥、灌水与松土除草结合起来进行。为使苗木充实健壮，秋季应控制灌水和施氮肥，而适当增加磷钾肥。8月中旬摘心，可增强木质化程度。此外，苗木在新梢生长期易遭食叶害虫的为害，要及时检查，注意防治。

第三节　苗木出圃、贮运与假植

一、苗木出圃

苗木出圃是核桃嫁接苗管理上的最后一个环节，在生产中具有十分重要的意义。挖苗时应注意保护根系，要求在起苗前1周灌1次透水，使苗木吸足水分，便于挖掘。1年生苗的主根，长度不应小于15～20厘米，2年生苗的主根，长度要在30厘米以上，侧根要完整。若主根过短，侧根损伤过多，移栽后则不易成活。苗木出土后,可对受损伤根系修剪,以刺激新根的形成。在北方寒冷地区,为了有利于核桃苗木越冬,往往在结冻前将苗木全部挖出并假植,翌年春季解冻后再栽植。

为了提高建园时的栽植成活率和整齐度,要按照有关标准(参照第一节)对苗木分级。

二、苗木贮运

根据运输要求及苗木大小,嫁接苗按 25 或 50 株打成 1 捆。不同品种分别打捆,挂上标签。注明品种、苗龄、等级与数量等,然后装入湿蒲包内,喷水保湿。包装外面再挂一相同标签,以确保苗木不混。运输过程中,要注意防止日晒、风吹和冻害,并注意保湿和防霉。到达目的地后,应立即解捆假植。苗木运输,最好在晚秋或早春气温较低时进行。外运的苗木要经过检疫、检验,保证三证齐全。

三、苗木假植

起苗后,如不能立即外运或栽植时,必须进行假植。依假植时间长短,分为临时(短期)假植和越冬(长期)假植两种。前者一般不超过 10 天,只要用湿土埋严根系即可。后者则需细致进行,可选地势高燥、排水良好、交通方便和不易受牲畜为害的地方,挖沟假植。沟的方向应与主风向垂直,沟深 1 米,宽 1.5 米,长度依苗木数量而定。假植时,先在沟的一头垫些松土,将苗木斜排,呈 30°～45°角,埋根露梢。然后再放第二排苗。依次排放,使各排苗呈错位排列。假植时,若沟内土壤干燥,应及时喷水。假植完毕后,要埋住苗顶。土壤结冻前,将土层加厚至 30～40 厘米。春暖以后,要及时检查,以防霉烂。

第五章　优质核桃规模化栽培园的建立

核桃园建立是核桃生产的基本建设。建园质量优劣是核桃能否早结果、早丰产和优质丰产的基础，关系到整个果园的效益，因此建园时，必须要有长远打算，全面规划，标准化操作，周密考虑当地农业结构、经济社会条件、适宜栽培核桃的土地面积，认真选择园址、园地，应选用优良品种，实行合理密植，科学栽培，为核桃的优质、高产创造良好的生态环境条件。

第一节　园地的选择

虽然核桃具有分布范围广，适应性强等特点，但其对生存环境条件也有比较严格的要求，只有正确认识其特性，才能做到适地适树，从而提高其生产效益。比如，在农村好多人认为核桃适宜于阴坡，其实只是因为在水肥较差的栽培条件下，分布在阴坡的核桃树要比在阳坡的表现要好而已，这并不是核桃真实特性的反映。

优质核桃规模化栽培园的建立，不仅要考虑到以后核桃园的肥水来源、果品贮藏、运输、机械化管理等问题，还必须根据核桃树生长发育规律、品种特性充分考虑其对外界自然条件的要求，以正确选定园址。具体情况可依据第二章核桃对环境条件的要求中的有关内容选择园址。

第二节　园地的规划设计

以前，核桃大多栽植在田边、地堰或利用四旁隙地零星栽植，近年来成片栽植逐渐增多。随着土地的科学利用和机械化程度的提高，园地选择与规划成为一项十分重要的工作。园地选定后，应根据建园任务与当地自然条件，本着集约化、规模化，充分利用土地、光能、空间的原则和便于经营管理来全面规划。规划的内容包括小区的划分，道路系统的安排，管护房的设置，排灌系统的设计，防护林的营造，山地水土保持工程的修建等。

一、小区规划

为了便于管理，建立核桃园应因地制宜地将园地划分成若干生产小区。山地果园则以自然分布的沟、渠、道路划分，尽量与等高线平行，以便于管理和进行水土保持工作。平地以 3～7 公顷为一小区，为了便于机械耕作，小区一般以长方形为好。小区的方向最好为南北向，有利于获得较好的光照、提高果品产量和质量。滩地小区的长边应与当地主风向垂直，以便与防风林配合。

二、道路规划

果园道路系统的配置，以便于机械化作业、田间活动、提高劳动效率、减轻劳动强度为原则。全园各作业小区，都要用道路连接起来，由主路、支路和田间作业道路组成。道路的宽度以能通过汽车或小型拖拉机为准，主路宽 5～7 米，支路宽 4～5 米，作业道路宽 2～3 米。

三、排灌系统规划

建园时，必须建立起完整的灌水和排水系统。山坡、丘陵地建园，多利用水库、池塘、水窖、坝来拦截地面径流蓄水灌溉。临河的山地，要设计安排提灌站、引水上山；若距河流较远，则利用地下水为灌溉水源，但水质必须是未受污染的合格水。为合理灌水、节约用水，生产上要大力推广喷灌、滴灌、管灌等水利设施，且省工、省地适应性强，用途广，增产显著。核桃树不耐涝，对低洼易积水的地方，要建立排水系统。

四、防护林规划

防风林可以降低风速，减少风害，减少土壤蒸发和土壤侵蚀，保持水土、削弱寒流，增加空气温度和湿度等效果。主林带要与有害风向垂直，栽植 3～5 行乔木，带距 300～400 米，其余林带与道路结合，在路的一侧栽植 1～2 行乔木。山地的防护林应设在分水岭上。林带的结构，宜用透风林带、乔灌木结合，选用的树种要材质佳、经济价值高、生长旺盛、冠形密集与果树无共同或互相传染的病虫害，林带距核桃有足够的间隔距离，不少于 15 米。

第三节　栽植技术

一、整　地

核桃栽植前应按规定的株行距挖定植穴或沿定植线开沟，穴长、宽、深各为 1 米，槽沟宽 80 厘米、深 1 米。地形复杂的山地建园，最好先撩壕或修梯田，然后栽树。挖穴或开沟时，挖出的表土和底土分别放在两侧。最好是春栽秋挖穴，秋栽夏挖穴，提前挖可使坑内土壤有较长的风化时间。如果土壤黏重或下层为石砾则应加大定植穴，并采用客土、掺煤渣、增肥或表层土等办法，以改良土壤质地，为根系生长创造良好条件，定植穴挖好后，必须先做好定植穴的回填工作，将表土和有机肥、化肥混合回填。每穴施优质农家肥 30～50 千克，磷肥 1～2 千克，在肥料不足时，坑底可放 30 厘米厚的树叶、草蒿或碎秸秆，若用人粪尿浇灌效果更好。

二、栽　植

我国幅员辽阔，气候、地形多种多样，发展核桃极为有利。应遵循因地制宜，适地适树，发展良种，科学栽培，注重效益等基本原则。

1. 苗木选择　建立优质高效核桃园选用嫁接壮苗十分重要，忌栽实生苗、假嫁接苗、劣等苗。有了优良品种，但苗木达不到健壮要求，也会直接影响到栽植成活率和商品性生产，往往造成前功尽弃的严重后果。因此，为保证核桃商品生产健康发展，必须注重选用核桃壮苗及其保护措施。主要包括以下几项：

一是苗砧在 20 厘米以下，嫁接结合处愈合牢固，直径在 1 厘米以上，高度不少于 60 厘米，有 5 个以上饱满芽；二是根系较为完整，主根长度在 30 厘米以上，有 5 条以上侧根，侧根长度在 20 厘米以上；三是无检疫病虫和风干、日灼、冻害现象；四是随栽植随起苗，起苗前浇透水。最好在无风的阴天起苗，起苗后要遮住苗根，防止风吹日晒；五是调运、装车前要分级、分品种包装，每 10 株或 20 株 1 捆，蘸泥浆后用塑料袋套根，并用篷布封围，保证运输过程中无风吹袭、不脱水分，卸车后立即栽植，当日栽不完要假植保护或放屋内用湿沙埋藏。

2. 品种选配　不同立地类型有最适宜的栽培方式和最优良的栽培品种。我国北方核桃栽培区立地类型大体分为 3 类：一是平川区，交通、气候、土壤、灌溉条件较好，可建立中等密度园。适宜栽培的品种有鲁光、丰辉、香玲、中林 1 号、中林 3 号、薄丰、薄壳香、阿扎 343 等；二是低山丘陵区，各种条件较平川区差，但昼夜温差大，通风和光照条件好，有利于提高果实品质。可根据小地形建立集约化栽培园。适宜栽培的品种有中核短枝、辽宁 1 号、辽宁 3 号、辽宁 4 号、中林 5 号、西扶 1 号、陕核 1 号、陕核 2 号；三是中山丘陵区，栽培条件最差。一般海拔在 1000 米以上，坡度在 20°以上，土壤有机质在 0.8%以下，无霜期在 160 天左右，是栽培核桃最差的区域，在这类地区可选择晚实品种，密度不要过大，宜搞林粮间作。适宜栽培的品种有清香、西洛 1 号、西洛 2 号、礼品 1 号、礼品 2 号等。

核桃属雌、雄同株,但绝大多数雌、雄花期不一,需异株授粉,所以大面积栽培应考虑授粉问题。因此,栽培时应着重选用口感好、壳薄、出仁率高、果仁颜色一致,丰产性强的雌先型品种(中核1号、中核2号、中核短枝、中林1号、中林3号、绿波、温185、京861、礼品2号、辽核5号)等。栽培同时选用与雌先型品种花期一致、花期长、花粉多的雄先型品种(阿扎343、辽核1号、香玲、薄壳香、中林5号)等(表5-1)。保证授粉受精,提高坐果率。主栽品种和授粉品种比例按3∶1或5∶1隔行配置,便于分品种管理和采收。

表5-1 主要核桃品种的适宜授粉品种

主栽品种	授粉品种
晋龙1号、晋龙2号、晋薄2号、西扶1号、香玲、西林3号	北京861.阿扎343.鲁光、中林5号
北京861、鲁光、中林3号、中林5号、阿扎343	晋丰、薄壳香、薄丰、晋薄2号
薄壳香、晋丰、辽核1号、新早丰、温185、薄丰、西洛1号、西洛2号	温185、阿扎343.北京861
中核短枝、中核1号、中核2号、中林1号	香玲、辽核1号、中林3号、辽核4号

3. 栽培密度和方式 核桃树喜光、生长快、成形早,经济寿命长,可以适当密植。栽植密度应根据立地条件、栽培品种和管理水平而异。栽植密度确定以后,本着经济利用土地,便于耕作的原则来确定品种,同时要考虑品种的生物学特性。常用的栽植方式有长方形栽植、正方形栽植、三角形栽植、等高栽植、带状栽植、计划密植等方式。一般在土层深厚,肥力较高的条件下,株行距应大些,可采用5米×6米或6米×8米的行距。山地栽植以梯田面宽度为准,一般一个台面1行,超过10米的可栽2行,株距一般为4～6米。实行果粮间作的核桃园,栽植密度不宜硬性规定,一般的株行距为5米×10米或6米×12米。对于早实核桃,因其结果

早，树体较小，可按先密后稀进行计划密植，多采用3米×4米～5米株行距定植，当树冠郁闭光照不良时，再隔株间伐，再郁闭时，可再次间伐。据河南省林州市林业局对辽核1号第四年时观测，核桃园过密容易及早郁闭，影响产量，从而缩短丰产园的寿命，而株行距密度超过5米×5米时，前期产量上不去，不能充分利用土地，影响前期效益(表5-2)。

表5-2　辽核1号种植密度与产量的关系表

密度（米×米）	面积(667平方米)	株　数	各年产量(千克)					
			1995年	1996年	1997年	1998年	1999年	2000年
3×4	6	330	627	950	1150	1350	1410	1500
3×5	6	265	503	765	980	1200	1370	1560
4×4	6	248	470	720	920	1101	1300	1520
4×5	6	200	380	580	780	940	1200	1510
5×5	6	160	304	470	630	770	960	1100

4. 栽植时期和方法　春季为栽植核桃的好季节。春栽多在土壤解冻后至萌芽前进行。秋季多在落叶以后至地面上冻以前栽植。高海拔寒冷多风地区习惯于春栽，秋栽苗木易抽条或受冻。冬季温暖不干旱地区秋栽比春栽效果好，伤口及伤根可以愈合，翌春发芽早而且生长壮，成活率高。容器核桃苗栽植不受季节限制，一年四季均可栽植。根系带土团的核桃苗利用阴雨天栽植，随挖随栽，成活率也很高，不落叶，没有缓苗期。

栽植前苗木要修剪根系，并用石硫合剂溶液浸泡蘸根处理。远途调苗，需在清水中浸泡一昼夜后再栽植。栽植时要把苗木摆放在定植穴的中央，填土固定，力求横竖成行。苗木栽植深度以该苗原入土深度为宜，过深则生长不良，树势衰弱；过浅容易干旱，造成死苗。栽时要使根系舒展，均匀分布，边填土边踩实，并将苗木轻轻摇动上提，避免根系向上翻，与土壤紧密接触，一直将土填平、踩实。在树的周围做树盘，充分灌水，水完全下渗后，再于其上覆盖一层松土，并覆盖一层1米见方的地膜，中间略低，四周用土压紧。可起到保墒、提高地温、防治虫害、抑制杂草，提高成活率，且苗木发芽快、生长旺盛。

三、栽后管理

“三分栽，七分管”，栽后管理非常重要。一是必须留足营养带，至少1米见方，确保其他作物不与核桃幼苗争水争肥。二是盖上至少1平方米的薄膜，不仅可以减少水分蒸发，提高地温，促进根系提前愈合，还可以控制杂草生长。三是如果是秋季栽植，上冻前，树干要全部涂白，把较低的苗木用土堆埋好，对较高的苗木，可以压倒覆土，也可以用塑料薄膜包扎严实。待翌年春天，发芽前，把土扒开，解开薄膜。这样做的目的，都是为了防止苗木受冻干枯，影响成活率。四是苗木成活稳定后，及时抹除下部侧芽和砧木上的萌芽，同时要摘除雌、雄花芽。五是栽后第一年，如果遇到严重干旱，要及时灌水，确保苗木成活。六是在树冠未郁闭前，根据实际情况，在留足营养带的情况下，可合理间作套种，豆类、薯类、蔬菜、牧草、绿肥及浅根性中药材等。

第六章 土肥水管理技术

土肥水管理是果树生产中的基础内容和根本措施。核桃树是多年生植物,树大根深,长期生长在一个地方,必须从土壤中吸收大量的营养物质,才能满足其生长发育的需要。我国的核桃园往往建立在土壤条件较差的山地、沙地和盐碱地,土壤有机质含量低,水利设施配套差。为了提高核桃园的生产效益,确保早结果、早丰产、稳产、优质,只有在果园的土肥水管理上下工夫。

第一节 土壤管理

土壤资源只有在合理开发利用和管理的基础上,才能充分发挥其应有的作用,如果在农业生产中只注重当前利益,忽视了土壤的科学利用和管理,就会出现一系列问题,从而影响长期的生产效益。

一、深翻改土

深翻改土是核桃园改良土壤的重要技术措施之一。它不仅有利于改善土壤结构、增加透气性、提高保水保肥能力、减少病虫害发生,还有利于根系分布向深处发展,扩大树体营养吸收范围。具体方法是:每年或隔年采果前后;沿大量须根分布区的边缘向外扩宽 50 厘米左右;深翻部位,以树冠垂直投影边缘内外,深 60～80 厘米,挖成围绕树干的半圆形或圆形的沟,然后将表层土混合基肥和绿肥或秸秆放在沟的底层,而心土放在上面,最后用大水浇灌。深翻时应尽量避免伤及直径 1 厘米以上的粗根。

二、中耕除草

中耕和除草是核桃园土壤管理中经常采用的两项紧密结合的技术措施，中耕是除草的一种方式，除草也是一种较为简单的中耕。

1. 中耕 中耕的主要作用是改善土壤温度和通气状况，消灭杂草，减少养分、水分竞争，造就深、松、软、透气和保水保肥的土壤环境，以促进根系生长，提高核桃园的生产能力。在整个生长期中可中耕多次，在早春解冻后及时耕耙或全园浅刨，并结合镇压，以保持土壤水分，提高土温，促进根系活动。秋季可进行深中耕，使干旱地的核桃园多蓄雨水，涝洼地的核桃园可散墒，防止土壤湿度过大及通气不良。

2. 除草 在不需要中耕的土地，可除草。杂草不但与核桃树竞争养分和阳光，有的还是病害的中间寄主，又是害虫的栖息处，容易导致病虫害发生蔓延，因此，需要经常除草。除草宜选择晴天进行，近些年因劳力较紧，人力除草费用较高，许多专业户采用化学除草剂除草。若使用百草枯、草甘膦等药物除草，效果良好。一般百草枯多用于浅根、无地下茎、阔叶杂草，每 667 平方米用 20%百草枯乳剂 150～200 毫升，对水 750～1000 升；草甘膦多用于深根，有地下茎 1 年生和多年生杂草，每 667 平方米用 41%草甘膦水剂 300～360 毫升，对水 75～100 升。若核桃园有上述两类杂草，可将百草枯与草甘膦交替或混合使用，除草效果更显著。施药时注意不能喷到树上，尽量离植株一定距离，喷头向下，最好在无风时进行。

三、生草栽培

以往果园土壤管理多采用全园清耕法，这种方法虽然能够及时清除杂草，使土壤疏松，通气良好，但长期清耕使土壤裸露，表土流失,养分溶脱,土壤团粒结构破坏,目前主张推广生草少耕栽培法。生草少耕法是指在果园行间人工种草或自然留草,树盘外全部生草的一种果园管理方法。这种方法既可有效地增加土壤覆盖度,避免园土被冲刷,又可改善土壤团粒结构,增加土壤有机质。同时在夏秋高温干旱季节可以稳定果园土壤温度、湿度,改善果园生态环境,促进果园有益生物如瓢虫、捕食螨、草蛉等繁衍。其主要方法是:

1. 生草少耕 1 年中中耕除草 2～3 次,中耕时对树盘内浅耕,促进根系生长。行间保持自然生草,可以起到提高冬季和早春土温,减少水土流失,改善果园生态环境,防止高温落果的作用。自然生草的草种主要是选用生长量大、矮秆、浅性须根、与核桃无共同病虫害且有利于核桃害虫天敌及微生物繁殖的杂草,如苜蓿、白三叶草等,生草前应及时人工或用除草剂除去其他恶性杂草,如白茅、香附子、马根草等。

2. 覆盖抗旱 在冬春干旱,特别是夏季持续高温伏旱的时候,将行间生草及时刈割覆盖地表或任其自然枯萎,也可用除草剂加速枯萎,对树盘、行间全面覆盖(离根颈 15～30 厘米内不能覆盖)。秋季压入土壤中,可以起到减少水分蒸发、降温、保温、防止水土流失的作用。

3. 适时深耕 连续 4～5 年生草后,结合草种更新全园深翻 1 次,以改良深层土壤结构,提高土壤透气性。

当然,生草栽培不是不加控制地让杂草无限度地生长,而是在人为控制情况下,抑制恶性杂草生长,培育良性草的优势种群,并且控制其高度在 30～50 厘米,一般 7 月底雨季结束前要刈草 1 次,10 月中下旬再刈草 1 次。

四、园地覆盖

果园覆盖技术就是用秸秆(小麦秸、油菜秆、玉米秆、稻草等农副产物和野草)或薄膜覆盖果园的方法。在果园中进行覆盖,能增加土壤中有机质含量,调节土壤温度(冬季升温、夏季降温),减少水分的蒸发与径流,提高肥料利用率,控制杂草生长,避免秸秆燃烧对环境造成的污染,提高果实品质。

1. 覆草 一年四季都可进行,但以夏末、秋初为最好。覆草厚度以15～20厘米为宜,并在草上进行点状压土,以免被风吹散或引起火灾。

2. 覆盖地膜 一般选择在早春进行,最好是春季追肥、整地、灌水或降雨后,趁墒覆盖地膜。覆盖地膜时,四周要用土压实,最好使中间稍低以利于汇集雨水。在干旱地区覆盖地膜可显著提高幼树的成活率,所以以新植的幼树覆盖地膜尤为重要。

五、合理间作

核桃园间作,在国内外均有成功的实例,在生产上也日益受到重视。核桃较其他果树容易管理,与粮食作物没有共同的病虫害,一般年份,病虫害发生较轻,用药次数少,不会污染环境。肥水方面虽存在矛盾,但是只要加强肥水管理,科学调整粮食作物,便能获得树上树下双丰收。因此,核桃园间作,不仅可以充分利用光能、地力和空间,特别是可以提高幼龄核桃园的早期经济效益。例如单一种植的早实核桃园,需4年时间才能达到收支平衡,间作栽培的核桃园则在建园当年就因间种作物的收益而达到收支平衡。目前,核桃园间作,已成为我国果农普遍采用的一种重要的栽培方式。

间作物的种类,国外主要在行间种植绿肥作物,如三叶草、苜蓿、毛叶苕子或豆科植物,目的在于抑制草荒、增加土壤有机质,同时也可以增加肥源。国内间作的植物种类较多,包括薯类、豆科等低秆类作物,禾谷类作物以及果树苗木。河南省郑州市在核桃园中套种中药材、小辣椒也取得了很好的收益。具体间作什么作物,要依据核桃园条件、肥力等因素不同，区别对待。

第一，在立地条件好、肥力高的地块，可以实行果粮间作。这时，核桃树的栽培株行距比较大，可以间作豆类、花生、棉花、薯类、瓜菜等。我国的河南、河北、山西、云南和西藏等地均有此种模式。

第二，对立地条件比较好的老核桃园或密植核桃园，园内树冠接近郁闭的，树冠下面和行间荫蔽少光，不适宜间种作物。但可以培养食用菌来增加收入。

第三，利用荒山、滩地营建起来的核桃园，大多立地条件差、肥力较低，核桃树生长势不旺。这一类地块应该间作绿肥或豆类作物，以增加土壤有机质，改善土壤结构，提高肥力。

第二节　施肥技术

一、肥料选择

20 世纪 70 年代以来，随着化肥的开发与应用，化肥的用量大幅度增长，有机肥使用量不断减少，大有以化肥取代有机肥的趋势。化肥在核桃的生产中起到了举足轻重的作用，但化肥的大量使用也有很多不良之处，如造成土壤污染、地下水污染、土壤板结、病虫害严重发生和品质下降，甚至造成增产增收幅度小等现象。这也与目前发展绿色食品，以及农业走可持续发展道路相矛盾。因此在施肥时，应以有机肥料如腐熟的厩肥、堆肥和饼肥、绿肥等为主，配合施用适量化肥；以土壤施肥为主，配合根外施肥（叶面喷肥）的原则，选用符合生产无公害果品要求的肥料，进行科学施肥。

选择肥料时，不仅要考虑核桃的树龄、树势、品种、立地条件和树体生长状况，还要充分考虑养分平衡、肥料利用率及肥料搭配等。

二、核桃不同时期的施肥标准

核桃喜肥。据有关资料,每收获453.6千克核桃要从土壤中夺走纯氮12.25千克。丰产园每年每100平方米要从土壤中夺走氮90.7千克。适当多施氮肥可以增加核桃出仁率。氮钾肥还可以改善核仁品质。但核桃在不同个体发育时期,其需肥特性有很大差异,在生产上确定施肥标准时,一般将其分为幼龄期、结果初期、盛果期和衰老期4个时期。

1. 幼龄期 从长出幼苗开始至开花结果前,嫁接苗从嫁接开始至开花结果前均是核桃树的幼龄期。此期根据苗木情况不同,持续的时间也不同,早实核桃品种一般2～3年,如鲁光、丰辉、香玲、辽宁1.3.4号、中林1号、中林5号、西扶1号等;晚实核桃品种一般3～5年,如晋龙1号、晋龙2号、西洛2号等;实生种植苗可在2～10年不等。此期,营养生长占据主导地位,树冠和根系快速地加长、加粗生长,为迅速转入开花结果期积蓄营养。栽培管理和施肥的主要任务是促进树体扩根、扩冠,加大枝叶量。此期应大量满足树体对氮肥的需求,同时注意磷钾肥的施用。

2. 结果初期 此期是指开始结果至大量结果且产量相对稳定的一段时期。营养生长相对于生殖生长逐渐缓慢,树体继续扩根、扩冠,主根上的侧根、细根和毛根大量增生,分枝量、叶量增加,结果枝大量形成,角度逐渐开张,产量逐年增长。栽培管理和施肥的主要任务是,保证植株良好生长,增大枝叶量,形成大量的结果枝组,树体逐渐成形。此期对氮肥的需求量仍很大,但要适当增加磷钾肥的施用量。

3. 盛果期 此期核桃树处于大量结果时期。营养生长和生殖生长处于相对平衡的状态,树冠和根系已经扩大到最大限度,枝条、根系均开始更新,产量、效益均处于高峰阶段。此期,应加强施肥、灌水、植保和修剪等综合管理措施,调节树体营养平衡,防止出现大小年结果现象，并延长结果盛期时间。因此，树体需要大量营养，除氮、磷、钾肥外，增施有机肥是保证高产稳产的措施之一。

4. 衰老期　此期，产量开始下降，新梢生长量极小，骨干枝开始枯竭衰老，内部结果枝组大量衰弱直至死亡。此期的管理任务是通过修剪对树体进行更新复壮，同时加大氮肥供应量，促进营养生长，恢复树势。

实际操作时，核桃园施肥标准需综合考虑具体的土壤状况、个体发育时期及品种的生物学特点来确定。由于各核桃产区土壤类型繁杂，栽培品种不同需肥特性不尽相同，各地肥水管理水平差异较大，因此，施肥时可根据具体条件，参照表 6-1 灵活执行。

表 6-1　核桃树施肥时期及标准

时　期	树龄（年）	每株树平均施肥量（有效成分）（克）			有机肥（千克）
		氮	磷	钾	
幼树期	1～3	50	20	20	5
	4～6	100	40	50	5
结果初期	7～10	200	100	100	10
	11～15	400	200	200	20
盛果期	16～20	600	400	400	30
	21～30	800	600	600	40
	> 30	1200	1000	1000	> 50

三、施肥方法

核桃树在 1 年的生长过程中，可分为两个阶段：生长期和休眠期。生长期从春季芽萌动开始，经过展叶、开花、坐果、枝条生长、花芽分化及形成、果实发育、成熟、采收，直至落叶结束；休眠期从落叶后开始至翌年春季芽萌动前为止。在 1 年的生长发育中，开花、坐果、果实发育、花芽分化和形成期均是核桃树需要营养的关键时期,应根据核桃的不同物候期合理施肥。

1. 基肥 多以迟效性有机肥为主。其能够在比较长的时间内,为树木生长发育提供含有多种营养元素的养分,且能很好地改良土壤理化性状。基肥可以秋施也可以春施,但一般以秋施为好。秋季核桃果实采收前后,树体内的养分被大量消耗,并且根系处于生长高峰,花芽分化也处于高峰时期,急需补充大量的养分。同时,此时根系旺盛生长有利于吸收大量的养分,光合作用旺盛,树体贮存营养水平提高,有利于枝芽充实健壮,增加抗寒力。

秋施基肥宜早为好,过晚不能及时补充树体所需养分,影响花芽分化质量。一般核桃基肥在采收前后(9 月份)施入为最佳时间。施肥以有机肥为主,加入部分速效性氮肥或磷肥。施基肥可以环状施肥、放射状施肥或条状沟施肥等方法,但以开沟 50 厘米左右深施,或结合秋季深翻改土施入最好。施肥时一定要注意全园普施、深施,然后灌足水分。

2. 追肥 追肥是为了满足树体在生长期急需的养分,特别是生长期中的几个关键需肥时期,而施入以速效性肥料为主的肥料。它是基肥的必要性补充。

追肥的次数和时间与气候、土壤、树龄、树势诸多因素均有关系。高温多雨地区、沙质壤土、肥料容易流失,追肥宜少量多次;树龄幼小、树势较弱的树,也宜少量多次性追施。追肥应满足树体的养分需要,因此,施肥与树体的物候期也紧密相关。萌芽期,新梢生长点较多,花器官中次之,先满足新梢生长需要;开花期,树体养分先满足花器官需要;坐果期,先满足果实养分需要,新梢生长点次之。全年中,开花坐果时期是需肥的关键时间,幼龄核桃树每年追肥 2～3 次,成年核桃树追肥 3～4 次为宜。

(1)第一次追肥 根据核桃品种及土壤状况不同来追肥,早实核桃一般在雌花开放以前,晚实核桃在展叶初期(4 月上中旬)施入。此期，是决定核桃开花坐果、新梢生长量的关键时期，要及时追肥以促进开花坐果，增大枝叶生长量，肥料以速效性氮肥为主，如硝酸铵、磷酸氢铵、尿素，或是果树专用复合肥料。施肥方法以放射状施肥、环状施肥、穴状施肥均可，施肥深度应比施基肥浅，以20厘米左右为佳。

(2)第二次追肥　早实核桃开花后，晚实核桃展叶末期(5月中下旬)施入。此期，新梢的旺盛生长和大量的坐果需消耗大量养分，及时追施氮肥可以减少落果，促进果实的发育和膨大，同时促进新梢生长和木质化形成。另外，核桃树在硬核期的前1～2周，也正是形成雌花芽分化的基础阶段，适时适量增施速效性肥料，能够提高氮素的营养水平，增加树体碳水化合物的积累，有利于花芽的分化。肥料以速效性氮肥为主，增施适量的磷肥(过磷酸钙、磷矿粉等)、钾肥(硫酸钾、氯化钾、草木灰等)。施肥方法与第一次追肥方法相同。

(3)第三次追肥　结果期核桃在6月下旬硬核后施入。此期，核桃树体主要进入生殖生长旺盛期，核仁开始发育，同时花芽进入迅速分化期，需要大量的氮、磷、钾肥。肥料施入以磷肥和钾肥为主，适量施氮肥。如果以有机肥作追肥，要比速效性肥料提前20～30天施入，以鸡粪、猪粪、牛粪等为主，施用后的效果会更好。追施方法同第一次追肥。

(4)第四次追肥　果实采收以后施入。采果后，由于果实的发育消耗了树体内大量的养分，花芽继续分化也需要大量的养分。应及时补充土壤养分，以供调节树势，增进花芽分化质量，增加树体养分积累，提高树木抵抗不良环境的能力，增加抗寒能力，顺利过冬。

3. 叶面喷肥　又称根外追肥，是土壤施肥的一种辅助性措施，是将一定浓度的肥料溶液用喷雾工具直接喷洒到果树叶上，从而提高果实质量和数量的施肥方法。

叶面喷肥利用了果树上部，包括茎、叶、果皮等器官能直接吸收养分的特性，具有直接性和速效性等优点。一般根外施肥15分钟至2小时便可以被吸收，特别是在遇到自然灾害或突发性缺素症时，或为了补充极易被土壤固定的元素，通过根外施肥可以及时挽回损失。因此，根外追肥成本低，操作简单，肥料利用率高，效果好，是一种经济有效的施肥方式。

根外追肥的肥料种类、浓度、喷肥时间主要依土壤状况、树体营养水平具体而定。常用的原则是：生长期前期浓度可适当低些，后期浓度可高些，在缺水少肥地区次数可多些。一般根外施肥宜在上午8～10时或下午16时以后进行，阴雨或大风天气不宜进行，如遇喷肥15分钟后下雨，可在天气转晴以后补施1遍最好。

喷肥一般可喷0.3%～0.5%尿素、过磷酸钙、磷酸钾、硫酸铜、硫酸亚铁、硼砂等肥料，以补充氮、磷、钾等大量元素和其他微量元素。花期喷硼肥可以提高坐果率。5～6月份喷硫酸亚铁可以使树体叶片肥厚增加光合作用，7～8月份喷硫酸钾可以有效地提高核仁品质。

第三节　灌水与排水

目前，在核桃生产中，水分管理也是综合管理中一项重要措施，正确把握灌水的时间、次数和用量，显得十分重要。

一、需水规律及灌水时期与灌水量的确定

1. 核桃的需水特性　核桃对空气的干燥度不敏感，但却对土壤的水分状况比较敏感，在长期晴朗却干燥的天气，充足的日照和较大的昼夜温差条件下，只要有良好的灌溉条件，能促进核桃大量开花结实，并提高果仁品质和产量。核桃幼龄期树生长季节前期干旱、后期多雨，枝条易徒长，造成越冬抽条；土壤水分过多，通气

不良，根系的呼吸作用受阻，严重时使根系窒息，影响树体生长发育。土壤过旱或过湿均对核桃的生长和结实状况产生不良的影响。因此，根据核桃树的代谢活动规律，科学灌水和排水，才能保证树体的根、枝、叶、花、果的正常分化和生长，达到核桃优质高效生产的目的。

2. 灌水时期的确定 核桃属于生长期需水分较多的树种。水分供给是通过根系从土壤中吸收，然后被运送到树体的地上部各器官的细胞中，由于细胞膨压的存在才使各器官保持其各自的形态。

叶片的光合作用，必须有水的参加才能持续进行，叶片制造的有机养分，都要通过溶液形态才能运送到树体的各个部位。根系吸收的养分，只有通过水的作用，才能被根系吸收或转运到地上部各器官。

总的来说，核桃树的一切生理活动，如光合作用，蒸腾作用，养分的吸收和运转都离不开水。没有水，就没有树体的生命活动。

一般情况下，年降水量在600～800毫米，且降水量分布均匀的地区，可以满足核桃生长发育的需要，不需要灌水。但在降水量不足或年分布不均的地区，就要通过灌水措施补充水分。我国南方核桃产区，年降水量在800～1000毫米，不需要灌水，但北方的年降水量却在500毫米左右，并且经常出现春季、夏季雨水分配不均，缺水干旱的现象，应该通过灌水补充水分。

一年当中，树体的需水规律与器官的生长发育状况是密切相关的。关键时期缺水，就会产生各种生理障碍，影响核桃树体正常生长发育和结实，因此，要通过灌水来保证核桃生长发育的需要。但灌水的时间与次数，应根据当地的立地条件、气候变化、土壤水分和树体的物候期具体确定。以下是核桃生长发育过程中几个需水关键时期，如果缺水，需要通过灌溉及时补充水分。

(1)春季萌芽开花期 此期(3～4月份)树体需水较多，经过冬季的干旱和蓄势，核桃又进入芽萌动阶段且开始抽枝、展叶，此时的树体生理活动变化急剧而且迅速，1个月时间要完成萌芽、抽技、展叶和开花等过程，需要大量的水分，才能满足树体的生长发育的需要。此期如果缺水，就会严重影响新根生长、萌芽的质量、抽枝快慢和开花的整齐度。因此，每年要灌透萌芽水。

(2)开花后　此期(5～6月份)雌花受精后，果实进入迅速生长期，占全年生长期的80%以上。同时，雌花芽的分化已经开始。均需要大量的水分和养分，是全年需水的关键时期。干旱时，要灌透花后水。

(3)花芽分化期　此期(7～8月份)核桃树体的生长发育比较缓慢，但是核仁的发育刚刚开始，并且急剧且迅速，同时花芽的分化也正处于高峰时期，均要求有足够的养分、水分供给树体。通常核桃此期正值北方的雨季，不需要进行灌水，如遇长期高温干旱的年份，需要灌足水分，以免此期缺水，给生产造成不必要的损失。

(4)封冻水　10月末至11月份落叶前，树体需要进行调整，应结合秋施基肥灌足封冻水。一方面可以使土壤保持良好的墒情，另一方面，此期灌水能加速秋施基肥快速分解，有利于树体吸收更多的养分并贮藏和积累，提高树体新枝的抗寒性，也为越冬后树体的生长发育贮备营养。

3. 灌水量的确定　最适宜的灌水量，应在1次灌溉中能使核桃根系分布范围内的土壤湿度达到最有利于生长发育的程度，若只浸润表层或上层根系分布不能达到灌水的要求，并且，由于多次补充灌溉，容易引起土壤板结。因此，必须一次灌透。一般需要灌透1米深为宜。对于灌水量的计算方法有多种，这里只介绍一种比较常用的方法。根据不同土壤的持水量，即根据灌溉前的土壤湿度、土壤容重、要求土壤浸湿的深度，计算一定面积的灌水量，公式如下：

灌水量＝灌溉面积×土壤浸湿深度×土壤容重×(田间持水

量－灌溉前土壤湿度）

假设要灌溉 1 公顷（15 亩）核桃园，使 1 米深度的土壤湿度达到田间持水量（23%），该土壤容重为 1.25，灌溉前根系分布层的土壤湿度为 15%。按上述公式计算灌水量＝15×666.7×1×1.25(0.23－0.15)＝1000 米^3。灌溉前的土壤湿度，在每次灌水前均需测定，田间持水量、土壤容重、土壤浸湿深度等项，可数年测定 1 次。

二、适宜灌水方式及相应的设施建设

1. 沟灌　又叫浸灌，其优点是灌溉水经沟底和沟壁渗入土中，对果园土壤浸润较均匀，且不会破坏土壤结构，所以是灌溉中常用的一种方法，缺点是需水量较大。

2. 喷灌　喷灌是利用机械将水喷射呈雾状进行灌溉。喷灌的优点是节约用水，能减少灌水对土壤结构的不良影响，工效高，喷布半径约 25 米。喷灌还有调节气温、提高空气相对湿度等改善果园小气候的作用。据报道，在夏季喷灌能降低果园空气温度 2℃～9.5℃，降低地表温度 2℃～19℃，提高果园空气相对湿度 15%。喷灌也适用于地形复杂的山坡地。喷灌的设备，包括水源、动力机械和水泵构成固定的泵站，或利用有足够高度的水源与干管、支管组成。干管、支管埋入土中，喷头装在与支管连接的固定的竖管上。微型喷灌在美国很普及，是目前灌溉技术中较先进的方法。低头微型喷灌每株 1 个喷头，干旱时每天喷雾多次，使土壤水分保持比较合适的程度。据报道，微型喷雾能有效地减轻冻害，因而用微喷防冻，可收到明显的效果，一般能提高气温 0.5℃～1.5℃。若改低位微型喷灌为高位，对防霜冻有更好的效果。

3. 滴灌　又叫滴水灌溉，是将具有一定压力的水，通过一系列管道和特制的毛管滴头，使水一滴一滴地渗入核桃树根际的土壤中，使土壤保持最适于植株生长的湿润状态，又能维持土壤的良好通气状态。滴灌还可结合施肥，不断地供给根系养分。滴灌能节约用水，据试验，比喷灌节省用水一半左右；滴灌不会产生地面水层和地面径流，不破坏土壤结构，土壤不会板结；也不至于过干或过湿。一个滴头的流量为 2.4 升/小时，每株 4 个滴头，连续 15 小时可滴水 145 升，滴灌可达 40～50 厘米深、200 厘米宽，土壤含水量可达田间持水量的 70%～80%。但滴灌需要管材多，投资较大；管道与滴头容易堵塞，要求有良好的过滤设备；滴灌对调节果园小气候的作用也不如喷灌。

4. 加强对园区雨水的集蓄利用 在干旱少雨的北方，雨量分布不均匀，大多集中在 6～8 月份，有限的水也会造成大量的流失，所以加强对园区雨水的集蓄利用显得十分重要。

河南省郑州市西部丘陵地区经过多年的摸索和实践，总结出了一套修建水窖、集蓄雨水的配套技术。水窖是干旱、半干旱地区推行的一种用于集纳雨水，保存和利用雨水的封闭式蓄水设施。修建水窖要注意几点：一是要有一定的径流面积，保证暴雨过后有足够的径流灌满水窖；二是要求水深不小于 5 米；三是要进行严格的防渗处理。建造水窖规格及技术要点如下：

(1)水窖规格

①水窖主体。包括窖口、瓶颈段、蓄水段 3 部分。水窖体为坛形，口小肚大，此形体既能多蓄水又能防冻、防蒸发，便于保护。

A. 窖口。窖口直径 0.8 米。

B. 瓶颈段。窖口到蓄水段的不蓄水段为较细的瓶颈段，深 1.5 米左右。

C. 蓄水段。水窖蓄水部分即水窖的主体部分，深 4.5 米，直径由顶部逐渐加大，最大直径为 4 米。然后逐步缩小，窖底直径为 3 米。从窖口至窖底总深度为 6 米。

②水窖附属设施。包括窖口台、窖盖、进水管、沉淀池、集水沟等。

A. 窖口台。用以保护窖口，并防止水的蒸发，保护人畜安全。

B. 窖盖。用水泥钢筋制成，直径为0.9米。

C. 进水管。用于将沉淀池中的水引入水窖，进水管可以是塑料管，也可是水泥管。

D. 沉淀池。一般宽1米，长1.5米，深1米。沉淀池距窖口2～3米。

E. 集水沟。用以将水面径流引进沉淀池。

(2)施工技术要点　一是水窖开挖至少需要2人，施工时要注意安全，如遇沙砾层和软土层应停挖，另选窖址；二是施工最好在春秋季，如雨季施工应将窖口用土围好，防止地面水流入水窖；三是窖挖好后将壁整光，并挖出3个扣带，起支撑加固作用，每个扣带宽、深各0.1米；四是窖壁、窖底抹水泥3层，砂浆中水泥和沙的配比为第一层1∶3，第二层和第三层1∶2，砂浆抹层总厚为3～4厘米，第三层随压光净面，最后刷一层浆。

三、保墒方法

1. 薄膜覆盖　一般在春季3～4月份进行，覆盖时可顺行覆盖或只在树盘下覆盖。覆膜能减少水分蒸发，提高根际土壤含水量；盆状覆膜具有良好的蓄水作用；覆膜提高土壤温度，有利于早春根系生理活性的提高，促进微生物活动，加速有机质分解，增加土壤肥力；覆膜还能明显提高幼树栽植成活率，促进新梢生长，有利于树冠迅速扩大。

2. 果园覆草　一年四季均可，以夏季(5月份)为好，提倡树盘覆草，覆草时注意新鲜的覆盖物最好经过雨季初步腐烂后再用，覆草后不少害虫栖息在草中，应注意向草上喷药，起到集中诱杀效果，秋季应清理树下落叶和病枝，防治早期落叶病、潜叶蛾、炭疽病等发生。另外不少平原地区总结改进了果园覆草技术，即夏覆草、秋翻埋的树盘(树畦)覆草，每年5月份进行，用草量1500千克左右，厚度保持5厘米左右，盖至秋施基肥时翻入地下。

3. 使用保水剂 保水剂是一种高分子树脂化工产品，外观像盐粒，无毒、无味、白色或微黄色，是呈中性的小颗粒，它遇到水能在极短的时间内吸足水分，其颗粒吸水膨胀350～800倍，吸水后形成胶体，即使施加压力也不会把水挤出。把它掺到土壤中，就像一个贮水的调节器，降水时它贮存雨水，并把水分牢固地保持在土壤中，干旱时释放出水分，持续不断地供给果树根系吸收，同时，因释放出水分，本身不断收缩，逐渐腾出了它所占据的空间，又有利于增加土壤中的空气含量。这样就能避免由于灌溉或雨水过多而造成的土壤通气不良。它不仅能吸收雨水和灌水，还能从大气中吸收水分。它能在土壤中反复吸水，连续使用3～5年。

四、防渍排水

栽植在平原地带、低洼地区和河流下游地区的核桃树，地表往往会有积水或地下水位太高，将严重影响核桃树的正常生长发育，应及时排除，以免对树体造成不利的影响或降低产量。

我国排水和降低地下水位的方法主要有：

1. 修筑台田 核桃园建在低洼易积水的地段，应在建园前修筑台田。台田的标准是：台面宽8～10米，要比地面高1～1.5米。中间留宽1.5～2米，深1.2～1.5米的排水沟。

2. 排除地表积水 在低洼且易积水的核桃园中挖若干条排水沟，并在核桃园周围挖排水沟，不但有利于园内积水外排，也防止园外水流入园内。

3. 降低水位 在地下水位比较高的核桃园内，挖掘排水沟降低水位。沟的标准可根据核桃树的根系生长情况，挖深2米左右的排水沟，可使地下水位有效地降低。

4. 机械排水 对于积水量不多、面积不大的核桃园，可以用水泵排水。

第七章　整形修剪技术

核桃树整形修剪是根据核桃的生长结果特性及栽培环境具体情况，通过修剪的措施，调节营养生长与生殖生长的关系，同时培养良好的树体结构，改善群体与个体的光照关系，创造早果、高产、稳产、优质的条件，从而建立合理的丰产群体。

第一节　整形修剪的作用与原则

一、整形修剪的作用

在核桃生长的不同阶段，整形修剪所要解决的问题和采取的方法有所不同。幼龄期和结果初期，核桃整形修剪的目的是为了培养牢固的树冠骨架和丰产树形，有效地控制主枝和侧枝在空间的合理配置，调节生长和结果的关系，为促进幼树早结果早丰产奠定基础。在盛果期则是要通过适当的修剪，维持树势健壮生长与结果的相对平衡，在保证稳产高产的基础上，最大限度地延长结果年限。

二、整形修剪的原则

核桃树整形修剪要根据树体特点和规律以及栽培管理的具体情况，通过修剪的方法，培养和调整骨干枝，以便形成良好的树体结构，担负较高的产量，树冠内各类枝条都有充分生长的空间。合理地解决株间和树内光照，创造早果、高产、稳产、优质的地上部条件。

三、整形修剪的依据

1. 品种(类型)的生长结果习性 整形修剪只有与品种(类型)的生长结果习性相适应,才能达到立体结果,高产优质的目的。其中品种的萌芽力和成枝力情况是修剪的重要依据之一。早实核桃成枝力较强,容易造成枝叶过密,修剪时注意多疏少截,减少枝量;晚实核桃的成枝力较弱,需促进抽枝,增加枝量,以提高产量。

2. 自然条件和栽培管理水平 同一品种在不同的自然条件下,生长结果及生理活动均有所不同。在土层较薄,肥力较低的地方,树体较矮小,生长量也较小,稍重的修剪不致引起树势过旺。

栽植密度和方式不同对整形修剪的要求也不同。在密植的情况下,宜采用小冠矮树形的修剪方法,减少分枝级次,少留骨干枝,以利早果和丰产。

3. 树体判断 果树由于本身和环境条件的共同作用,单株之间在生长和结果方面存在差异,这种差异也是整形修剪的依据之一。修剪时应从树势的强弱,树体结构和骨干枝的配置,结果枝组的培养利用和分布,花芽的多少与质量,结果枝和营养枝的比例等方面观察和分析,以制订合理的修剪方案和正确地修剪。

第二节 整形修剪的时期、方法和技术

一、整形修剪的时期

核桃在休眠期修剪有伤流,这有别于其他果树,为了避免伤流损失树体营养,长期以来,核桃树的修剪多在春季萌芽后(春剪)和采收后至落叶前(秋剪)进行。近年来,辽宁省经济林研究所、河北省涉县林业局、陕西省果树研究所等进行了多年的冬剪试验,结果表明,核桃冬剪不仅对生长和结果没有不良影响,而且在新梢生长

量、坐果率、树体主要营养水平等方面都优于春、秋修剪。试验认为，休眠期修剪主要是水分和少量矿质营养的损失，而秋剪有光合作用和叶片营养尚未回流的损失，春剪有呼吸消耗和新器官形成的损失，相比之下，春剪营养损失最多，秋剪次之，休眠期修剪损失最少。目前，在秦岭以南地区及河北省涉县等地已基本普及休眠期修剪，均未发现有不良影响，其他各地也可大胆采用。从方便操作和不伤害间种作物等方面考虑，也以休眠期修剪为好。但从伤流发生的情况看，只要在休眠期造成伤口，就一直有伤流，直至萌芽展叶。因此，在提倡核桃休眠期修剪的同时，应尽可能延期进行，根据实际工作量，以萌芽前结束修剪工作为宜。

二、整形修剪的方法

1. 短截　是指剪去 1 年生枝条的一部分。生长季节将新梢顶端幼嫩部分摘除，称为摘心，也称之为生长季短截。在核桃幼树(尤其是晚实核桃)上，常用短截发育枝的方法增加枝量。短截的对象是从一级和二级侧枝上抽生的生长旺盛的发育枝，剪截长度为 1/4～1/2，短截后一般可萌发 3 个左右较长的枝条。在 1～2 年生枝交界轮痕上留 5～10 厘米剪截，类似苹果树修剪的"戴高帽"，可促使枝条基部潜伏芽萌发，一般在轮痕以上萌发 3～5 个新梢，轮痕以下可萌发 1～2 个新梢(图 7-1)。对核桃树上中等长枝或弱枝不宜短截，否则刺激下部发出细弱短枝，髓心较大，组织不充实，冬季易发生日烧而干枯，影响树势。

2. 疏枝　将枝条从基部疏除叫疏枝。疏除对象一般为雄花枝、病虫枝、干枯枝、无用的徒长枝、过密的交叉枝和重叠枝等。雄花枝过多，开花时要消耗大量营养，从而导致树体衰弱，修剪时应适当疏除，以节约营养，增强树势。核桃枝条髓心较大，组织疏松，容易枯枝焦梢。枯死枝除本身无生产价值外，还可成为病虫滋生的场所，应及时剪除。当树冠内部枝条密度过大时，要本着去弱留强的原则，随时疏除过密的枝条，以利通风透光。疏枝时，应紧贴枝条基部剪除，切不可留桩，以利于剪口愈合。

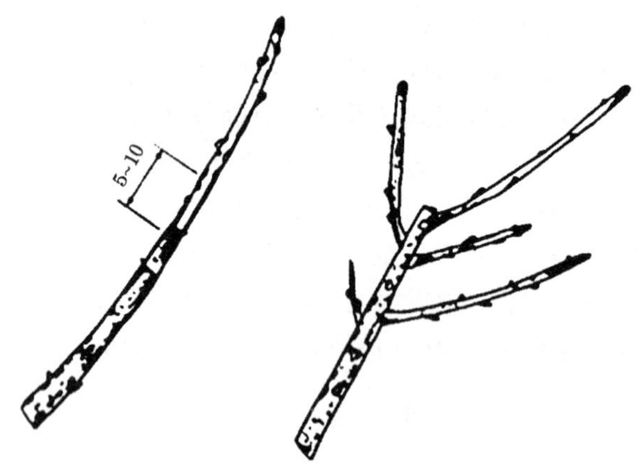

图 7-1 年交界轮痕以上短截的反应 （单位：厘米）

3. 缓放 即不剪，又叫长放。其作用是缓和枝条生长势，增加中短枝数量，有利于营养物质的积累，促进幼旺树结果。除背上直立旺枝不宜缓放外(可拉平后缓放)，其余枝条缓放效果均较好。较粗壮且水平伸展的枝条长放，前后均易萌发长势近似的小枝(图7-2)。弱枝不短截，翌年生长一段，很易形成花芽。

图 7-2 水平状枝缓放效果

4. 回缩　对多年生枝剪截叫回缩或缩剪，这是核桃修剪中最常用的一种方法。回缩的作用因回缩的部位不同而异。一是复壮作用；二是抑制作用。生产中复壮作用的运用有 2 个方面，一是局部复壮，例如回缩更新结果枝组及多年生冗长下垂的缓放枝等；二是全树复壮，主要是衰老树回缩更新。生产中运用抑制作用主要控制旺壮辅养枝、抑制树势不平衡中的强壮骨干枝等。

回缩时要在剪锯口下留一“辫子枝”。回缩的反应因剪锯口枝势、剪锯口大小等不同而异。对于细长下垂枝回缩至背上枝处可复壮该枝；对于大枝回缩，若剪锯口距枝条太近，对剪口下第一枝起削弱作用，而加强以下枝的长势。核桃树的愈合能力很强，即便是多年生直径达 30 厘米的大枝，剪后仍可愈合良好。

三、整形修剪技术

1. 背后枝的处理　按乔化树顶端优势的原理，同一母枝上顶部枝的生长量较大。而核桃树倾斜着生的骨干枝背后的枝，其生长势多强于原骨干枝头，产生背后枝比母枝既粗又长的“倒拉”现象，甚至造成原枝头枯死。对于这类枝，一般是在抽生的初期剪除。如果原母枝已经变弱，则可用背后枝代替原枝，将原枝头剪除或培养成结果枝组，但必须注意抬高其枝头角度，以防下垂。晚实核桃树上的背后枝，其生长势比早实核桃更强。

2. 徒长枝的利用　徒长枝多是由潜伏芽抽生而成，有时因局部刺激，也能使中长枝抽生出徒长枝。徒长枝生长速度快，生长量大，消耗营养多，如放任生长不加修剪，会扰乱树形，影响通风透光。如果树冠内枝量足够，应及早把徒长枝剪除。如果徒长枝处有空间，或其附近结果枝组已衰弱，则可利用徒长枝培养成结果枝组，以填补空间或更替衰弱的结果枝组。培养的方法：一是在夏季徒长枝长至 0.5～0.7 米时摘心，促发二次枝，形成结果枝组；二是在冬季修剪时，把单条徒长枝留 60 厘米左右短截，使下年分枝形成结果枝组。

衰老树枝干枯顶焦梢，或因机械伤害等使骨干枝折断，可利用徒长枝培养骨干枝新的延长枝，以保持树冠圆满。

3. 二次枝的控制 二次枝多发生在早实核桃上，且以幼龄树抽生较多。由于抽枝晚、生长旺、组织不充实，在北方冬季易发生抽条。如果任其生长，虽能增加分枝，提高产量，但却容易造成结果部位外移，使结果母枝后部光秃，干扰良好的冠形（图 7-3）。其控制方法主要有：

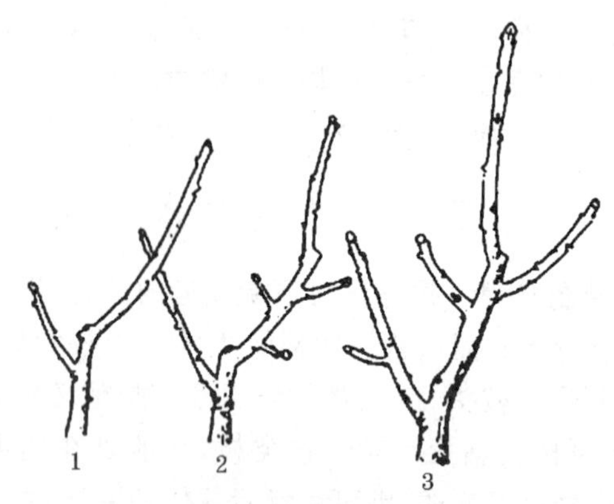

图 7-3 二次枝修剪

1. 二次枝 2. 夏季摘心后冬季形态 3. 冬季修剪后分枝

（1）疏除 为了避免由于二次枝的旺盛生长而过早郁闭，可根据空间的利用程度进行疏除。剪除对象主要是生长过旺造成树冠出“辫子”的二次枝。一般只要在二次枝未木质化之前疏除 2 次，就基本可以控制。

（2）去弱留强 在一个结果枝上抽生 3 个以上的二次枝，可在早期选留 1～2 个健壮的，其余全部疏除。

（3）摘心 对选留的二次枝，如果生长过旺，为了促进其木质化，控制其向外延伸，可于夏季摘心。

(4)短截　如果一个结果枝只抽生1个二次枝，且长势较强，可于春夏季对其进行短截，以控制旺长，促发分枝，并培养成结果枝组。夏季短截分枝效果较好，但春季短截发枝粗壮，其短截程度以中、轻度为宜。

4. 结果枝组的培养与修剪

(1)结果枝组的配置　枝组的配置多依骨干枝的不同位置和树冠内空间的大小来决定。一般情况下，主侧枝的先端即树冠外围，以配置小型结果枝组为主；树冠中部以配置中型结果枝组为主，并根据空间大小配置少量大型结果枝组；骨干枝的下部，即内膛应以中、大型枝组为主。在大、中型枝组之间，要以小型枝组填补空隙；骨干枝距离远，即在树冠内出现较大空间时，可用大型结果枝组填补空间。枝组间距以三级分枝互不干扰为原则，一般大型枝组同侧相距60～100厘米为宜。幼树和生长势较强的树，应不留或少留背上直立枝组，衰老树可适当多留背上直立枝组。

(2)结果枝组的培养

①先放后缩法。对树冠发生的壮发育枝或中等徒长枝，可先缓放促发分枝，翌年在所需高度，于角度开张、方向适宜的分枝处回缩，下一年再去旺留壮，2～3年后可培养成良好的结果枝组。

早实核桃的连续结果能力很强，中短果枝连续结果后形成的果枝群，可通过缩剪改造成小型结果枝组。

②先缩后截法。对生长密集、空间有限的辅养枝，可先缩回来，后部枝适当短截，构成紧凑枝组。多年生有分枝的徒长枝和发育枝，也可先缩先端旺枝，再适当短截后部枝，构成紧凑枝组。

③先截后缩法。对徒长枝或发育枝摘心或短截，促发分枝后再回缩，即可培养成结果枝组。

(3)结果枝组的修剪

①枝组大小的控制。结果枝要扩大，可短截1～2个发育枝，

促其分枝扩大枝组。枝组的延长枝最好是折线式延伸，以抑上促下，使下部枝生长健壮。延长枝剪口芽要向着空间大的方向发展。较大的枝组已无发展空间时，可对其进行控制。方法是回缩至后部中庸分枝上，并疏除背上直立枝，以减少枝组内的总枝量。对已形成的细长型结果枝组，要适当回缩，以形成比例合适的紧凑型枝组。

②生长势的平衡。结果枝组的生长势以中庸为宜。枝组生长势过旺时，可利用摘心控制旺枝，冬季疏除旺枝，并回缩至弱枝弱芽处，或去直留平改变枝组角度等，控制其生长势。若枝组衰弱，中壮枝少，弱短枝多，可去弱留强，并回缩至壮枝、壮芽或角度较小的分枝处，缩小结果枝组的角度并减少花芽量，以促其复壮。

③结果枝与营养枝比例的调节。结果枝组应是既能结果又有一定生长量的基本单位。对于大中型结果枝组，需将其结果枝和营养枝调整至恰当的比例，一般为 3∶1 左右。生长健壮的结果枝组（尤其是早实核桃），一般结果枝偏多，修剪时应适当疏除并短截一部分；生长势变弱的结果枝组，常形成大量的弱结果枝和雄花枝，修剪时应适当重截，疏除一部分弱枝和雄花枝，促发新枝。

④三杈形结果枝组的修剪。核桃多数品种 1 年生枝顶部，常常形成 3 个比较充实的混合芽或叶芽，萌发后常能形成三杈形结果枝组。这类枝组如不修剪，可连续结果 2～3 年，由于营养消耗过多，生长势逐年衰弱，以至干枯死亡。对于这类枝组应及时疏剪，在枝组尚强时，可疏去中间强旺的结果母枝，留下两侧的结果母枝。随着枝组增大，应注意回缩和去弱留强，以维持良好的长势和结果状态（图 7-4）。

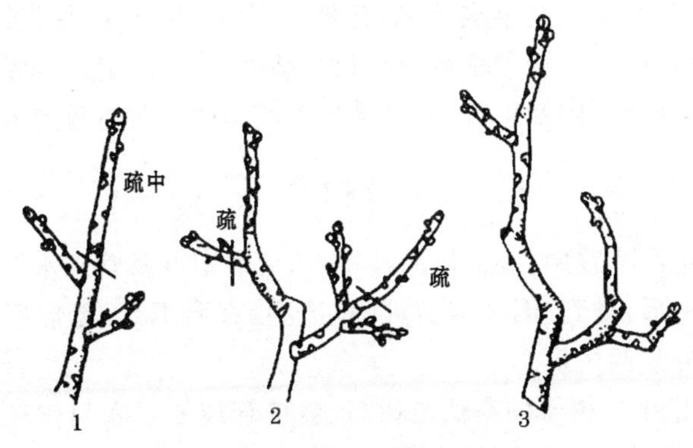

图 7-4　三杈形结果母枝修剪

1. 三杈枝　2. 结果后　3. 连续结果状枝

⑤结果枝组的更新。由于枝组年龄过大，着生部位光照不良，过于密挤，结果过多，着生在骨干枝背后，枝组本身下垂，着生母枝衰弱等原因，均可使结果枝组生长势衰弱，不能分生足够的营养枝，结果能力明显降低，这种枝组需及时更新。枝组更新要从全树生长势的复壮和改善枝组的光照条件入手，并根据枝组不同情况，采取相应的修剪措施。枝组内的更新复壮，可采取回缩至强壮分枝或角度较小的分枝处，加上剪果枝、疏花果等技术措施。对于过度衰弱、回缩和短截仍不发枝的结果枝组，可从基部疏除。如果疏除后留有空间，可利用徒长枝培养新的结果枝组。如果疏除前附近有空间，也可先培养成新结果枝组，然后将原衰弱枝组逐年去除以新代老。

第三节　核桃幼树的整形修剪

核桃在幼树阶段生长很快，如任其自由发展，则不易形成良好的丰产树形，尤其是早实核桃，分枝力强，结果早，易抽发二次枝，造成树形紊乱，不利于正常的生长与结果。因此，合理地整形和修剪，对保证幼树健壮生长，促进早果丰产和稳产具有重要的意义。

一、幼树整形

在生产实践中，应根据品种特点、栽培密度及管理水平等确定合适的树形，做到"因树修剪，随枝造型，有形不死，无形不乱"，切不可过分强调树形。

1. 定干 树干的高低与树高、栽培管理方式和间作等关系密切，应根据品种特点、土层厚度、肥力高低、间作模式等，因地因树而定，如晚实核桃结果晚，树体高大，主干可适当高些，干高可留1.5～2米。山地核桃因土壤瘠薄，肥力差，干高以1～1.2米为宜。早实核桃结果早，树体较小，主干可矮些，干高可留0.8～1.2米。立地条件好的定干可高一些。密植时干可低一些，早期密植丰产园干高可留0.2～1米。果材兼用型品种，为提高干材的利用率，干高可达3米以上。

(1)早实核桃定干 在定植当年发芽后，抹除要求干高以下部位的全部侧芽。如幼树生长未达定干高度，可于翌年定干。如果顶芽坏死，可选留靠近顶芽的健壮芽，促其向上生长，直至一定高度后再定干。定干时选留主枝的方法与晚实核桃相同。

(2)晚实核桃定干 春季萌芽后，在定干高度的上方选留1个壮芽或健壮的枝条作为第一主枝，并将以下枝、芽全部剪除。如果幼树生长过旺，分枝时间推迟，为控制干高，可在要求干高的上方适当部位短截，促使剪口芽萌发，然后选留第一主枝。

2. 培养树形 主要有疏散分层形和自然开心形2种。

(1)疏散分层形 该树形有明显的中心领导干，一般有6～7个主枝，分2～3层螺旋形着生在中心领导干上，形成半圆形或圆锥形树冠。其特点是树冠半圆形，通风透光良好，主枝和主干结合牢固，枝条多，结果部位多，负载量大，产量高，寿命长。但盛果期后树冠易郁闭，内膛易光秃，产量便下降。该树形适于生长在条件较好的地方和干性强的稀植树。

①整形过程。一是于定干当年或翌年，在定干高度以上选留3个不同方位（水平夹角约120°）、生长健壮的枝条，培养成第一层主枝，枝基角不小于60°，腰角70°～80°，梢角60°～70°，层内两主枝间的距离不小于20厘米，避免轮生，以防主枝长粗，对中央干形成“卡脖”现象，其余枝条全部除掉。有的树生长势差，发枝少，可分2年培养。二是当晚实核桃5～6年生，早实核桃4～5年生已出现壮枝时，开始选留第二层主枝，一般选留1～2个，同时在第一层主枝上的合适位置选留2～3个侧枝。第一个侧枝距主枝基部的距离为：晚实核桃60～80厘米，早实核桃40～50厘米。如果只留2层主枝，第一层和第二层之间的间距要加大，即晚实核桃2米左右；早实核桃1.5米左右。核桃树喜光性强，树冠高大，枝叶茂密，容易造成树冠郁闭，应增加层间距。三是晚实核桃6～7年生，早实核桃5～6年生时，继续培养第一层主、侧枝和选留第二层主枝上的1～2个侧枝。四是晚实和早实核桃7～8年生时，选留第三层主枝1～2个。第三层与第二层主枝间距晚实核桃为2米左右；早实核桃1.5米左右，并从最上的主枝的上方落头开心，各层主枝要上下错开，插空选留，以免相互重叠。各级侧枝应交错排列，可充分利用空间，避免侧枝并生拥挤。侧枝与主枝的水平夹角以45°～50°为宜，侧枝着生位置以背斜侧为好，切忌留背后枝（图7-5）。

②各骨干枝生长势的调整。主、侧枝是树体的骨架，叫骨干枝，整形过程中要保证骨架坚固，协调主从关系。定植4～5年后树形结构已初步固定，但树冠的骨架还未形成，每年应剪截各级枝的延长枝，促使分枝。8年后主、侧枝已初选出，整形工作大体完成。在此之前，要调节各级骨干枝的生长势，过强的应加大基角，

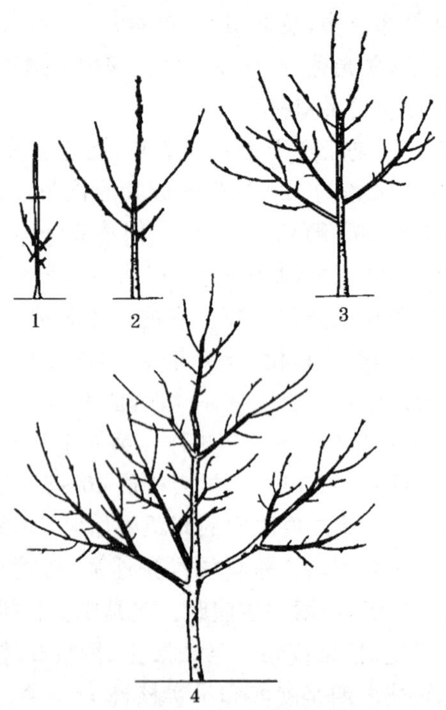

图 7-5 疏散分层形整形过程

1. 定干 2. 第一年冬生长状

3. 第二年冬生长状 4. 第三年冬生长状

或疏除过旺侧枝特别是控制竞争枝。干较弱时可在中心干上多留辅养枝，生长势弱的骨干枝可缩小角度，通过调整，使树体各级主、侧枝长势均衡。

(2)自然开心形 该树形无中央领导干，一般有 2～4 个主枝。其特点是成形快，结果早，各级骨干枝安排较灵活，整形容易，便于掌握。幼树树形较直立，进入结果期后逐渐开张，通风透光好，易管理。该树树形适于在土层较薄，土质较差，肥水条件不良地区栽植的核桃和树姿开张的早实品种。根据主枝的多少，开心形可分为两大主枝、三大主枝和多主枝开心形，其中以三大主枝较常见。又依开张角度的大小可分为多干形、挺身形和开心形。

整形过程包括：一是晚实核桃 3～4 年生，早实核桃 3 年生时，在定干高度以上按不同方位留出 2～4 个枝条或已萌发的壮芽作主枝。各主枝基部的垂直距离一般为 20～40 厘米，主枝可一次或两次选留，各相邻主枝间的水平距离(或夹角)应一致或相近，且生长势要一致。二是主枝选定后，要选留一级侧枝。每个主枝可留 3 个左右侧枝，上下、左右要错开，分布要均匀。第一侧枝距离主干的距离晚实核桃为 0.8～1 米，早实核桃 0.6 米左右。三是一级侧枝选定后，在较大的开心形树体中，可在其上选留二级侧枝。第一主枝一级侧枝上的二级侧枝数 1～2 个，其上再培养结果枝组，这样可以增加结果部位，使树体丰满。第二主枝的一级侧枝数2～3 个。第二主枝上的侧枝与第一主枝上的侧枝间距晚实核桃为 1～1.5 米，早实核桃 0.8 米左右。至此，开心形的树冠骨架已基本形成(图 7-6)。该树形要特别注意调节各主枝间的平衡。

二、幼树修剪

核桃幼树修剪是在整形的基础上，继续选留和培养结果枝和结果枝组，及时剪除一些无用枝，是培养和维持丰产树形的重要技术措施。此期应充分利用顶端优势。用高截、低留的定干整形法，即达到定干高度时剪截，低时留下顶芽，达到定干高度时采用破顶芽或短截手法，促使幼树多发枝，尽快形成骨架，为丰产打下坚实的基础，达到早成形、早结果的目的。许多晚实类的核桃新梢顶芽肥大，优势很强，萌生侧枝及短枝力弱，可在新梢长 60～80 厘米时摘心，促发 2～3 个侧枝，这样可加强幼树整形效果，提早成形。核桃幼树的修剪方法，因各品种生长发育特点的不同而异，其具体方法如下。

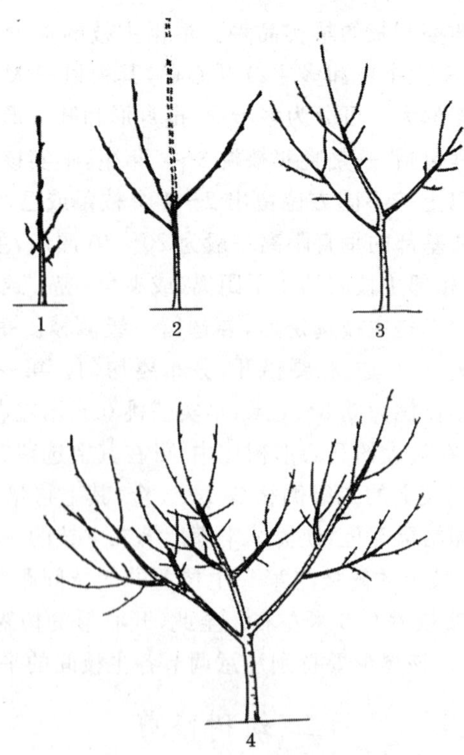

图 7-6 自然开心形整形过程

1. 定干 2. 第一年去中心干
3. 第二年冬生长状 4. 第三年冬生长状

1. 控制二次枝 早实核桃在幼龄阶段抽生二次枝是普遍现象。由于二次枝抽生晚，生长旺，组织不充实，在北方冬季易发生抽条现象，必须进行控制，其具体方法：一是若二次枝生长过旺，可在枝条未木质化之前，从基部剪除；二是凡在一个结果枝上抽生 3 个以上的二次枝，可于早期选留 1～2 个健壮枝，其余全部疏除；三是在夏季，对选留的二次枝，如生长过旺，要摘心，控制其向外伸展；四是如一个结果枝只抽生 1 个二次枝，生长势较强，于春季或夏季将其短截，以促发分枝，培养结果枝组。短截强度以中轻度为宜。

2. 利用徒长枝　早实核桃由于结果早、果枝率高、花果量大、养分消耗过多，常常造成新枝不能形成混合芽或营养芽，以至翌年无法抽发新枝，而其基部的潜伏芽会萌发成徒长枝。这种徒长枝翌年就能抽生 5～10 个结果枝，最多可达 30 个。这些果枝由顶部向基部生长，枝条逐渐变短，最短的几乎看不到枝条，只能看到雌花。第三年中下部的小枝多干枯脱落，出现光秃带，结果部位向枝顶推移，易造成枝条下垂。必须采取夏季摘心法或短截法，促使徒长枝的中下部果枝生长健壮，达到充分利用粗壮徒长枝培养健壮结果枝组的目的。

3. 处理好旺盛营养枝　对生长旺盛的长枝甩放修剪或轻修剪为宜。修剪越轻，总发枝量、果枝量和坐果数就越多，二次枝数量就越少。

4. 疏除过密枝和处理好背下枝　早实核桃枝量大，易造成树冠内膛枝多、密度过大，不利于通风透光。对此，应按照去弱留强的原则，及时疏除过密的枝条。其具体方法是从枝条基部剪除，切不可留桩，以利于伤口愈合。背下枝多着生在母枝先端背下，春季萌发早，生长旺盛，竞争力强，容易使原枝头变弱，而形成“倒拉”现象，甚至造成原枝头枯死。处理方法是在萌芽后或枝条伸长初期剪除。如果原母枝变弱或分枝角度过小，可利用背上枝或斜上枝代替原枝头，将原枝头剪除或培养成结果枝。如果背下枝生长势中等，并已形成混合芽，则可保留其结果。如果背下枝生长健壮，结果后可在适当分枝处回缩，培养成小型结果枝。

第四节　核桃成年树的修剪

成年期的核桃树，树形已基本形成，产量逐渐增加。进入此时期核桃树的主要修剪任务是：继续培养主、侧枝，充分利用辅养枝早期结果，积极培养结果枝组，尽早扩大结果部位。其修剪原则是：先放后缩，放缩结合，防止结果部位外移。结果盛期以后，由于结果量大，容易造成树体营养分配不均，形成大小年，甚至有的树由于结果太多，致使一些枝条枯死或树势衰弱，严重影响了核桃树的经济寿命。成年树修剪要根据具体品种、栽培方式和树体本身的生长发育情况灵活运用，做到因树修剪。

一、结果初期树的修剪

此期树体结构初步形成，应保持树势平衡，疏除改造直立向上的徒长枝，疏除外围的密集枝及节间长的无效枝，保留充足的有效枝量（粗、短、壮），使强枝向缓势方向发展（夏季拿、拉、换头），充分利用一切可利用的结果枝（包括下垂枝），达到早结果、早丰产的目的。

1. 辅养枝修剪　对已影响主、侧枝的辅养枝，可以回缩或逐渐疏除，给主、侧枝让路。

2. 徒长枝修剪　可采用留、疏、改相结合的方法修剪。早实核桃应当在结果母枝或结果枝组明显衰弱或出现枯枝时，通过回缩使其萌发徒长枝。对萌发的徒长枝可根据空间选留，再经轻度短截，从而形成结果枝组。

3. 二次枝修剪　可用摘心和短截的方法，促其形成结果枝组。对过密的二次枝则去弱留强。同时，应注意疏除干枯枝、病虫枝、过密枝、重叠枝和细弱枝。早实核桃重点是防止结果部位迅速外移，对树冠外围生长旺盛的二次枝进行短截或疏除。

二、盛果期树的修剪

盛果期的大核桃树，树冠大部分接近郁闭或已郁闭，外围枝量逐渐增多，且大部分成为结果枝，并由于光照不足，部分小枝干枯，主枝后部出现光秃带。结果部位外移，易出现隔年结果现象。因此，这个时期修剪的主要任务是调整营养生长和生殖生长的关系，不断改善树冠内的通风透光条件，不断更新结果枝，以达到高产稳产的目的。其修剪要点是疏病枝、透阳光、缩外围、促内膛、抬角度、节营养、养枝组和增产量。特别是要做好抬、留的科学运用，绝对不能一次处理下垂枝，要本着三抬一、五抬二的手法(下垂枝连续3年生的可疏去1年生枝，5年生枝缩至2年生处，留向上枝)。具体修剪方法如下：

1. 骨干枝和外围枝的修剪　晚实核桃，随着结果量的增多，特别是丰产年份，大中型骨干枝常出现下垂现象，外围枝伸展过长，下垂得更严重。因此，对骨干枝和外围枝必须进行修剪。修剪的要点是及时回缩过弱的骨干枝。回缩部位可在有上斜生长的侧枝前部，按去弱留强的原则，疏除过密的外围枝，对可利用的外围枝，可适当短截，以改善树冠的通风透光条件，促进保留枝芽的健壮生长。

2. 结果枝组的培养与更新　加强结果枝组的培养，扩大结果部位，防止结果部位外移，是保证核桃树盛果期丰产稳产的重要技术措施，特别是晚实核桃。

(1)培养结果枝组的原则　大、中、小配置适当，均匀地分布在各级主、侧枝上；在树冠内总体分布是里大外小，下多上少，使内部不空，外部不密，通风透光良好，枝组间距离为0.6～1米。

(2)培养结果枝组的途径　一是对着生在骨干枝上的大中型辅养枝，经回缩改造成大、中型结果枝组；二是对树冠内的健壮发育枝，采用去直立留平斜，先放后缩的方法，培养成中、小型结果枝组；三是对部分留用的徒长枝，应首选开张角度，控制旺长，配合夏季摘心和秋季于“盲节”处短截，促生分枝，形成结果枝组。结果枝组经多年结果后，会逐渐衰弱，应及时更新复壮。

(3)培养结果枝的具体方法　一是2～3年生的小型结果枝

组，视树冠内的可利用空间，按去弱留强的原则，疏除一些弱小或结果不良的枝条。盛果后期核桃树生长势开始衰退，每年抽生的新梢很短，常形成三杈状小结果枝组，应及时回缩，疏除部分短枝，以保生长与结果平衡；二是长势弱的中型结果枝组，可及时回缩复壮，使其内部交替结果，同时控制结果枝组内的旺枝；三是大型结果枝组，应控制其高度和长度，以防“树上长树”。对无延长能力或下部枝条过弱的大型果枝组，则应回缩修剪，以保持其下部中小型枝组的正常生长结果。

3. 辅养枝的利用与修剪 辅养枝是指着生于骨干枝上的临时性枝条。其修剪要点是：一是辅养枝与骨干枝不发生矛盾时，可保留不动。如果影响主、侧枝的生长，就应及时去除或回缩；二是辅养枝生长过旺时，应去强留弱或回缩到弱分枝处；三是对生长势中等，分枝良好，又有可利用空间者，可剪去枝头，将其改造成大中型结果枝组。

4. 徒长枝的利用和修剪 核桃成年树，随着树龄和结果量的增加，外围枝生长势变弱或受病虫危害时容易形成徒长枝，早实核桃更易发生。其具体修剪方法如下：一是如内膛枝条较多，结果枝组又生长正常，可从基部疏除徒长枝；二是如内膛有空间，或其附近结果枝组已衰弱，可利用徒长枝培养成结果枝组，促使结果枝组及时更新；三是在盛果末期，树势开始衰弱产量下降，枯死枝增多，更应注意对徒长枝的选留与培养。

5. 背下枝的处理 晚实核桃树背下枝强旺和夺头现象比较普遍。背下枝多由枝头的第二个至第四个背下芽发育而成，生长势很强，若不及时处理，极易造成枝头“倒拉”现象，必须进行修剪。其具体修剪方法：一是如生长势中等，并已形成混合芽，可保留结果；二是如生长健壮，待结果后，可在适当分枝处回缩，培养成小型结果枝组；三是如已产生“倒拉”现象，原枝头开张角度又较小，可将原头枝剪除，让背下枝取而代之。对无用的背下枝则要及时剪除。

第五节 核桃衰老树的修剪

核桃树进入衰老期，外围枝生长势减弱，小枝干枯严重。外围枝条下垂，产生大量"焦梢"，同时萌发出大量的徒长枝，出现自然更新现象，产量也显著下降。为了延长结果年限，可对衰老树进行更新复壮。修剪要点是：首先，疏除病虫枯枝，密集无效枝，回缩外围枯梢枝(但必须回缩至有生长能力的部位)，促其萌发新枝。其次，要充分利用好一切可利用的徒长枝，尽快恢复树势，继续结果。对严重衰老树，要采取大更新，即在主干及主枝上截去衰老部分的 1/3～2/5，保证一次性重发新枝，3 年后可重新形成树冠。具体修剪方法有以下 3 种。

一、干更新(大更新)

将主枝全部锯掉，使其重新发枝，并形成主枝，具体做法有 2 种：

第一，对主干过高的植株，可从主干的适当部位，将树冠全部锯掉，使锯口下的潜伏芽萌发新枝，然后从新枝中选留方向合适、生长健壮的枝条 2～4 个培养成主枝。

第二，对主干高度适宜的开心形植株，可在每个主枝的基部锯掉。如系主干形植株，可先从第一层主枝的上部锯掉树冠，再从各主枝的基部锯掉，使主枝基部的潜伏芽萌芽发枝。

二、主枝更新(中更新)

在主枝的适当部位进行回缩，使其形成新的侧枝，具体修剪方法是选择健壮的主枝，保留 50～100 厘米长，其余部分锯掉，使其在主枝锯口附近发枝，发枝后每个主枝上选留方位适宜的 2～3 个健壮的枝条，培养成一级侧枝。

三、侧枝更新（小更新）

将一级侧枝在适当的部位进行回缩，使其形成新的二级侧枝。其优点是新树冠形成和产量增加均较快。具体做法是：一是在计划保留的每个主枝上，选择2～3个位置适宜的侧枝；二是在每个侧枝中下部长有强旺分枝的前端（或下部）进行剪截；三是疏除所有的病枝、枯枝、单轴延长枝和下垂枝；四是对明显衰弱的侧枝或大型结果枝组应进行重回缩，促其发新枝；五是对枯梢枝要重剪，促其从下部或基部发枝，以代替原枝头；六是对更新的核桃树，必须加强土肥水和病虫害防治等综合技术管理，以防当年发不出新枝，造成更新失败。

第六节　核桃放任树的修剪

目前，我国放任生长的核桃树仍占相当大的比例。一部分幼旺树可通过高接换优的方法加以改造。对大部分进入盛果期的核桃大树，在加强地下管理的同时可进行修剪改造，以迅速提高核桃的品质、产量。

一、放任生长树的树体表现

1. 大枝过多，层次不清　主枝多轮生、重叠或并生。第一层主干常有4～7个分枝，中心领导干极度衰弱，枝条紊乱。

2. 结果部位外移，内膛空虚　主枝延伸过长，先端密集，基部秃裸，造成树冠郁闭，通风透光不良，内膛空虚、枝条细弱并逐渐干枯，结果部位外移。

3. 生长衰弱，坐果率低　结果枝细弱，连续结果能力低，落花、落果严重，坐果率一般中有30%～90%，产量低且隔年结果现象严重。

4. 衰老树自然更新现象严重　衰老树外围焦梢，从大枝中下部萌生新枝，形成自然更新，需重新构成树冠，连续几年产量很少。

二、放任树改造修剪的方法

1. 树形改造　放任树的修剪应根据具体情况随树作形。如果中心领导枝明显，可改造成疏散分层形；中心领导枝已很衰弱或无中心领导枝的，可改造成自然开心形。

2. 大枝处理　修剪前要对树体进行全面分析。重点疏除影响光照的密集枝、重叠枝、交叉枝、并生枝和病虫害危害枝，留下的大枝要分布均匀，互不影响，以利侧枝的配备。一般疏散分层形留5～7个主枝，特别是第一层要留好3～4个。自然开心形可留3～4个主枝。为避免因一次疏除大枝过多而影响树势，可以对一部分交叉重叠的大枝先进行回缩，分年疏除，对于较旺的壮龄树也应分年疏除大枝，以免引起生长势更旺。

3. 中型枝的处理　中型枝是指着生在中心领导枝和主枝上的多年生枝。大枝疏除后从整体上改善了通风透光条件，但在局部会有许多着生不适当的枝条。为了使树冠结构紧凑合理，处理时首先要选留一定数量的侧枝，其余枝条采取疏间和回缩相结合的方法，疏除过密枝、重叠枝，回缩过长的下垂枝，使其抬高。大枝疏除较多时，可多留些中型枝。大枝疏除少时，可多疏除些中型枝。

4. 外围枝的调整　对冗长的细弱枝、下垂枝，必须适度回缩抬高，增强长势。对外围枝丛生密集的要适当疏除。衰老树的外围枝大部分是中短果枝和雄花枝，应适当疏间和回缩，用粗壮的枝带头。

5. 结果枝组的调整　经过大中型枝的疏除和外围枝的调整，通风透光条件得到了改善，结果枝组有了复壮的机会，可根据树体结构、空间大小、枝组类型（大型、中型、小型枝）和枝组的生长势来确定结果枝组的调整，对枝组过多的树，要选留生长健壮的枝组，疏除衰弱的枝组，有空间的可适当回缩，去掉细弱枝、雄花枝和干枯枝，培养强壮结果枝组结果。

6. 内膛枝组的培养 经过改造修剪的核桃树，内膛常萌发许多徒长枝，要有选择地加以培养和利用，使其成为健壮的结果枝组。常用的2种培养方法：一是先放后缩，即对选留的中庸徒长枝（长度在80～100厘米）第一年长放，任其自然分枝，第二年根据需要的高度，回缩至角度大的分枝上，翌年修剪时再去强留弱；二是先截后放，即第一年徒长枝长到60～80厘米时，采取夏季带叶短截的方法，截去1/4～1/3，或在5～7个芽处短截，促进分枝，有的当年便可萌发出二次枝，第二年除去直立旺长枝，用较弱枝当头缓放，促其成花结果。对于生长势很旺、长度在1.2～1.5米的徒长枝，因其极性强，难以控制，一般不宜选用。

内膛结果枝组的配备数量，应根据具体情况而定，一般枝组间距为60～100厘米，做到大、中、小枝相互间，交错排列。树龄较小、生长势较强的树，应少留或不留背上直立枝组。衰弱的老树，可适当多留一些背上枝组。

三、放任树改造修剪的步骤

核桃放任树的改造修剪一般需3年完成，以后可按常规修剪方法进行。

1. 调整树形 根据树体的生长情况、树龄和大枝分布，确定适宜改造的树形。然后疏除过多的大枝，利于集中养分，改善通风透光。对内膛萌发的大量徒长枝，应加以充分利用。经2～3年培养结果枝组，对于树势较旺的壮龄树应分年疏除大枝，否则长势过旺，也会影响产量。在去大枝的同时，对外围枝要适当疏间，以疏外养内，疏前促后，树形改造需1～2年完成，修剪量占整个改造修剪量的40%～50%。

2. 稳势修剪阶段　树体结构调整后，还应调整母枝与营养枝的比例，约为 3∶1，对过多的结果母枝可根据空间和生长势去弱留强，充分利用空间。在枝组内调整母枝留量的同时，还应有 1/3 左右交替结果的枝组量，以稳定整个树体生长与结果的平衡。此期年修剪量应掌握在 20%～30%。

上述修剪量应根据立地条件、树龄、树势、枝量多少灵活掌握，各大、中、小枝的处理要全盘考虑，做到因树修剪，随枝作形。另外，应与加强土肥水管理相结合，否则，难以收到良好的效果（图7-7）。

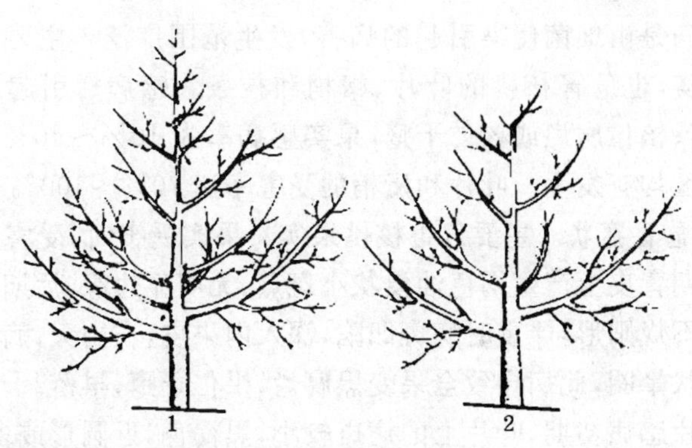

图 7-7　放任树修剪

1. 修剪前　2. 修剪后

第八章　病虫害防治技术

第一节　主要病害及其防治

一、核桃细菌性黑斑病

该病是由细菌侵染引起的病害，发生范围广泛。主要危害核桃的果实，也危害核桃的叶片、嫩梢和枝条。感病后引起果实变黑、早落、核仁腐烂或核仁干瘪，果实感病率为10%～40%。在核桃各产区均有发生。叶片和嫩梢的受害率达70%～100%。

1. 危害症状　主要危害核桃果实。果实受害时，受害的绿色幼果初期青皮上产生褐色油浸状小斑点，无明显边缘，后期扩大成圆形或不规则形，严重时病斑凹陷，深入内果皮，在雨天，病斑周围有水浸状晕圈，此病导致全果变黑腐烂，果仁干瘪，早落。

叶片感病初期，叶片上的病斑较小，黑褐色，近圆形或多角形，外缘呈半透明油浸状晕圈，感病后期，病斑中央呈灰色或穿孔。严重时，数个病斑融合，整个叶片发黑，枯焦。叶柄、嫩梢和枝条上的病斑呈黑色长梭形或不规则形，下陷。严重时，可引起整个枝条枯死（图8-1）。

2. 发生规律

（1）侵染特点　病原菌残留在病果、病叶、病枝或病苗顶梢病组织内越冬。翌年春季借风、雨水、昆虫等传播到果实或叶片上，经伤口或气孔侵入树体。花期也可侵染花粉后随花粉传播病菌。举肢蛾为害严重的核桃园或产区，此病易大量发生。

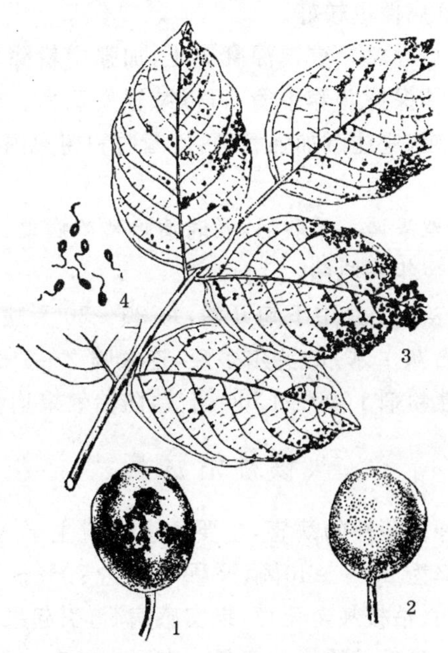

图 8-1　核桃细菌性黑斑病

1.2. 病果　3. 病叶

4. 病原菌

(2)发生条件　空气湿度大时，有利于该病发生，雨后病害迅速蔓延；当核桃园密度较大，树冠郁闭，通风透光不良时，有利于病菌侵染。

(3)侵染和发病时间　核桃展叶期和花期易感此病，5 月中下旬开始侵染果实、枝条、叶片和幼嫩组织。潜育期 10～15 天。

3. 防治方法

(1)选栽丰产优质抗病品种　选栽抗病性好的优良核桃品种，是防治细菌性黑斑病的重要环节。核桃楸较抗黑斑病，以此作砧木嫁接的核桃抗病性也较好。

(2)加强树体管理 重视深翻改土，加强中耕除草，采用科学配方施肥，使树体保持营养平衡，可以减轻发病率。合理修剪，调节树势，对密植园，应注意加强管理，使园内和树冠内通风透光好，可减轻发病率。

(3)及时清理果园 采收后，及时清除残留病果、病枝和病叶，集中销毁，减少翌年病原菌。

(4)药剂防治 5月中下旬开始，每20～30天喷1次1∶1∶200(硫酸铜∶石灰∶水)的波尔多液，连续喷2～3次，或70%甲基硫菌灵可湿性粉剂1000～1500倍液，防治效果均佳。

二、核桃溃疡病

该病是一种真菌性的病害，主要危害幼树主干、嫩枝和果实，一般植株被害率为20%～40%，严重时可达70%～100%。可引起植株生长衰弱、枯枝甚至死亡，果实感病后，引起果实干缩、变黑腐烂，进而早落，降低品质影响产量。在国内的南北核桃产区均有发生。

1. 危害症状 在树干及主侧枝的基部易发生此病，发病初期，呈现直径为0.1～2厘米的褐色或黑色近圆形病斑，有的扩展成梭形或长条形病斑。

幼嫩的枝干感病时，病斑呈水渍状或形成明显的水疱，水疱破裂后流出褐色黏液从而形成圆形病斑，之后病斑呈黑褐色，发病后期病斑干缩下陷，中央裂开，病部处散生许多小黑点，严重时，病斑扩展或数个相连，形成梭形或长条形病斑。若病部不断扩大，环绕枝干一周时，会形成枯梢、枯枝或整株死亡。

成龄树或较老化的树枝干感病后，病斑呈水渍状，中心黑褐色，四周浅褐色，但无明显的边缘，病皮下的韧皮部和内皮层组织腐烂，呈褐色或黑褐色，有时深达木质部，病斑扩展或数个联合时，可引起树势衰弱或整株死亡。

果实受害初期，果面上形成大小不等的褐色至黑褐色的圆形病斑，可引起早期落果，干缩或变黑腐烂，果面产生许多突起的褐色至黑色粒状物(图 8-2)。

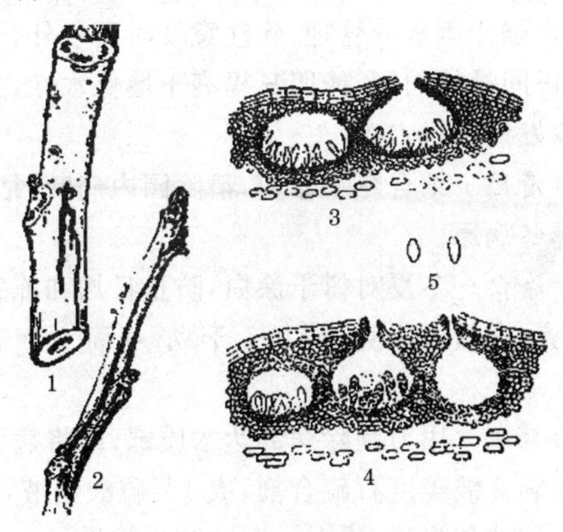

图 8-2　核桃溃疡病

1,2. 症状　3. 分生孢子器　4. 子囊壳　5. 子囊孢子

2. 发生规律

(1)侵染特点　病菌在病斑组织内越冬。翌年春季气温回升、雨量适宜时，病菌形成分生孢子并借雨水传播，从枝干的皮孔或受伤部位侵入，形成新的溃疡病斑。新病斑又可形成分生孢子，并借雨水再次传播，进行多次再侵染。

(2)侵染条件　早春低温干旱、大风，幼嫩枝梢失水较多，生长衰弱的植株，易发生此病。另外植株受到冻害、日灼时易引发此病。

(3)侵染和发病时间　2～3 月份低温干旱、大风时侵入树体，4 月上中旬病害逐渐发生，5～6 月份为发病高峰，7～8 月份病害基本停止，9～10 月份病害略有发展，11 月份停止扩展。潜育期为

1～2 个月。

3. 防治方法

(1)选栽抗病品种　新疆核桃品种较抗此病。

(2)加强树体管理　结合深翻改土，多施有机肥，间作绿肥作物。尤其要加强土壤水分管理，除注意及时灌水外，可利用高吸水性树脂施于田间植株周围，能明显提高土壤保水性，并增加树皮含水量，以减少发病率。

(3)冬季清园　结合冬季修剪，清除园内病叶、枯枝，带出园外烧毁，减少越冬病原。

(4)树干涂白　冬夏对树干涂白，防止日灼和冻害。涂白剂为生石灰 5 千克，食盐 2 千克，油 0.1 千克，豆面 0.1 千克，水 20 升混匀。

(5)刮治病斑　用刀刮除病部达木质部，或将病斑纵横划几道口子，然后涂刷 3 波美度石硫合剂，或 1%硫酸铜液，或 10%碱水，或 1∶3∶15 的波尔多液，均有一定的防治效果。

三、核桃炭疽病

该病是由真菌侵染引起的病害，真菌分为 2 类：贝丝壳菌和球针壳菌，主要危害核桃的果实，也危害核桃叶片、芽和嫩梢部位。感病后易引起早期落果或果仁干瘪，果实的感病率为 20%～40%，严重时可达 90%以上，导致丰产不丰收。在华北、华东核桃产区发生较重，在新疆核桃上主要危害果实。该病除危害核桃树外，还危害苹果、梨、葡萄、李、樱桃、山楂和柿等果树。

1. 危害症状　主要危害核桃果实。果实受害初期，青皮表面上产生黑色或黑褐色圆形或近圆形的病斑，后期病斑扩大至皮内，中央凹陷并散生或呈同心轮纹状排列的许多黑色小点。天气潮湿时，病斑上会出现粉红色的病菌分生孢子盘和分生孢子。被侵染的病果上可产生 1～10 个不等的病斑，病斑扩大或数个病斑融合导致全果发黑腐烂或果仁干瘪(图 8-3)。

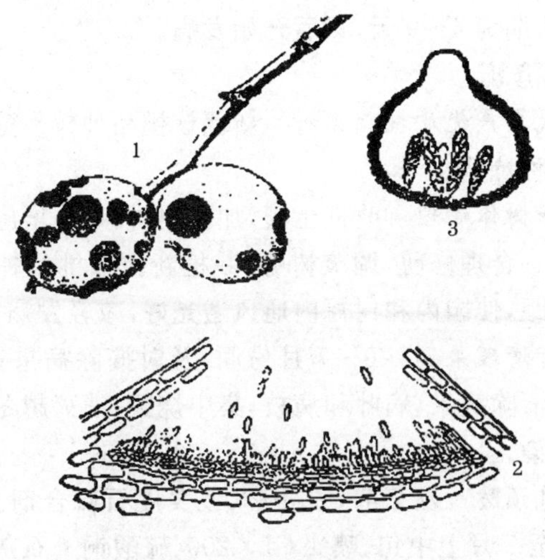

图 8-3　核桃炭疽病

1. 病果　2. 分生孢子盘　3. 子囊壳

核桃叶片的感病率较低,病斑呈不规则的黄色或黄褐色长条形,天气潮湿时,病斑上也出现粉红色的分生孢子,发病严重时引起整个叶片枯黄。

2. 发生规律

(1)侵染特点　病菌以菌丝和分生孢子在病果、病芽、病叶中越冬。翌年春天气转暖后产生的大量病菌分生孢子借风雨、昆虫等传播危害,从伤口或直接穿透表皮侵入,发病后产生的分生孢子团可以发生多次侵染。

(2)发生条件　高温高湿有利于该病的发生和传播,雨水早且多,湿度大的年份或地区,发病会早且重。平地或地下水位高的河滩地,植株密度过大,树冠郁闭,通风透光不良等均易感染此病。举肢蛾发生较多的核桃园,易引发此病。

(3)侵染和发病时间　6月下旬或7月中下旬开始侵染果实或叶片，潜伏期为4～9天，然后开始发病。

3. 防治方法

(1)选栽丰产优质抗病品种　新疆核桃品种较易感病，晚熟品种较早熟品种抗病。

(2)加强树体管理　改良土壤，加强中耕除草，增施有机肥，保持树体健壮。合理修剪，调节树势，栽植新疆核桃品种时，注意适当扩大株行距，使园内和树冠内通风透光好，减轻发病。

(3)及时清理果园　6～7月份间，及时摘除病果；采果后，结合修剪及时清除病果、病叶和病枝，集中烧毁，消灭越冬病原，减少翌年病菌感染。

(4)提前预防　发芽前，喷3～5波美度石硫合剂。发病前的6月中下旬至7月上中旬，喷1∶1∶200(硫酸铜∶石灰∶水)的波尔多液，或50%福美甲胂可湿性粉剂600～800倍液2～3次。

(5)药剂防治　发病期喷50%多菌灵可湿性粉剂100倍液，或2%抗菌霉素120水剂200倍液，或75%百菌清可湿性粉剂600倍液，或50%甲基硫菌灵可湿性粉剂800～1000倍液，每隔15天喷1次，喷2～3次，如能加黏着剂(0.03%皮胶等)效果会更好。

四、核桃白粉病

该病是由真菌侵染引起的病害，主要危害核桃的叶片、幼芽及新梢。在干旱的年份或季节，核桃感病率可高达100%，可造成早期落叶，树势衰弱，影响产量。在我国核桃产区分布广泛。

1. 危害症状　受害叶片的正反面出现明显的片状薄层白粉，即病菌的菌丝、分生孢子梗和分生孢子。秋后，在白粉层中出现褐色至黑色小颗粒。发病初期，核桃叶面有褪绿的黄色斑块，严重时，嫩叶停止生长，叶片变形扭曲、皱缩，嫩芽不能展开，影响树体正常生长。幼苗受害后，造成植株矮小，顶端枯死，甚至全株死亡

(图 8-4)。

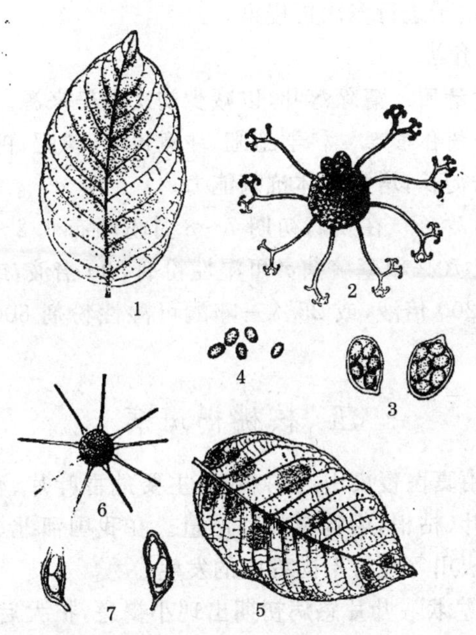

图 8-4　核桃白粉病　(1,2,3,4 为核桃叉丝壳引起的症状;5,6,7 为核桃球针壳引起的症状)

1. 病叶正面　2. 孢子囊壳　3. 4. 子囊和子囊孢子

5. 病叶背面　6,7. 子囊壳和子囊

2. 发生规律

(1)侵染特点　病菌在落叶或病梢上越冬,翌年春季气温回升,遇雨水散出孢子,借气流等传播进行初次侵染,侵害嫩叶、幼芽和嫩梢。发病后的病斑以分生孢子多次进行再侵染。秋季病叶上又产生黑色的颗粒。

(2)侵染条件　温暖而干燥的气候有利于此病的蔓延。在氮肥多,钾肥少及枝条生长不充实的土壤条件下易发病。

(3)侵染时间　翌年春季进行初次侵染,7～8月份开始发病,病部以分生孢子进行多次再侵染。

3. 防治方法

(1)及时清园　清除落叶,以减少初次侵染来源。

(2)加强树体管理　科学施肥,注意氮肥、磷肥、钾肥的比例施用,防止枝条徒长,增强树体抗病能力。

(3)药剂防治　在发病初期7～8月份喷布0.2～0.3波美度石硫合剂,或70%甲基硫菌灵可湿性粉剂800倍液,或2%抗菌霉素120水剂200倍液,或25%三唑酮可湿性粉剂500～800倍液(效果最佳)。

五、核桃褐斑病

该病是由真菌侵染引起的病害,主要危害叶片、嫩梢和果实,引起早期落叶、枯梢,影响树势和产量。在我国河北、河南、陕西、山东、吉林、四川等地有不同程度的发生。

1. 危害症状　叶片感病初期出现小褐斑,扩大后呈近圆形或不规则形,直径0.3～0.7厘米,中间灰褐色,边缘不明显,呈暗黄绿色至紫色。病斑上略呈同心轮纹状排列的黑褐色小点,即分生孢子盘与分生孢子。病斑进一步扩大联合形成大片枯斑,严重时引起早期落叶。嫩梢上病斑呈长椭圆形或不规则形,黑褐色,稍凹陷,边缘褐色,中间有纵向裂纹,后期病斑上散生小黑点,即分生孢子盘与分生孢子,严重时造成枯梢。果实上的病斑较叶片上的小,凹陷,扩展或连片后,果实变黑腐烂。苗木受害后可造成大量枯梢(图8-5)。

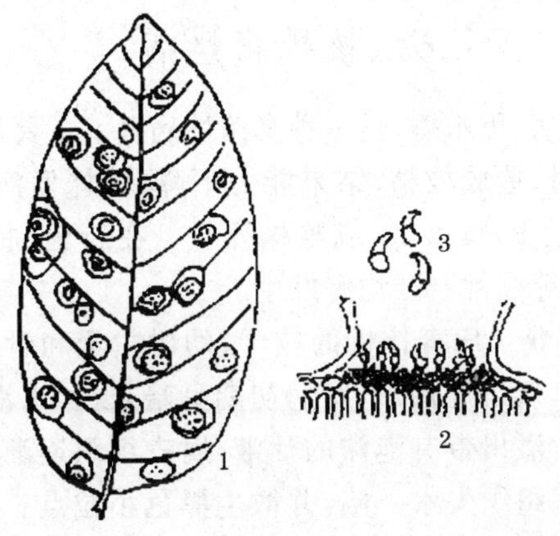

图 8-5　核桃褐斑病

1. 病叶　2. 分生孢子盘　3. 分生孢子

2. 发生规律

(1)侵染特点　病菌在落叶或感病枝条的病残组织内越冬，翌年春天分生孢子借风雨进行传播。

(2)侵染条件　高温高湿有利于此病菌繁殖蔓延，雨水多的年份发病重，雨后高温高湿情况下发展迅速。

(3)侵染时间　陕西地区在 5 月中旬至 6 月上旬开始发病，7～8 月份为发病高峰。

3. 防治方法

(1)适时清园　采果后结合树体修剪彻底清园，清除病害枝梢、病叶、病果，集中烧毁或深埋，以减少初次侵染源。

(2)药剂防治　6 月中旬和 7 月初，各喷 1 次 200 倍石灰倍量式波尔多液，或 50%甲基硫菌灵可湿性粉剂 800 倍液或 40%杜邦福星乳油 8000～10000 倍液。

六、核桃腐烂病

又称烂皮病、黑水病，是一种真菌性病害。主要危害核桃枝干的树皮，严重时，造成枝枯、结果能力下降，植株发病率在50%左右，严重时可达90%以上，或整株死亡。在新疆、甘肃、河南、山东、四川、安徽等核桃产区均有发生。

1. 危害症状 危害核桃的枝干，幼树主干和骨干枝感病时，多深入木质部，病斑近梭形，发病初期呈暗灰色，水渍状，稍隆起，用手指按压时，溢出带有泡沫的汁液，腐皮组织逐渐变成褐色，有酒糟味，后期病组织失水下陷，并散生黑色小粒点。天气潮湿时，小黑点涌出橘红色胶质丝状物。病斑沿枝干纵横进行扩展，后期皮层纵向开裂，流出黑水(俗称黑水病)。病斑环绕枝干一周时，导致枝干或整株死亡。

老龄树主干上的初期病斑一般在韧皮部下方隐藏发展，不易发现，当刮开皮层时，可见许多病斑呈小岛状相互串联，周围集聚着大量的白色菌丝；当发现由皮层向外溢出黑色黏稠物时，病斑已经发展较大。后期从树皮裂缝处流出黏稠的黑水。

枝条感病后常出现枯枝状，主要发生在营养枝、徒长枝和2～3年生的大枝上，而且遭受冻害的枝条上易发此病，表现为枝条失绿，皮层与木质部剥离，皮下密生许多黑色小粒点，使整个枝条干枯。在有修剪伤口的枝条上发病时，多从剪口开始感染，有明显的褐色病斑，沿枝梢向下蔓延，环绕枝干一周时，引起整个枝条枯死(图8-6)。

2. 发生规律

(1)侵染特点　该病菌在枝干上的病组织内越冬。翌年春天分生孢子借风、雨、昆虫传播。病原菌可从冻伤、日灼伤、机械伤、修剪口和嫁接口等伤口处侵入树体，引起病害发生。

(2)侵染条件　成年树在结果盛期易发病，在土壤瘠薄黏重，

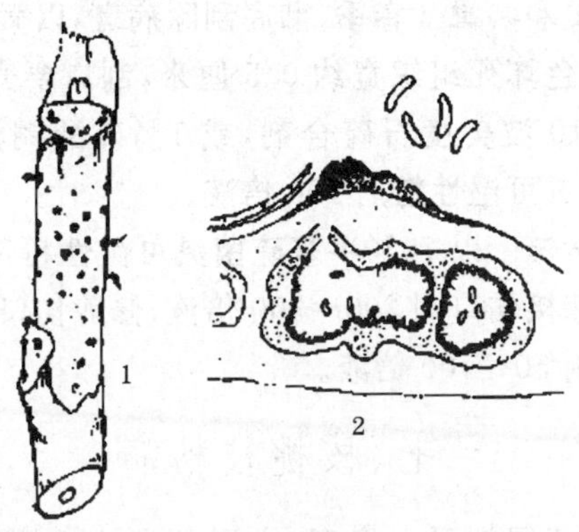

图 8-6　核桃腐烂病

1. 病枝　2. 分生孢子器和分生孢子

排水不畅，地下水位高，有盐碱的核桃地块易发生此病。形成大量徒长枝和营养枝的植株，易受冻伤或干旱失水，可引发此病。肥水不足，尤其因冻寒害、盐碱害及不合理的整形修剪造成树势衰弱时，发病严重。

(3)侵染时间　生长季节病菌可多次侵染，因此从早春至树体越冬前均是该病发生期。春秋季发病最多，4～5月份为主要发病期。

3. 防治方法

(1)加强树体管理　是防治腐烂病的基本措施。改良土壤，促进根系发育，合理间作，增施有机肥，适时追肥，合理修剪，调节树势，提高树体营养水平，增强树体抗寒、抗冻、抗病能力。

(2)烧毁病枝　及时收集园内病枝、病皮，在园外烧毁，减少病菌来源。

(3)树干涂白　对新定植的幼树，更应注意冬夏对树干涂白，防止冻害和日灼发生，减少病菌侵入通道。

(4)刮老皮和病斑　春季，彻底刮除病斑，以微露新皮为宜，刮除范围应比变色坏死组织宽约0.5厘米，刮口要光滑平整。刮后伤口涂上5～10波美度石硫合剂，或1%硫酸铜液消毒保护，或50%甲基硫菌灵可湿性粉剂100倍液。

(5)药剂防治　以70%甲基硫菌灵可湿性粉剂50～100倍液给幼树刷干，嫁接伤口刷200～300倍液，修剪伤口刷100～500倍液，愈合伤口刷50～100倍液。

七、核桃枝枯病

该病由真菌侵染引起病害，主要危害核桃枝干，造成枝干枯死。植株感病率一般可达20%上下，重的达90%。严重影响核桃产量，并且引起树冠逐年缩小，影响材积增长。此病也危害野核桃、核桃楸和枫杨。在辽宁、河南、河北、山东、陕西、甘肃、四川和江苏等地均有发生。

1. 危害症状　病菌多从1～2年生的枝梢或侧枝上侵染树体，侵染发病后，再从顶端逐渐向下蔓延至主干。受害枝的叶片变黄脱落。感病初期病部皮层失绿呈灰褐色，然后变为浅红褐色或深灰色，病部稍下陷，干燥时开裂下陷露出木质部，当病斑扩展绕枝干一周时，出现枯枝以至全株死亡。在病死的枝干上，产生密集黑色小粒点，即病菌的分生孢子盘。当空气相对湿度大时，大量分生孢子和黏液从盘中涌出，在盘口形成黑色小瘤状突起(图8-7)。

2. 发生规律

(1)侵染特点　该病菌在枝干的病斑内越冬，翌年分生孢子借风、雨水、昆虫传播，孢子萌发后从各种伤口或枯枝处侵入皮层，逐渐蔓延。

(2)侵染条件　空气湿度大或雨水多时，遭受冻害或春旱、长势弱或伤害重的树易发病；栽植密度过大，通风透光不良时，发病较重。

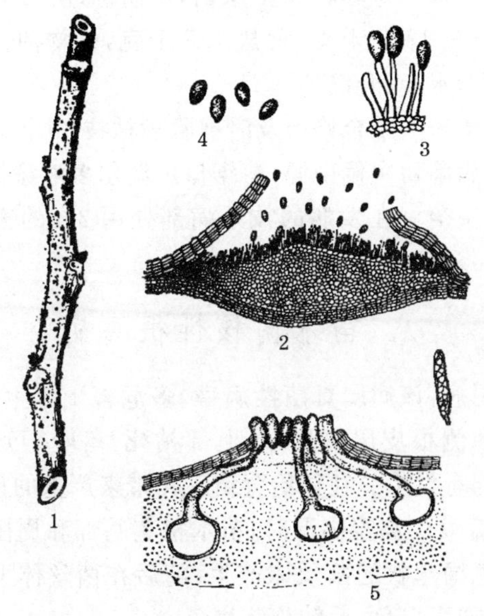

图 8-7 核桃枝枯病

1. 病枝 2～4. 分生孢子盘及分生孢子 5～6. 子囊壳和子囊孢子

(3)侵染时间 春季 3～4 月份初次侵染，5～6 月份开始发病，初期病斑不明显，随病斑的不断扩大，皮层枯死开裂，病部表面分生孢子盘不断散放出分生孢子，可以多次侵染，7～8 月份为发病盛期。

3. 防治方法

(1)选栽抗病品种 新建核桃园，要选择适合当地生态条件的良种和栽植密度，减少感病率。

(2)加强树体管理 山地核桃园应搞好水土保持工作，改良土壤，深翻扩穴，同时增施以有机肥为主的基肥，合理适量追施化肥，增强树势，提高抗病能力。

(3)树干涂白　冬季将树干涂白，可防冻、防虫和防病。涂白剂配方为生石灰12.5千克，食盐1.5千克，植物油0.25千克，硫磺粉0.5千克，水50升混匀。

(4)及时清园　结合修剪及时剪除病枯枝，并将其带出园外及时烧毁，减少病菌初次侵染源，剪锯口用波尔多液涂抹。

(5)病部涂治　在发病的枝干病部处用2%的五氯酚蒽油胶泥涂抹。

八、苗木菌核性根腐病

又叫白绢病，该病属真菌性病害，多危害1年生核桃幼苗，造成苗木主根和侧根皮层腐烂，地上部枯死、落叶，乃至全树死亡。在全国各地均有发生。往往给育苗工作带来严重的损失。

1. 危害症状　高温高湿时，苗木根茎基部和周围的土壤及落叶表面有白色绢丝状的菌丝体产生，随后在菌丝体上长出油菜籽状的小菌核，初为白色，后转为茶褐色。

2. 发生规律

(1)侵染特点　病菌的菌丝或菌核在病株残体和土壤中越冬，温湿度等条件适合时，菌核萌发产生菌丝体，在土壤中蔓延，借雨水、流水传播。

(2)侵染条件　高温高湿，排水不良有利于此病蔓延。在土壤黏重、酸性土或前作为蔬菜、粮食、油菜等地上育苗时，易感此病。

(3)侵染时间　一般5月下旬开始发病，6～8月份为发病高峰期，9～10月份基本停止

3. 防治方法

(1)加强检疫　对苗木加强检疫，以防栽植带菌苗木，在新植幼树中传播危害。

(2)选好圃地　避免苗圃连作，选排水好、地下水位低的圃地。在多雨区采取高床育苗。施足有机肥和钾肥。加强苗木管理，适

当提早播种，提高苗木木质化程度以增强抗病性。

(3)播种前的处理　种子处理，播种前用30%菲醌粉剂0.2%～0.3%或50%多菌灵可湿性粉剂0.3%拌种消毒。土壤处理，翻耕播种前，如果是酸性土壤，应撒适量石灰或草木灰，将酸碱度调至中性或微碱性，减少病害发生。病苗及附近病土挖出后，用1%硫酸铜液或70%甲基硫菌灵可湿性粉剂500～1000倍液浇灌病树根部，再用消石灰撒入苗茎基部及根际土壤，或用50%代森铵水剂1000倍液浇灌土壤，对病害有一定的抑制作用。

(4)晾根或客沙换土　在早春或秋季，扒开苗木根颈处病土，使根暴露且通风透光，随后换入新土，每年换1次，2年见效。

第二节　主要害虫及其防治

一、核桃举肢蛾

又称核桃黑。在太行山、燕山、秦巴山及伏牛山区发生较为普遍，华北、西北、西南、中南等核桃产区均有发生，在土壤潮湿、杂草丛生的荒山沟洼处严重发生。主要为害核桃的果实，果实受害率达70%～80%，甚至高达100%，是降低核桃产量和品质的主要害虫。

1. 为害症状　幼虫在青果皮内蛀食多条隧道，并充满虫粪，被害处青皮发黑，被害后的30天内可在果中剥出幼虫，有时1个果内有十几条幼虫。早期被害的坚果种仁干缩、早落；晚期被害的坚果种仁瘦瘪变黑，致使核桃产量严重受损。

2. 形态特征

(1)成虫　小型黑色蛾子，翅展13～15毫米。翅狭长，翅缘毛长于翅宽。前端1/3处有椭圆形白斑，2/3处有月牙形或近三角形白斑。后足特长，休息时向上举。腹背每节都有黑白相间的鳞毛。

(2)卵　初产时呈乳白色,孵化前为红褐色。圆形,长约 0.4 毫米。

(3)幼虫　头褐色,体淡黄色,老熟时体长 7～9 毫米,每节都有白色刚毛。

(4)蛹　黄褐色,蛹外有褐色茧,常黏附草末及细土粒,纺锤形,长 4～7 毫米(图 8-8)。

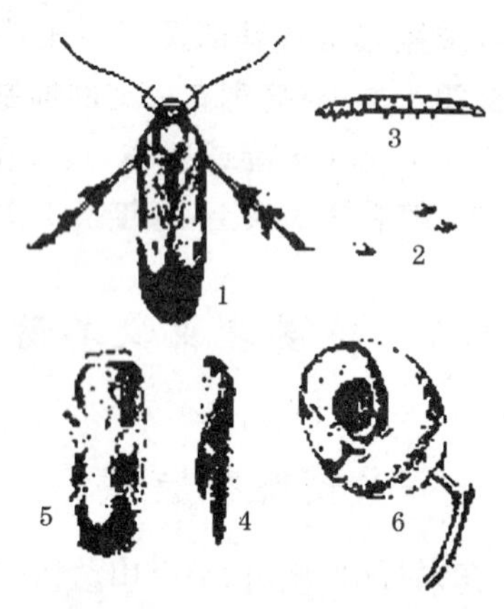

图 8-8　核桃举肢蛾

1. 成虫　2. 卵　3. 若虫

4. 蛹　5. 土茧　6. 为害状

3. 生活习性　其发生与环境条件有密切关系,高海拔地区每年发生 1 代,低海拔地区每年 2 代。在山东、河北、山西等地 1 年发生 1 代,河南、陕西等地 1 年发生 1～2 代。以老熟幼虫在树冠下 1～2 厘米深的土中越冬。翌年 5 月中旬至 6 月中旬化蛹,6 月上旬至 7 月上旬成虫发生,幼虫一般在 6 月中旬开始为害,7 月份为害最严重。成虫一处产卵 3～4 粒,经 4～5 天孵化,幼虫蛀果后有汁液流出,呈水珠状。1 个果内有 5～7 头幼虫,最多达 30 余头。幼虫在果内为害 30～45 天,老熟后从果中脱出,落地入土结茧越冬。该虫在多雨的年份比干旱的年份为害严重，荒坡地比间作地为害严重，深山的沟顶及阴坡比沟口开阔地为害严重。

4. 防治方法

(1)消灭虫源　冬季封冻前，清除园内的枯枝、落叶和杂草，刮掉树干上的老皮，集中烧毁。深翻树下土壤，减少幼虫越冬。及时剪除受害的幼果并深埋，减少翌年的虫口密度。

(2)生物防治　释放松毛虫赤眼蜂，在6月每667平方米释放松毛虫赤眼蜂30万头，可控制举肢蛾的为害。

(3)药剂防治　幼虫孵化期是药剂防治的重点，主要药剂有25%灭幼脲3号胶悬剂1000倍液，或50%敌百虫乳油1000倍液，或48%毒死蜱乳油2000倍液，1.8%阿维菌素乳油500倍液喷雾或间隔喷1次50%杀螟硫磷乳剂1000～1500倍液。在成虫羽化前，每株树冠下撒3%辛硫磷颗粒剂0.1～0.2千克，然后用锄浅锄。

二、核桃长足象

又名核桃果象甲。在陕西省秦岭山区和巴山山区及河南伏牛山区等地均有分布。在陕西省商洛地区，四川省绵阳地区及城口县、万源市、汶川县等核桃产区发生普遍，为害严重。

1. 为害症状　以成虫为害果实为主，亦食核桃幼芽和嫩枝。果实被为害时1果有多个食害孔，严重时1果有几十个食害孔，为害初期果皮干枯变黑，引起果仁发育不全，影响核桃品质和产量，后期成虫产卵于果内，造成大量落果、减产，甚至绝收。

2. 形态特征

(1)成虫　墨黑色，体长约10毫米，头部延长成管状。触角膝状，着生于头管的两侧。前胸近圆锥形，宽大于头长。鞘翅基部显著向前突出，盖住前胸基部，每鞘翅上有10条点刻沟。腿节膨大，各有1个齿状突起。

(2)卵　初产时为乳白色,后变为黄褐色或褐色,长椭圆形,长约1.3毫米。

(3)幼虫　老熟幼虫体长约12毫米,乳白色,头部黄褐色,弯曲呈镰刀状。

(4)蛹　黄褐色,体长约13毫米,胸、腹背面散生许多小刺,腹末具1对臀刺(图8-9)。

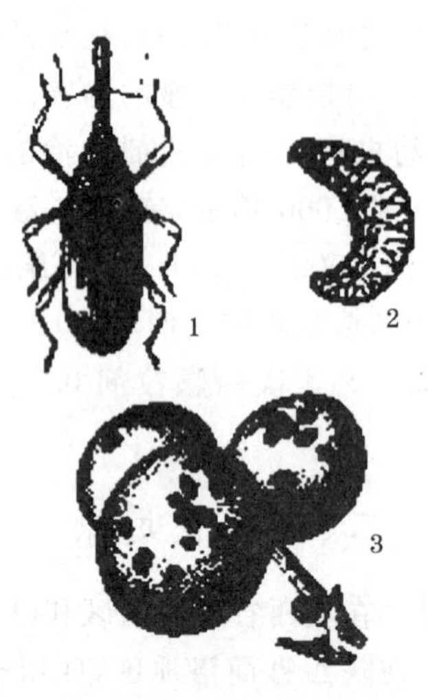

图8-9　核桃长足象

1. 成虫　2. 幼虫　3. 为害状

3. 生活习性　该虫1年发生1代。成虫有假死习性。以成虫在向阳处的杂草或表土内越冬。翌年4月上旬越冬成虫开始上树为害,6月上旬为卵孵化期,6月下旬为化蛹盛期,然后羽化,为食害顶芽盛期,11月份开始越冬。

4. 防治方法

(1)人工捕杀　利用成虫的假死性,在成虫盛期于清晨或傍晚摇树震落捕杀。刮除根颈部粗皮,捡拾病虫落果或摘除被害果,与石灰混拌后深埋 10 厘米以下的土中。

(2)药剂防治　在越冬成虫出现至幼虫孵化阶段,用每毫升含孢子量 2 亿个的白僵菌液,或 50%辛硫磷乳剂 1000 倍液,或 50%杀螟硫磷乳剂 1000 倍液喷雾防治成虫,阻止幼虫孵化。或在成虫发生初期,特别是雨后在树冠下喷洒 50%辛硫磷乳油或 48%毒死蜱乳油 300～400 倍液处理地面。

三、核桃小吉丁虫

又名串皮虫,是核桃树的主要害虫之一。在各产区为害均较严重。

1. 为害症状　主要为害核桃的枝条,幼虫蛀入 2～3 年生枝干皮层,或螺旋形串圈为害,故又称串皮虫。枝条受害后常表现枯梢,树冠变小,产量下降,幼树受害严重时,易形成小老树或整株死亡,严重地区被害株率达 90%以上。

2. 形态特征

(1)成虫　黑色,体长 4～7 毫米,有铜绿色金属光泽,触角锯齿状,头、前胸背板及鞘翅上密布小刻点,鞘翅中部两侧向内凹陷。

(2)卵　初产时乳白色,逐渐变为黑色,椭圆形、扁平,长约 1.1 毫米。

(3)幼虫　体扁平,乳白色,长 7～20 毫米,头棕褐色,缩于第一胸节,胸部第一节扁平宽大,腹末有 1 对褐色尾刺。背中有 1 条褐色纵线。

(4)蛹　裸蛹,初产时乳白色,羽化时为黑色,体长约 6 毫米(图 8-10)。

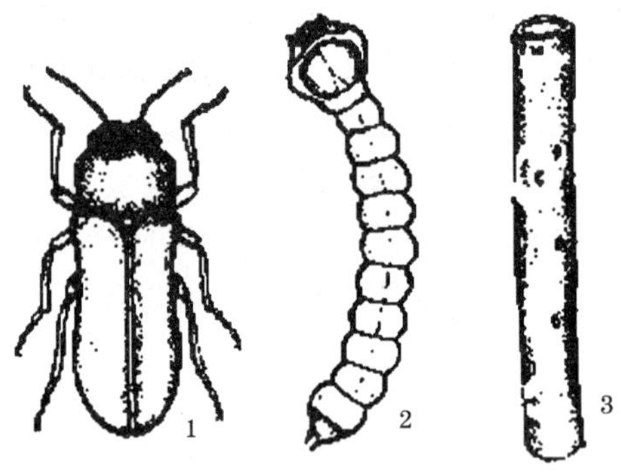

图 8-10　核桃小吉丁虫

1. 成虫　2. 幼虫　3. 为害状

3. 生活习性　该虫 1 年发生 1 代，以幼虫在 2～3 年生被害枝干中越冬。6 月上旬至 7 月下旬为成虫产卵期，7 月下旬至 8 月下旬为幼虫为害盛期。生长势较弱，枝叶少、透光好的树受害较严重，成虫寿命为 12～35 天。卵期约 10 天，幼虫孵化后蛀入皮层为害，随着虫龄的增长，逐渐深入到皮层和木质部间为害，直接破坏输导组织。被害枝条表现出不同程度的黄叶和落叶现象，这样的枝条不能完全越冬，翌年又为黄须球小蠹幼虫提供了良好的营养条件，从而加速了枝条的干枯。受害枝条中无害虫越冬，害虫越冬几乎全部在干枯枝条中。

4. 防治方法

(1)消灭虫源　秋季采收后，剪除全部受害枝，集中烧毁，以消灭越冬虫源。注意多剪一段健康枝以防幼虫被遗漏。

(2)诱杀虫卵　羽化为成虫后，其产卵期，及时设立一些饵木，诱集成虫产卵，再及时烧掉。

(3)生物防治　核桃小吉丁虫有 2 种寄生蜂，自然寄生率为 16%～56%，释放寄生蜂可有效地降低越冬虫口数量。

(4)**药剂防治**　从5月下旬开始，每隔15天用90%敌百虫晶体600倍液，或48%毒死蜱乳油800～1000倍液喷洒主干。在成虫发生期，结合防治举肢蛾等害虫，在树上喷洒80%敌敌畏乳油或90%敌百虫晶体800～1000倍液，来阻止成虫出洞。

四、黄须球小蠹

又名小蠹虫。在陕西、河南、河北和四川等地广泛分布。

1. 为害症状　以成虫和幼虫食核桃枝、梢和芽，虫道似“非”字形，常与核桃举肢蛾、核桃小吉丁虫同时为害，加速枝梢和芽的枯死，严重时枝、梢、顶芽全部被害，造成减产甚至绝收。生长在坡地或土层瘠薄、长势衰弱的树受害严重。树冠外缘枝、芽比内膛受害严重。

2. 形态特征

(1)成虫　初羽化时为黄褐色，后变成黑褐色，椭圆形，体长2.3～3毫米。触角膝状，端部膨大呈锤状。头胸交界处两侧各生一丛三角形黄色茸毛，头、胸、腹各节下面生有黄色短毛。前胸背板隆起，覆盖头部。鞘翅有8～10条由点刻组成的纵沟。

(2)卵　初产时白色，后变成黄褐色，椭圆形，体长约0.1毫米，。

(3)幼虫　椭圆形，体长2.2～3毫米，乳白色，无足，尾部排泄孔附近有3个“品”字形突起。

(4)蛹　裸蛹，圆球形，羽化前黄褐色(图8-11)。

3. 生活习性　该虫1年发生1代，以成虫在顶芽或侧芽基部的蛀孔内越冬，4月上旬开始活动，为害健康或半枯死枝条的芽基部。4月下旬雄成虫进入交配室交配，雌虫一边蛀食母坑道一边开始产卵于母坑道两侧，5月下旬产卵结束时，雄成虫离开坑道后死亡。7月上中旬为羽化盛期，1个成虫从羽化至越冬可食害顶芽3～5个。

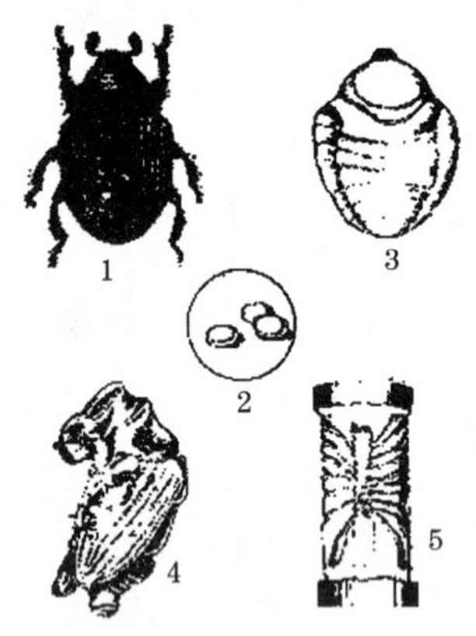

图 8-11　黄须球小蠹

1. 成虫　2. 卵　3. 幼虫

4. 蛹　5. 为害部位和害虫坑道

4. 防治方法

(1)消灭害虫　秋季采收后至落叶前,结合修剪,剪除虫枝集中烧毁,消灭越冬虫卵。

(2)诱杀虫卵　核桃发芽后,在树上成束悬挂半干枝条,每树挂 3～5 束,诱集成虫在此产卵,羽化成虫前将枝条取下烧毁。

(3)药剂防治　6～7 月份结合防治核桃举肢蛾、刺蛾和瘤蛾,每隔 10～15 天喷 1 次溴氰菊酯乳油 2000 倍液,或 50%杀螟硫磷乳油 1000～1500 倍液。

五、草履蚧

又名草鞋蚧。在我国大部分地区都有分布。

1. 为害症状　该虫吸食树液,致使树势衰弱,甚至枝条枯死,影响产量。被害枝干上有一层黑霉,受害越重黑霉越多。

2. 形态特征

(1)成虫　雌成虫无翅,体长约 10 毫米,扁平椭圆形,灰褐色,形似草鞋。雄成虫体长约 6 毫米,翅展约 11 毫米,紫红色。触角黑色,丝状。

(2)卵　椭圆形,暗褐色。

(3)若虫　与雌虫相似。

(4)蛹　雄蛹圆形,淡红紫色,长约 5 毫米,外被白色蜡状物(图 8-12)。

3. 生活习性　该虫 1 年发生 1 代。以卵在树干基部土中越冬。卵的孵化早晚受气温影响。在河南省最早于 1 月份即有若虫出土。初龄若虫行动迟缓,天暖时上树,天冷回到树洞或树皮缝隙中隐蔽群居,最后到 1～2 年生枝条上吸食为害。雌虫经 3 次蜕皮变成成虫,雄虫第二次蜕皮后不再取食,下树在树皮缝、土缝、杂草中化蛹。蛹期为 10 天左右,4 月下旬至 5 月上旬羽化,与雌虫交配后死亡。雌成虫 6 月份前后下树,在根颈部土中产卵后死亡。

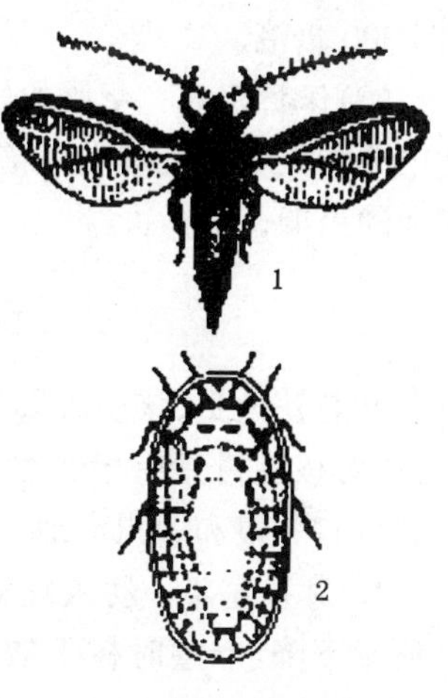

图 8-12　草履蚧

1. 雄成虫　2. 雌成虫

4. 防治方法

(1)涂黏虫胶带　在草履蚧若虫未上树前,于 3 月初在树干基部刮除老皮,涂宽约 15 厘米的黏虫胶带,黏胶一般配法为废机油和石油沥青各 1 份,加热熔化后搅匀即成。或废机油、柴油或蓖麻油 2 份,加热后放入 1 份松香油熬制而成。如在胶带上再包一层塑料布,下端呈喇叭状,防治效果更好。

(2)根部土壤喷药　若虫上树前，用6%柴油乳剂喷洒根颈部周围土壤。

(3)耕翻土壤　采果至土壤结冻前或翌年早春在树下耕翻，可将草履蚧消灭于出土之前，耕翻深度约15厘米，范围要稍大于树冠投影面积。结合耕翻可在树冠下地面上撒施5%辛硫磷粉剂，每667平方米用2千克，施后翻耙使药土混合均匀。

(4)药剂防治　若虫上树初期，在核桃发芽前喷3～5波美度石硫合剂，发芽后喷80%敌敌畏乳油1000倍液，或48%毒死蜱乳油1000倍液。

(5)保护天敌　草履蚧的天敌主要是黑缘红瓢虫，喷药时避免使用菊酯类和有机磷类广谱性农药，喷洒时间不要在瓢虫孵化盛期和幼虫期。

六、核桃云斑天牛

又名铁炮虫、核桃大天牛、白条虫、钻木虫等，主要为害核桃枝干，是对核桃树具有毁灭性的一种害虫。在河北、河南、北京、山西、陕西、甘肃和四川等地广泛分布。

1. 为害症状　幼虫蛀食核桃树干木质部，造成树势衰弱，果品质量下降，严重时树干被蛀空引起整株死亡；成虫啃食新枝嫩皮，致使枝条枯死。核桃产区被害率可达30%～85%。

2. 形态特征

(1)成虫　体长32～65毫米，黑褐色，密披灰色绒毛，前胸背板有1对肾形白斑，两侧刺突稍向后弯，小盾片白色，鞘翅基部密布黑色瘤状颗粒，前大后小，肩刺上翘，鞘翅上有2～3行排列不规则的白斑，呈云片状。从复眼至腹端，两侧各有一白色条纹。

(2)卵　黄白色，弯曲略扁，卵壳坚韧光滑。长椭圆形，长8～9毫米。

(3)幼虫　体长74～100毫米，黄白色，头扁平，半缩于胸部，前胸背板橙黄色，密布黑色点刻，两侧白色，其上有橙黄色半月牙形斑块。前胸腹面排列有 4 个不规则的橙黄色斑块，后胸及腹部第一节至第七节背面，由小刺突组成的骨化区呈扁“回”字形，腹面第一节至第七节骨化区呈“口”字形。

(4)蛹　长 40～70 毫米，乳白色至淡黄色，触角卷曲于腹部(图 8-13)。

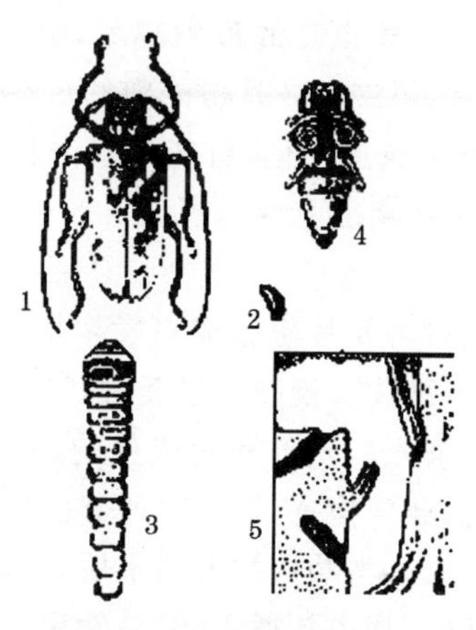

图 8-13　核桃云斑天牛

1. 成虫　2. 卵　3. 幼虫　4. 蛹　5. 为害状

3. 生活习性　该虫 1 年发生 1 代或 2～3 年发生 1 代，因地域不同而不同。以幼虫或成虫越冬，越冬幼虫翌年 4 月中下旬开始活动，老熟幼虫在隧道的一端化蛹，蛹期约 1 个月。核桃雌花开放时咬成 1～1.5 厘米大的圆形羽化口而出，5 月份为成虫羽化盛期。成虫羽化后在虫口附近停留一会，然后上树取食枝皮及叶片，补充营养。白天喜栖息在树干及大枝上，有受惊落地的假死性，多在夜间活动，能多次交尾。5 月份成虫开始产卵，产卵前将树皮啃成一指头大圆形或半月牙形破口刻槽，然后产卵其中。通常每槽内产卵1粒，雌虫产卵约40粒。一般产在离地面2米以下、胸径10～20厘米的树干上，也有在粗皮上产卵的。6月中下旬为产卵盛期，成虫寿命约9个月，卵期为10～15天，然后孵化出幼虫。初孵幼虫在皮层内为害，被害处变黑，树皮逐渐胀裂，流出褐色树液。20～30天后幼虫逐渐蛀入木质部，不断向上取食，随虫龄增大，为害加剧，虫道弯曲，长达25厘米左右，不断向外排出木丝虫粪，堆积在树干附近，第一年幼虫在蛀道内越冬，翌年春季继续为害，幼虫期长12～14个月，第二年8月份老熟幼虫在虫道顶端做椭圆形蛹室化蛹，9月中下旬成虫羽化，留在蛹室内越冬。第三年核桃树发枝时，成虫从羽化孔爬出上树为害。

4. 防治方法

(1)人工捕杀　5～6月份是成虫发生期，白天经常观察树叶和嫩枝，若发现有小嫩枝被咬破且呈新鲜状时，利用成虫假死性将其震落或直接捕捉杀死。晚上利用成虫的趋光性，用黑光灯引诱捕杀。成虫产卵后，经常检查，发现有产卵破口刻槽，用锤敲击，可消灭虫卵和初孵幼虫。当幼虫蛀入树干后，可以虫粪为标志，用尖端弯成小钩的细铁丝，从虫孔插入，钩杀幼虫。

(2)杀卵　该虫在树干上产卵部位较低，产卵痕明显，用锤敲击可杀死卵和小幼虫

(3)药剂防治　清除虫孔粪屑，注入50%敌敌畏乳油100倍液，用湿泥封口，以杀死树干内的幼虫。或用棉球蘸50%杀螟硫磷乳剂40倍液，塞入虫孔，熏杀幼虫或用毒签堵塞虫孔。

(4)保护天敌　招引和保护啄木鸟。

七、核桃横沟象

又名根象甲。在四川省绵阳市平武县、甘肃省陇西县，云南省漾濞彝族自治县、陕西省商洛地区、河南省西部等地均有发生。在坡底沟洼和村旁土质肥沃的地方和生长旺盛的核桃树上为害较

重。

1. 为害症状 幼虫刚开始为害时，根颈皮层不开裂，开裂后虫粪和树液流出，根颈部有大豆粒大小的成虫羽化孔。受害严重时，皮层内多数虫道相连，充满黑褐色粪粒及木屑，被害树皮层纵裂，并流出褐色汁液。由于该虫在核桃树根颈部皮层中串食，破坏了树体的输导组织，阻碍了水分和养分的正常运输，致使树势衰弱，核桃减产，甚至树体死亡。

2. 形态特征

(1)成虫 体长12～16毫米，头管约占体长的1/3，全体黑色，前端着生膝状触角。前胸背板密布不规则点刻。鞘翅基部2/5前缘各横列着生棕黄色绒毛斑3～4丛，端部1/4处各着生棕黄色绒毛斑6～7丛。腿节端部膨大，胫节顶端有钩状齿，跗节底面有黄褐色绒毛，顶端有1对爪。

(2)卵 初产时乳白色，孵化前黄褐色，长1.4～2毫米，椭圆形。

(3)幼虫 头部棕褐色，口器黑褐色，长15～20毫米，黄白色，肥壮，向腹面弯曲。

(4)蛹 裸蛹，长14～17毫米，黄白色，末端有2根黑褐色臀刺(图8-14)。

3. 生活习性 在陕西、河南、四川等地区2年发生1代。幼虫为害期长，每年3～11月份均能蛀食，12月份至翌年2月份为越冬期。90%的幼虫集中在表土下5～20厘米，侧根距主干140～200厘米处也有为害。蛹期平均17天左右，以幼虫和成虫在根皮层内越冬，经越冬的老熟幼虫4～5月份在虫道末端化蛹，到8月上旬结束。初羽化的成虫不食不动，在蛹室停留10～15天，然后爬出羽化孔，经34天左右取食树叶、根皮补充营养。5～10月份为产卵期。

4. 防治方法

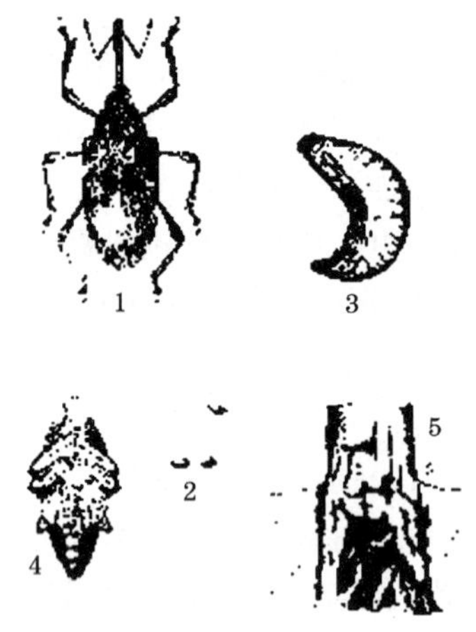

图 8-14　核桃横沟象

1. 成虫　2. 卵　3. 幼虫　4. 蛹　5. 为害状

(1)根颈部涂石灰浆　成虫产卵前,将根颈部土壤扒开,然后涂抹石灰浆后封土,阻止成虫在根颈上产卵,防治效果很好,可维持 2～3 年。

(2)刮根颈处粗皮　冬季挖开根颈部泥土,刮去根颈部粗皮,在根部灌入人粪尿,然后封土,杀虫效果可达 70%～100%。

(3)药剂防治　6～8 月份为成虫发生期,结合防治举肢蛾,在树上喷 50%毒死蜱乳油 2000 倍液,或 50%杀螟硫磷乳油 1000 倍液进行防治。

(4)保护天敌　注意保护白僵菌和寄生蝇等横沟象的天敌。

八、芳香木蠹蛾

又名杨木蠹蛾、蒙古木蠹蛾。属于鳞翅目、木蠹蛾科。因其老熟幼虫爬行速度较快,遇到惊扰,可分泌出一种有芳香气味的液体，而得此名。

1. 为害症状 广泛分布于我国东北、华北、西北、西南等省区，在河南的卢氏、陕西的商洛等核桃产区为害尤其严重。除为害核桃外，还为害苹果、梨、桃、杨、柳、榆等树木。幼虫群集在核桃树干基部及根部蛀食皮层，使根颈部皮层开裂，排出深褐色的虫粪和木屑，并有褐色液体流出。使树势逐年衰弱，产量降低，甚至整株枯死。

2. 形态特征

(1)成虫 体长 27～45 毫米，翅展 50～97 毫米，雌蛾大于雄蛾，全体灰褐色，触角栉齿状，翅上有许多黑褐色波状横纹。

(2)卵 椭圆形，初产时白色，孵化前暗褐色。

(3)幼虫 老熟幼虫体长可达 60～100 毫米，扁圆筒形，有稀疏粗毛。背面紫红色，有光泽，腹面黄色或淡红色。头部紫黑色，前胸背板上有 2 个紫褐色斑。有 3 对胸足，4 对腹足。

(4)蛹 暗褐色，长 30～50 毫米。第二腹节至第六腹节背面各有两排刺。

(5)茧 长椭圆形，略弯曲，极致密，由入土老熟幼虫化蛹前吐丝结缀土粒构成。在此之前幼虫先结一质地松薄的越冬用伪茧(图 8-15)。

3. 生活习性 在河南、陕西、山西和北京等地 2 年完成 1 代，在青海省西宁市等地 3 年完成 1 代。幼虫在被害树木的蛀道内和树干基部附近的土内越冬。越冬老熟幼虫于 4～5 月份化蛹，蛹期 17～52 天，平均 40 天，预蛹期约 19 天。6～7 月份羽化出成虫。成虫多在夜间活动，有趋光性。卵多产于树干基部 1.5 米以下或根茎接合部的裂缝或伤口边缘等处。每头雌虫平均产卵 245 粒；卵块状，每块有卵 50～60 粒，少者只有几粒，多者 100 多粒。幼虫孵化后即从伤口、树皮裂缝或旧蛀孔等处钻入皮层，排出细碎均匀的褐色木屑。幼虫先在皮层下蛀食，使木质部与皮层分离，极易剥

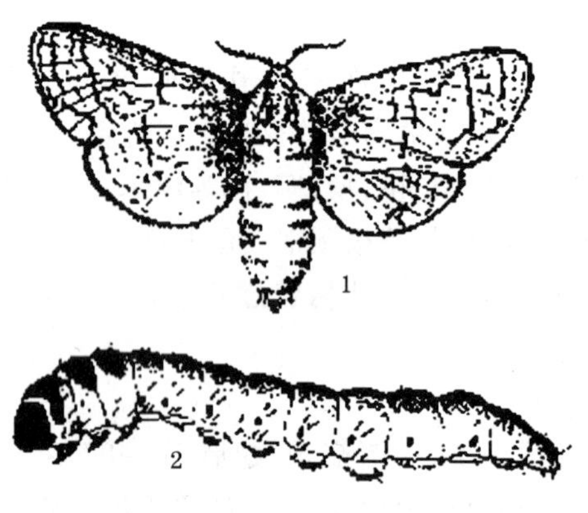

图 8-15 芳香木蠹蛾

1. 成虫 2. 幼虫

落,在木质部的表面蛀成槽状蛀坑。此阶段常见10多头幼虫群集为害。虫龄增大后,常分散在树干的同一段内蛀食,并逐渐蛀入髓部,形成粗大而不规则的蛀道。10月份即在蛀道内越冬。翌年继续为害,到9月下旬至10月上旬,幼虫老熟,爬出隧道,在根际处和离树干几米外向阳干燥处约10厘米深的土壤中结伪茧越冬。

4. 防治方法

(1)消灭虫源 应及时伐除枯死木、衰弱木,并注意消灭其中的幼虫。

(2)树干涂白 在成虫的产卵期,将核桃树树干涂白,可以防止成虫在树干上产卵。

(3)人工捕杀幼虫 发现幼虫为害时,撬开皮层挖出幼虫。

(4)药剂防治 6～7月份,在树干1.5米以下至根部喷洒48%毒死蜱乳油500～800倍液,隔15天左右喷1次,连喷2～3次,以毒杀初孵幼虫。5～10月份为幼虫蛀食期间,将核桃树根颈部土壤扒开,用50%敌敌畏乳油50倍液灌入虫道,至药液外流时为止，然后用湿土封严，毒杀树干中或根部的幼虫。

九、核桃瘤蛾

又名核桃毛虫、核桃小毛虫。属于鳞翅目、瘤蛾科。

1. 为害症状　主要分布于山西、河南、河北、陕西等地。幼虫咬食核桃叶片为害核桃，属于暴食性害虫，严重发生时几天内能将树叶吃光，造成枝条2次发芽，树势极度衰弱，导致翌年枝条枯死。

2. 形态特征

(1)成虫　体长8～11毫米，翅展19～24毫米，灰褐色。雌虫触角丝状，雄虫触角羽毛状。前翅前缘基部及中部有3个隆起的深色鳞簇，组成3块明显的黑斑；从前缘至后缘有3条由黑色鳞片组成的波状纹。后缘中部有一褐色斑纹。

(2)卵　直径0.4毫米左右，扁圆形，中央顶部略凹陷，四周有细刻纹。初产时为乳白色，后变为浅黄色至褐色。

(3)幼虫　老熟幼虫体长12～15毫米，背面棕褐色，腹面淡黄褐色，体形短粗而扁。中、后胸背面各有4个毛瘤，2个较大的毛瘤着生较短的毛，2个较小的毛瘤着生较长的毛。体两侧毛瘤上着生的毛长于体背毛瘤上的毛。腹面第四节至第七节背面中央为白色。胸足3对，腹足3对，着生在第四至第六腹节上；臀足1对，着生在第十腹节上。

(4)蛹　体长8～10毫米，黄褐色，椭圆形，腹部末端半球形。越冬茧长圆形，丝质细密，浅黄白色(图8-16)。

3. 生活习性　1年发生2代，以蛹在石堰缝(约95%)、土缝、树皮裂缝及树干周围的杂草和落叶中越冬。成虫有趋光性，黑光灯对其引诱力最强，蓝色灯光次之，一般灯光诱不到蛾子。成虫在前半夜活动性强。羽化后2天产卵，卵期4～5天。卵散产于叶片背面主侧叶脉交叉处，每处多数只产1粒卵。卵表面光滑，无其他覆盖物。越冬代成虫的羽化期自5月下旬至7月中旬计50余天，

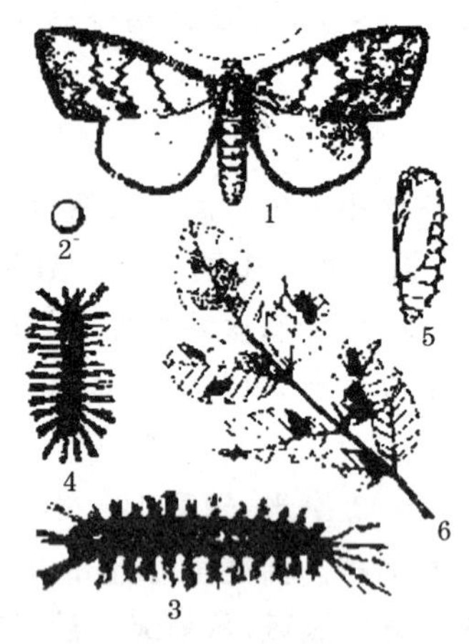

图 8-16　核桃瘤蛾

1. 成虫　2. 卵　3. 幼虫　4. 幼虫背面观
5. 蛹　6. 为害状

盛期为 6 月上旬；第一代成虫的羽化期自 7 月中旬至 9 月上旬计 50 余天，盛期在 7 月底至 8 月初。越冬代雌蛾产卵量为 70 粒左右，第一代雌蛾产卵量为 260 粒左右，持续 100 天左右。

幼虫多为 7 龄，幼虫期 18～27 天，三龄前的幼虫在孵化的叶片上取食，受害叶仅余网状叶脉；三龄后的幼虫活动能力增强，能转移为害，受害叶仅余主侧脉，偶见核桃果皮受害。幼虫老熟后多于凌晨 1～6 时沿树干下爬，寻找石缝、土缝及石块下做茧化蛹。第一代老熟幼虫下树期自 7 月初至 8 月中旬约 45 天，盛期在 7 月下旬；第二代老熟幼虫的下树期从 8 月下旬至 9 月底、10 月初，计 40 天左右，盛期在 9 月上中旬。

第一代蛹期 6～14 天，第二代蛹期(越冬蛹)9 个月左右。阳坡、干燥的石堰缝中越冬蛹的存活率高于阴坡、潮湿石堰缝中的蛹。树冠外围的叶片受害较重，上部的叶片受害重于下部的叶片。

4. 防治方法

(1)诱杀蛹　可在树干周围半径 0.5 米的地面上堆积石块，利用老熟幼虫有下树化蛹的习性，对其诱杀。

(2)黑光诱杀　利用其对黑光的趋光性，用黑光灯诱杀成虫。

(3)药剂防治　幼虫发生为害期，喷洒 4.5%高效氯氰菊酯乳油 800 倍液，或 90%敌百虫晶体 800 倍液，或 2.5%溴氰菊酯乳油 6000 倍液进行防治。

十、核桃缀叶螟

又名木撩黏虫、缀叶丛螟。属于鳞翅目、螟蛾科。

1. 为害症状　幼虫咬食核桃的叶片，发生严重的年份，可以把树叶吃光。在辽宁、北京、河北、天津、山东、江苏、安徽、浙江、江西、福建、广东、湖南、湖北、河南、云南、贵州、四川和陕西等地广泛分布。

2. 形态特征

(1)成虫　体长 14～20 毫米，翅展 35～50 毫米，全体黄褐色。前翅色深，稍带淡红褐色，有明显的黑褐色内横线及曲折的外横线，横线两侧靠近前缘处各有黑褐色斑点 1 个，外缘翅后翅灰褐色，越接近外缘颜色越深。

(2)卵　球形，密集排列成鱼鳞状，每块有卵 200 粒左右。

(3)幼虫　老熟幼虫体长 20～30 毫米。头部黑色有光泽。前胸背板黑色，前缘有 6 个黄白色斑。背中线宽、杏黄色，体侧各节有黄白色斑。腹部腹面黄褐色，疏生短毛。

(4)蛹　长约 16 毫米，深褐色至黑色。

(5)茧　深褐色，扁椭圆形，长约 20 毫米，宽约 10 毫米，硬似牛皮纸(图 8-17)。

3. 生活习性　1 年发生 1 代，以老熟幼虫在根的附近及距树干 1 米范围内的土中结茧越冬，入土深度 10 厘米左右。翌年 6 月

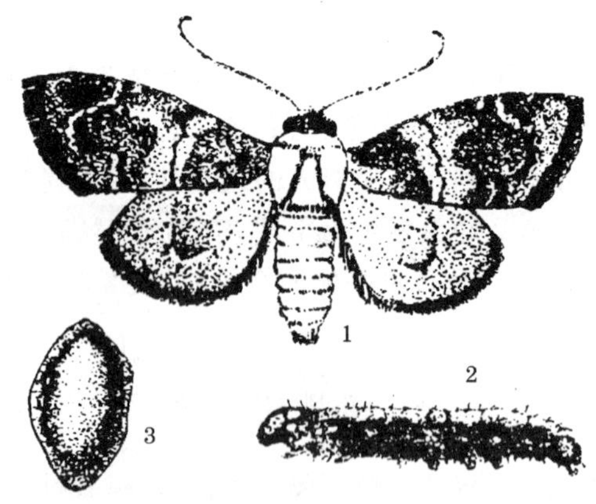

图 8-17　核桃缀叶螟

1. 成虫　2. 幼虫　3. 茧

中旬至 8 月上旬为越冬代幼虫化蛹期，盛期在 6 月底至 7 月中旬。蛹期 10～20 天。6 月下旬至 8 月上旬为成虫羽化期，盛期在 7 月中旬。成虫产卵于叶面。7 月上旬至 8 月上中旬为幼虫孵化期，盛期在 7 月底至 8 月初。初龄幼虫常数十至数百头群居在叶面吐丝结网，舔食叶肉，先是缠卷 1 张叶片呈筒形；随树体的增大，二至三龄时，分几群为害，常将 3～4 片复叶缠卷一起呈团状；四龄后开始分散活动，1 头幼虫缠卷 1 复叶上部的 3～4 片叶子为害。幼虫夜间取食，白天静伏于叶筒内。受害叶片多位于树冠上部及外围，容易发现。从 8 月中旬开始，老熟幼虫入土做茧越冬。

4. 防治方法

(1)人工杀死　利用幼虫为害叶片时，呈群居状态，可以摘除虫包，集中烧毁杀灭虫体。

(2)挖虫茧　虫茧一般集中在树根旁边松软的土里，可在秋季封冻前或春季解冻后在其附近挖除虫茧集中烧毁。

(3)药剂防治　7 月中下旬在幼虫为害的初期，喷洒 25％氯氟氰菊酯乳油1000倍液，或40%毒死蜱乳油800～1000倍液。

十一、舞毒蛾

又名柿毛虫。属于鳞翅目、毒蛾科。

1. 为害症状　在我国黑龙江、辽宁、河北、河南、山东、山西、陕西和新疆等地均有分布。主要为害核桃、柿、苹果、梨、板栗等树木，以幼虫咬食叶片，造成树势衰弱，影响产量。

2. 形态特征

(1)成虫　体长20～25毫米，翅展45～70毫米。雄虫体细小，茶褐色，前翅有4～5条波状横线，中室中央有1个黑褐色圆形斑点，中室外端有1个黑褐色倒“V”字形纹。雌蛾体肥大，污白色，前翅有1～5条波状横线，腹末密生黄褐色绒毛。雌雄蛾前翅外缘的翅脉间均有7～8个褐色斑纹，后翅斑纹不明显。

(2)卵　球形，灰褐色，直径约1毫米，每个卵块有400～500粒卵，其上覆盖很厚的黄褐色绒毛。

(3)幼虫　初孵化时淡黄褐色。老熟幼虫体长60毫米左右。头大，淡黄褐色，散生黑点，正面有“八”字形纹。胸、腹部暗黑色，背线黄褐色，第一节至第十一节背面两侧各有1对半球形毛瘤，前5对蓝色，后6对橙红色，均着生棕黑色短毛。各体节的两侧另有较小的毛瘤，其上着生黄褐色长毛。

(4)蛹　纺锤形，黑褐色，体长20～25毫米，体表有黄色短毛(图8-18)。

3. 生活习性　1年发生1代，以卵块在树皮上及梯田的堰缝、石缝中越冬。翌年4月下旬开始孵化，幼虫于5月份为害最重，6月上中旬老熟化蛹。蛹期10～14天。成虫羽化期在6月中旬至7月上旬，6月下旬为羽化盛期。

幼虫雄虫6龄、雌虫7龄。一龄幼虫日夜生活于树上，群集于叶片背面，白天静止不动，夜间活动取食。幼虫受惊后则吐丝下

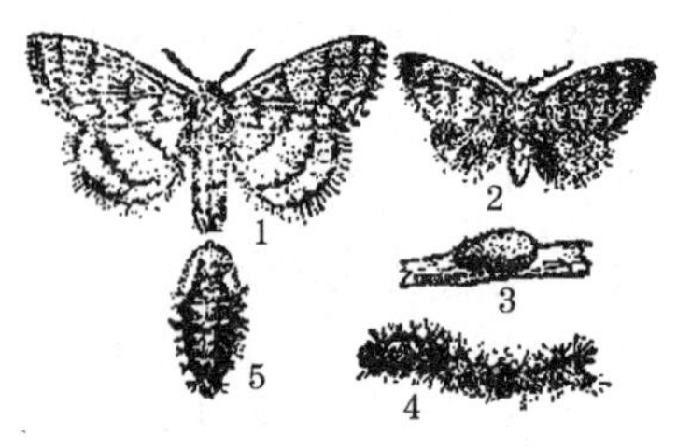

图 8-18 舞毒蛾

1. 雌成虫 2. 雄成虫 3. 卵块
4. 幼虫 5. 蛹

垂,可随风向其他树飘移传播。从第二龄幼虫开始,每天早晨爬到树皮裂缝中、树下石堆内及石堰缝中隐藏,傍晚则成群结队上树取食寄主的叶片。幼虫老熟后大多数爬到石堆内或石堰缝中化蛹,少数可在杂草中化蛹。平原地区的舞毒蛾幼虫多在树干或寄主附近的屋檐下化蛹。

4. 防治方法

(1)人工杀死 舞毒蛾幼虫有白天下树潜伏的习性,可在树下堆石块诱杀。

(2)人工杀卵 冬季将树皮上、地堰及石缝中的卵块挖出,集中消灭或置于纱笼中,来保护寄生蜂的正常羽化。

(3)树干刮皮涂药 将主干距地面 50～100 厘米处的粗皮刮去,择光滑区段用有效成分为溴氰菊酯和氰戊菊酯的松毛虫杀灭药剂,用涂棒涂上宽 1 厘米、间距 10 厘米的两圈药环。

(4)药剂防治 幼虫在三龄前于树上喷洒 2.5%溴氰菊酯乳油 4000～6000 倍液,或 75%辛硫磷乳油 2000 倍液。

(5)其他 幼虫在三龄前喷舞毒蛾核型多角体病毒。将受病毒感染的死虫尸体捣碎加水稀释 2000～3000 倍液喷雾防治。

十二、核桃扁叶甲

又名核桃叶甲、叶虫、金花虫。各核桃产区均有发生。

1. 为害症状　以成虫和幼虫群集咬食叶片为害为主，将叶片食成网状或缺刻，甚至全部吃光，仅留其主脉，似火烧，引起树势衰弱造成减产，严重时引起全株枯死。

2. 形态特征

(1)成虫　体扁平，略呈长方形，青蓝色至黑蓝色，长约 7 毫米。前胸背板的点刻不显著，两侧为黄褐色，且点刻较粗。翅鞘点刻粗大，纵列于翅面，有纵行棱纹。

(2)卵　黄绿色。

(3)幼虫　体黑色，胸部第一节为淡红色，以下各节为淡黑色。老熟时长约 10 毫米。

(4)蛹　墨黑色，胸部有灰白纹，腹部第二节至第三节两侧为黄白色，背面中央为灰褐色(图 8-19)。

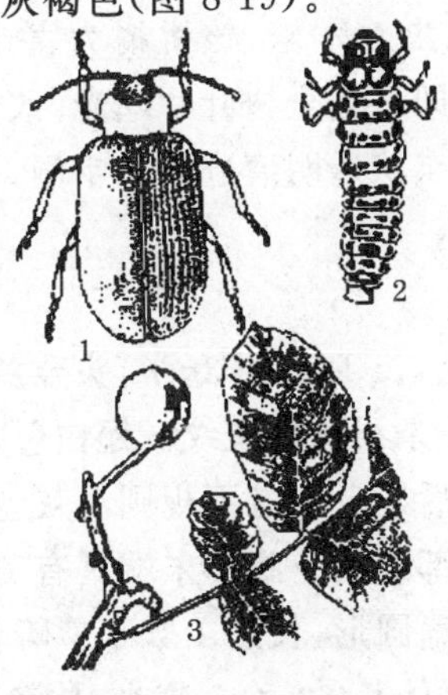

图 8-19　核桃扁叶甲

1. 成虫　2. 幼虫　3. 被害状

3. 生活习性 1年发生1代。以成虫在地面覆盖物中或树干基部粗皮缝内越冬。华北地区的成虫5月初开始活动,云南等地在4月上中旬上树取食叶片,并产卵于叶背面,幼虫孵化后群集叶背取食叶片,残留叶脉。5～6月份为成虫与幼虫同时为害期。

4. 防治方法

(1)消灭越冬虫源 在冬春季时,刮除树干基部老翘皮带出园地进行集中烧毁,去除越冬成虫。

(2)黑光灯诱杀 利用成虫的趋光性,4～5月份成虫上树时,用黑光灯诱杀成虫。

(3)药剂防治 4～6月份,喷40%硫酸烟碱水剂800倍液,或10%吡虫啉可湿性粉剂2000倍液,或10%氯氰菊酯乳油8000倍液防治成虫和幼虫,防治效果良好。

十三、木橑尺蠖

又名小大头虫、吊死鬼,是一种分布较广的杂食性害虫。

1. 为害症状 幼虫对木橑、核桃树为害十分严重,严重发生时,幼虫在3～5天内即可把全树叶片吃光,致使核桃减产,树势衰弱。受害叶片出现斑点状透明痕迹或小空洞。幼虫长大后沿叶缘吃成缺刻,或只留叶柄。

2. 形态特征

(1)成虫 体白色,长18～22毫米,头金黄色。胸部背面具有棕黄色鳞毛,中央有1条浅灰色斑纹。翅白色,前翅基部有1个近圆形黄棕色斑纹。前后翅上均有不规则浅灰色斑点。雌虫触角丝状,雄虫触角羽状,腹部细长。腹部末端具有黄棕色丛毛。

(2)卵 翠绿色,扁圆形,长约1毫米。孵化前为暗绿色。

(3)幼虫 老熟时体长60～85毫米,体色因寄主不同而有变化。头部密生小突起,体密布灰白色小斑点,虫体除首尾2节外,各节侧面均有1个灰白色圆形斑。

(4)蛹　纺锤形,初期翠绿色,最后变为黑褐色,体表布满小刻点。颅顶两侧有齿状突起,肛门及臀棘两侧有3块峰状突起(图8-20)。

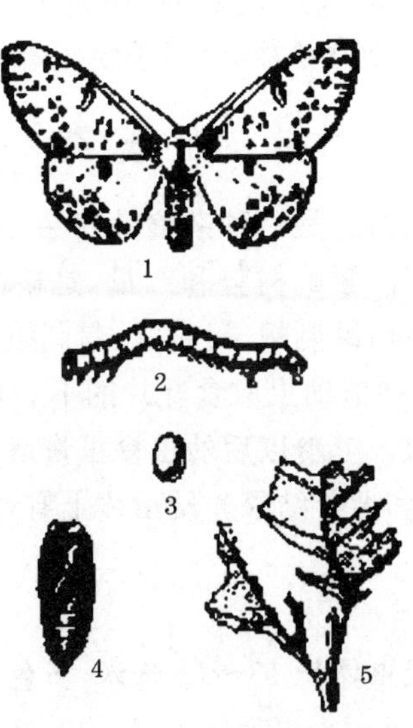

图8-20　木榛尺蠖

1. 成虫　2. 幼虫　3. 卵　4. 蛹　5. 为害状

3. 生活习性　每年发生1代,以蛹在树干周围土中或阴湿的石缝里或梯田壁内越冬。翌年5～8月份冬蛹羽化,7月中旬为羽化盛期。成虫出土后2～3天开始产卵,卵多产于寄生植物皮缝或石块上,幼虫发生期在7月至9月上旬。8月中旬至10月下旬老熟幼虫化蛹越冬。幼虫活泼,稍受惊动即吐丝下垂。成虫不活泼,喜晚间活动,有趋光性。

4. 防治方法

(1)灯光诱杀　于5～8月份成虫羽化期,用黑光灯诱杀或堆火诱杀成虫。

(2)人工挖蛹　早秋或早春,结合整地、修台堰等,在树盘内人工挖蛹集中杀死。

(3)药剂防治　幼虫孵化盛期,在树下喷下列任何一种药:10%溴氰菊酯乳油2000倍液,50%杀螟硫磷乳剂800倍液。

十四、刺蛾类

又名洋拉子、八角。是一种杂食性害虫。在全国各地均有分布。以幼虫取食叶片,影响树势和产量,是核桃叶部的重要害虫。刺蛾的种类有黄刺蛾、绿刺蛾、褐刺蛾、扁刺蛾等。

1. 为害症状　初龄幼虫取食叶片的下表皮和叶肉,仅留表皮层,叶面出现透明斑。三龄以后幼虫食虫量增大,把叶片吃成多孔洞,缺刻,影响树势和翌年结果。幼虫体上有毒毛,触及人体,会刺激皮肤发痒、发痛。

2. 形态特征

(1)黄刺蛾　成虫体长13～17毫米,黄色,触角丝状,棕褐色。老熟幼虫黄绿色,体长18～25毫米,宽约8毫米,体背上具2个哑铃形紫褐色大斑纹。身体上具枝刺,刺上具毒毛。卵扁椭圆形、扁平,淡黄色,长1.4毫米。茧椭圆形,长约12毫米。质地坚硬,灰白色,具黑褐色纵条纹。

(2)绿刺蛾　成虫体长13～17毫米,黄绿色。翅基棕色,近外缘有黄褐色宽带。卵扁椭圆形,翠绿色。幼虫体长约25毫米,体黄绿色。背具有10对刺瘤,各生毒毛,后胸亚背线毒毛红色,背线红色,前胸有1对黑色突刺,腹末有蓝黑色毒毛4丛。茧椭圆形,栗棕色。

(3)扁刺蛾　成虫体长约17毫米,体刺灰褐色。前翅有1条明显暗褐色斜线,线内色淡,后翅暗灰褐色。卵椭圆形,扁平。幼虫体长26毫米,黄绿色,扁椭圆形。背面稍隆起,背面白线贯穿头尾。虫体两侧边缘有瘤状刺突各10个,第四节背面有1个红点。

茧长椭圆形，黑褐色。

(4)褐刺蛾　成虫体长约 18 毫米，灰褐色。前翅棕褐色，有 2 条深褐色弧形线，两线之间色淡，在外横线与臀角间有 1 个紫铜色三角斑。卵扁平，椭圆形，黄色。幼虫体长约 35 毫米，体绿色。背面及侧面天蓝色，各体节刺瘤着生红棕色刺毛，以第三胸节及腹部背面 1，5，8，9 节刺瘤最长。茧广椭圆形，灰褐色(图 8-21)。

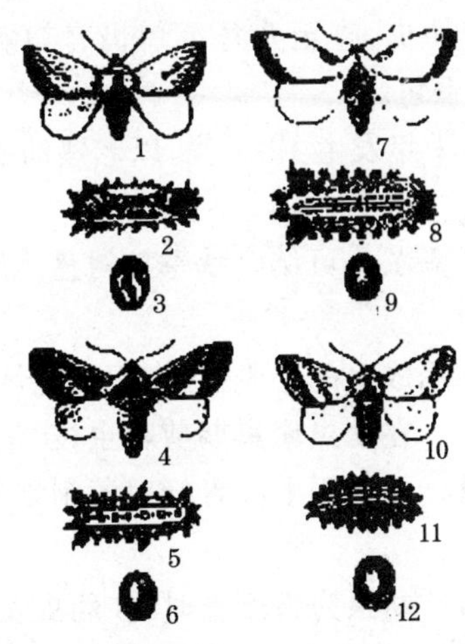

图 8-21　刺　蛾

1～3. 黄刺蛾(1. 成虫　2. 幼虫　3. 茧)　4～6. 褐边绿刺蛾(4. 成虫　5. 幼虫　6. 茧)　7～9. 褐刺蛾(7. 成虫　8. 幼虫　9. 茧)　10～12. 扁刺蛾(10. 成虫　11. 幼虫　12. 茧)

3. 生活习性

(1)黄刺蛾　在东北、山东和河北北部等地，1 年发生 1 代；长江流域、河南、河北南部和陕西等地，1 年发生 2 代。以老熟幼虫在树杈处、小枝上或树干粗皮上结茧越冬。翌年 5～6 月份化蛹，6 月中旬至 7 月中旬羽化为成虫，8 月中旬第一代羽化成虫产卵，第二代幼虫为害至 10 月份。成虫具有趋光性。

(2)绿刺蛾　1年发生1～3代,以老熟幼虫在树干基部结茧越冬。成虫于6月上中旬开始羽化,末期在7月中旬。8月份是幼虫为害盛期。成虫的趋光性较强,夜间活动。初孵幼虫有群集性。

(3)扁刺蛾　1年发生2～3代,以老熟幼虫在土中结茧越冬。6月上旬开始羽化为成虫。成虫有趋光性。幼虫发生期很不整齐,6月中旬出现幼虫,直至8月上旬仍有初孵幼虫出现,幼虫为害盛期在8月中下旬。

(4)褐刺蛾　1年发生1～2代,以老熟幼虫结茧在土中越冬。

4. 防治方法

(1)消灭越冬虫茧　可结合秋季挖树盘施肥,冬季修剪等消除越冬虫茧。

(2)诱杀　利用成虫的趋光性,利用黑色灯光诱杀成虫

(3)人工捕杀　在幼虫聚集期剪除虫枝,集中烧毁。

(4)保护天敌　可利用上海青蜂对黄刺蛾茧寄生的特性,消灭黄刺蛾的越冬茧。

(5)药剂防治　幼虫为害严重时,在幼虫发生期用苏云金杆菌或青虫菌500倍液,或25%灭幼脲3号胶悬剂1000倍液,或50%辛硫磷乳油100倍液,或90%敌百虫晶体1500倍液,或48%毒死蜱乳油1500倍液,或用每克含100亿个以上孢子的青虫菌粉剂1000倍液喷雾。

十五、铜绿金龟子

又名铜绿丽金龟。属于鞘翅目、丽金龟科。

1. 为害症状　在我国吉林、辽宁、河北、河南、山东、山西、陕西、湖南、湖北、江西、安徽、江苏和浙江等地均有分布。以成虫取食核桃、苹果、枫杨、杨、柳、榆、栎等多种植物,常常导致大片树木叶片被吃光,尤以幼树受害严重。幼虫(蛴螬)为害植物的根部。

2. 形态特征

(1)成虫　体长约19毫米，宽9～10毫米，椭圆形。身体背面包括前胸背板、中胸小盾片和鞘翅均有铜绿色，有金属光泽。额及前胸背板两侧缘黄色。触角鳃叶状，浅黄褐色。鞘翅上有不明显的3条隆线。虫体的腹面和足的大部分均为黄褐色。

(2)卵　卵圆形，长约2毫米。初为乳白色，后渐变成淡黄色，表面光滑。

(3)幼虫　老熟幼虫体长约40毫米，头黄褐色，胸、腹部乳白色。腹部末节腹面除钩状毛外，尚有排成2纵列的刺状毛14～15对。

(4)蛹　裸蛹，初期白色，后逐渐变为淡褐色(图8-22)。

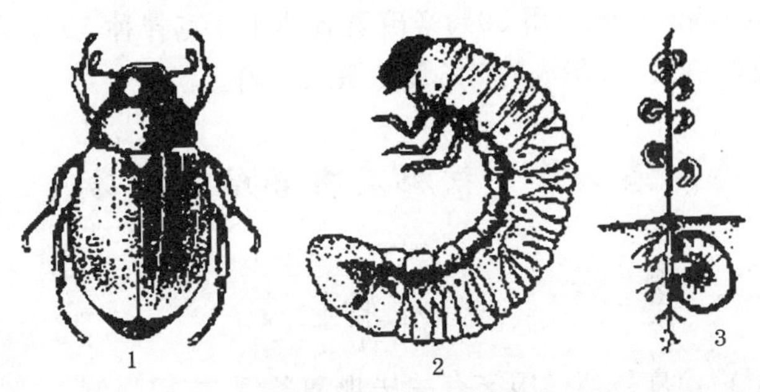

图8-22　铜绿金龟子

1. 成虫　2. 幼虫　3. 幼虫为害状

3. 生活习性　1年发生1代，以幼虫在土壤内越冬。翌年5月份幼虫老熟，在土室内化蛹，6～7月份为成虫出土为害期，7月中旬后逐渐减少，8月下旬终止。主要为害期40天左右。成虫具有较强的假死性和趋光性，多在傍晚18～19时飞出，交尾产卵，20时以后进行为害，凌晨3～4时又重新到土中潜伏。成虫喜栖息在疏松、潮湿的土壤里，潜入深度一般在7厘米左右。成虫于6月中旬开始产卵，多散产于树下的土壤内或大豆、花生地里，卵期为 10 天左右。7 月上旬第一代幼虫，取食寄主植物的根部，到 10 月上中旬幼虫开始向土壤深处转移、越冬。

4. 防治方法

(1)人工防治　于 6 月份成虫大量发生期，傍晚利用成虫假死性，进行敲树震虫，树下用塑料布接虫，集中将其消灭。

(2)物理诱杀　利用成虫的趋光性，6～7 月份用黑光灯进行诱杀成虫。

(3)药剂防治　成虫大量发生的年份，6～7 月份是成虫为害的高峰期，可用 50%马拉硫磷乳油 800～1000 倍液，或 50%辛硫磷乳油 800～1000 倍液在树冠上喷雾进行防治。

(4)防治蛴螬　用 50%辛硫磷乳油 100 克拌种 50 千克；或拌 1 千克炉渣后，将制成的 5%毒砂撒入土内。

第三节　核桃病虫害综合防治

一、植物检疫

植物检疫是遵循国家有关法规和条例，应用强制手段和科学方法，预防和阻断危险性病虫杂草从国外传入国内或国内某些地区间传播。为防止病虫害的出现，在果园定植、高接换种和引进种苗时应加强植物检疫工作，严格把关，禁止将带有检疫性病虫害的苗木、接穗引进我国。选择抗病虫和免疫力强的品种，提高自身的保护能力。涉及落叶果树植物检疫对象有 3 类，一类有害生物有地中海实蝇、苹果蛾、梨火疫病；二类有害生物有美国白蛾、日本金龟子、苹果根瘤蚜、李属坏死斑病毒；三类有害生物共 109 种，其中包括苹果绵蚜和李痘病毒。地中海实蝇是世界公认的最具毁灭性的农业害虫，至今国内尚无此虫。梨火疫病也可为害苹果，是一种毁灭性病害。美国白蛾是一种世界性检疫对象。日本金龟子是一种杂食性害虫，寄主多达300多种。

二、农业防治

农业防治是根据农业生态环境与病虫害发生的关系，通过改善和改善生态环境，合理应用品种抗病虫性及一系列的栽培管理技术，有目的地改变核桃园生态系统中某些因素，使之有利于有益生物的生存，抑制病害的侵染、扩展和控制害虫的种群增长速度，达到控制病虫发生，减轻危害程度，获得生产优质、安全农产品的目的。

农业生态控制技术方法灵活、多样、经济、简便，在作物生产期内，结合生态环境，栽培管理，不需要特殊的设备和器材，不用增加劳动投资与生产费用，即可收到很好的控制效果。更为突出的是农业生态防治不存在杀伤天敌、农药残留和环境污染等问题。这些特点就决定了农业生态控制技术在无公害核桃生产过程中的重要地位。

1. 选育抗病虫品种　选育抗病虫品种是预防病虫的重要一环，同一树种由于经过长期的自然选择和人工选择，形成了各种不同的品种，其性状不同、抗病虫的能力也不同。

核桃抗病育种与其他果树比较，进展相对滞后。这是因为我国的晚实核桃较少发生病害，加之以实生树为主的核桃园在抗病性上各有不同的生理机制，因此，实生群体相对地具有较强的抗病能力。随着品种化栽培以及早实核桃栽培面积的扩大，病害日渐严重。我国曾有过以枫杨、核桃楸等作砧木的经验。枫杨作砧木时，表现树体生长旺盛，但常发生后期不亲和，且不同种类的枫杨嫁接亲和力差异甚大，故国内未能成功地推广。而美国却有小片的以中国枫杨嫁接的核桃园。核桃楸作砧木仅限于野生核桃楸林的改造，曾在北京及河北部分山区采用。但因核桃楸生长缓慢，易形成"小脚"现象，也未成为核桃的主要砧木。云南省多用铁核桃作砧木嫁接泡核桃，至今仍在广泛应用。欧美各国采用黑核桃(J. nigra)、北加州黑核桃(J. hindsii)以及一些种间杂种，如奇异核桃(Paradox)作砧木，以增强抗逆性与抗病能力，并取得了一定成效。我国华北核桃抗病，新疆核桃引入华北后病害发生较严重，中国林业科学研究院利用华北核桃和新疆核桃进行杂交，对试验的第一代杂种苗抗病性的田间测定，子代的发病程度有减轻的趋势，而且个体间的差异较大。抗病遗传基因较为复杂，目前已成为世界核桃育种的主要目标之一，应继续深入研究华北核桃资源抗病性机制，筛选抗病基因。

2. 合理栽植　栽培措施必须与核桃的生长保持一致，因为只有满足核桃生长发育要求，同时兼顾到防治病虫害发生的技术措施，才能达到速生、丰产、优质的目的。合理栽植是防治病虫害的重要措施。

(1)园地选择　在核桃定植以前，首先要做好园地选择和规划工作，选择适宜栽植核桃的土壤及环境，使树体生长健壮，以免除或减少病虫害的危害。当核桃栽植在过分黏重的土壤中时，根群不能正常生长，树势必然衰弱，若栽植于土壤瘠薄的山坡上，水土流失严重，根系外露，树势较弱。弱树抵抗病虫为害的能力差，从而容易出现病虫害。因此，建立核桃园之前，选择适宜的立地条件非常重要。做好核桃园规划，加强核桃园管理，为树体创造良好的生长条件。另外，应对土壤的病虫害进行调查，地下病虫害严重时，先防治再栽植。栽植前，深耕、细整，防止园内积水，减轻根部病害和落叶病害发生。同时为今后的病虫防治工作，打下良好的基础。

(2)树种配置　选用抗病虫品种和健壮无病虫的苗木定植，苗木要整齐一致，保持一定的株行距，有利于通风透光和机械化作业。在核桃园间作绿肥及矮秆作物，以提高土壤肥力，丰富物种多样性，增加天敌数量。

3. 加强管理　大部分核桃园立地条件较差，土质瘠薄，缺乏养分和水分，要获得核桃的优质高产，必须改变管理模式，把粗放管理模式转变为集约管理模式，适时适度修剪，控制负载，加强土、肥、水管理，增强树势，提高抗性，消灭病虫来源。核桃举肢蛾的发生与环境有直接关系，凡核桃树不耕种、杂草丛生的，核桃举肢蛾就发生严重。当树下进行冬翻、夏季轻耕或种植农作物的，核桃举肢蛾为害就较轻。春季通过刨树盘，铲除杂草，疏松土壤，可减轻核桃举肢蛾的发生，并能消灭在地下越冬害虫的基数，也可减少褐斑病、白粉病等病原，同时提高树体对腐烂病等多种病害的抵抗力。通过冬季修剪改善树体结构，增加结果部位，同时可将在枝条上越冬的卵、幼虫、越冬茧等剪去，以减轻翌年的为害；利用夏剪可改善树体通风透光条件，减少树干腐烂病、落叶病等的发生和蔓延。减少农药在核桃果中的残留，是生产无公害果品的一项关键技术。

4. 清洁核桃园　被病虫危害的枯枝落叶、病果，常是病虫害翌年的危害来源，秋末冬初彻底清除落叶和杂草，消灭在其上越冬的黑斑病、炭疽病菌源。及时摘除白粉病叶芽，生长季节及时检查、清理果园内受黑斑病、褐斑病以及核桃举肢蛾、核桃吉丁虫为害的枝条，刮除核桃吉丁虫为害的虫斑，集中深埋或销毁。

三、化学（药剂）防治

通过化学农药对病虫害进行防治的方法称为化学防治法，即药剂防治法。目前，化学农药对病虫害的防治，特别是在病虫害大发生时的防治，仍具有不可替代的作用，是目前病虫害防治的最主要方法。害虫的化学防治应注重农药品种的选择。从减少害虫对农药的抗药性，保护生态环境，生产出绿色果品为出发点，严格执行《农药合理使用准则》，尽量少用或不用对人畜和自然环境不利的化学农药，推广矿物源、植物源、生物农药和昆虫生长调节剂，把病虫害的危害控制在经济允许水平以下。

四、生物防治

生物防治方法以对树体无害为前提，坚持以虫治虫，以菌治虫，以鸟治虫的原则，利用寄生性天敌、捕食性天敌或病原微生物及其产品等来控制害虫密度或抑制病原菌扩展蔓延，从而达到减轻核桃园病虫危害。害虫天敌主要通过直接捕食害虫或寄生于害虫体内来消灭害虫。核桃害虫较为常见的寄生性天敌有寄生蜂、寄生蝇等；较常见的捕食性天敌有瓢虫、草蛉、食虫椿象、捕食性螨等。

1. 天敌的保护和利用 核桃园中的害虫天敌有200多种，常见的也有10多种。在果园生态系统中，物种之间存在着既相互制约又相互依存的关系，由于害虫自然天敌的存在，一些潜在的害虫受到抑制，能使果园虫害种群数量维持在为害水平之下，不表现或无明显的虫害特征。因此，在果园中害虫的天敌对害虫的密度和蔓延起到了减少和抑制作用。在无公害果品生产中，应尽量发挥天敌的自然控制作用，避免采取对天敌有伤害的病虫害防治措施，尤其要限制广谱有机合成农药的使用，同时改善果园生态环境，保持生物多样性，为天敌提供转换寄主和良好的繁衍场所，在使用化学农药时，尽量选择对天敌伤害小的选择性农药。秋季在天敌越冬前，在枝干上绑草把、旧报纸等，为天敌创造一个良好的越冬场所，诱集果园周围作物上的天敌来果园越冬。冬季刮树皮时注意保护翘皮内的天敌，生长季节将刮掉的树皮妥为保存，放进天敌释放箱内，让寄生天敌自然飞出，增加果园中天敌数量。

2. 人工饲养和释放天敌 人工释放松毛虫赤眼蜂防治刺蛾等叶部害虫十分成功。目前赤眼蜂人工卵已可进行半机械化生产。在卷叶蛾为害率5%的果园，第一代卵发生期连续释放赤眼蜂 3～4 次，可有效控制其为害。

3. 从国外引进天敌　我国 20 世纪 50 年代初引进澳洲瓢虫，在广州市郊柑橘园释放，1 年后吹绵蚧受到控制。引进日光蜂防治绵蚜，也取得较好效果。中国农业科学院生物防治研究所引进抗有机磷农药的捕食螨，西方盲走螨防治苹果园叶螨，效果十分显著，这些措施均可在核桃园使用。与化学农药防治相比，不但具有保护生态环境等多方面好处，而且还是一项高效益的防治策略。美国近 80 年的统计资料表明，投资和收益比率，天敌引种为 1∶30，而化学药剂仅为 1∶5。

4. 利用昆虫激素防治害虫　利用昆虫激素防治果树害虫，在果树生产中广泛应用，昆虫激素可分为外激素和内激素 2 种。外激素是昆虫分泌出的一种挥发性物质，如性外激素和告警外激素。内激素是昆虫分泌在体内的化学物质，用来调节发育和变态的进程，如保幼激素、蜕皮激素和脑激素。性外激素在果树害虫防治工作中比内激素的使用范围更为广泛，昆虫主要是通过嗅觉和听觉求得配偶。人为的采用性外激素大量诱集雌虫，使雌虫失去交尾机会，从而不能繁殖，达到防治害虫的目的。通常使用的方法有：

（1）诱捕法　把羽化后尚未交尾的雌虫腹末 3 节剪下，浸在二氯甲烷、乙醚、丙酮、苯等溶液中，将组织捣碎滤出残渣，然后蒸去滤液中的溶剂，即可得初提物，将粗提物用于喷洒。

（2）性诱剂迷向法　在昆虫交尾期间，通过释放大量昆虫性外激素物质或含性引诱剂的诱芯，与自然条件下昆虫释放的性外激素产生竞争，中断雌雄个体间的性信息联系，以降低虫口密度、减少后代繁殖量。应用性诱剂迷向法防治害虫，需要在成虫交尾活动层空间，存在稳定的生态小气候环境，便于性诱剂气体物质滞留，对雌雄个体间的交尾联系起到干扰作用，使雄蛾几乎找不到雌蛾进行交尾，交尾率显著下降。

性诱剂是一种仿生的化合物，无毒无公害，成本低廉，使用方便，用它来防治害虫，可减少因滥施农药而造成中毒事件的发生和减轻环境污染，增强自然天敌的控制作用，保护生态平衡，有利于促进农业的可持续发展。性诱剂具有以下优点：一是活性强，灵敏度高，一个诱芯能引诱几十米、几百米远的雄蛾；二是专一性强，选择性高，只对特定害虫发生作用；三是用法简单，价格低廉，每 667 平方米地用 1～2 个诱芯，有效诱蛾时间达 1 个月，可防治一个世代的蛾子；四是无毒无害，污染小，属于仿生农药，不污染环境，对人畜、天敌和作物无毒，无须直接喷施，长期使用不产生抗药性。

性诱剂还能够更加准确地预测预报虫情，它作为工具和手段，既是有效的防治措施，又可有效地指导害虫的综合防治。

一般在果园中把性诱剂，用铁丝扎好，置于加有少许洗衣粉的水盆上；在田间安放一定数量比雌蛾释放性外激素浓度高的性诱剂诱芯及诱捕器，引诱雄蛾前来交尾，将大量雄蛾直接杀死在诱捕器中，减少雄蛾的数量及降低雌蛾的交尾能力。诱杀防治能取得良好效果，经过诱杀大量的雄蛾，改变了自然的性比，使性比失调，造成相当部分的雌蛾得不到交尾的机会而不育，雌蛾的产卵密度下降，繁殖量明显减少，使虫害减轻而达到防治目的。

（3）利用微生物或其代谢产物防治病虫　利用真菌、细菌、放线菌、病毒、线虫等有害微生物或其代谢产物防治果树病虫，喷洒 Bt 乳剂或青虫菌 6 号 800 倍液，对防治核桃刺蛾、尺蠖、潜叶蛾、毒蛾、天幕毛虫等多种鳞翅目初孵幼虫有较好防效。用农抗 120 防治核桃树腐烂病，具有复发率低、愈合快、用药少、成本低等优点。

五、物理防治

是利用害虫对温度、光、热等物理现象的不同反应以及水、机械等方面的作用来消灭病虫的方法，以此达到抑制病虫的生长繁殖，消灭病虫之目的。如利用糖醋液、灯光诱杀虫害；7 月份在树干上绑草把，11月份把草把取下烧毁，消灭越冬幼虫；摘除卵块，挖虫蛹；利用成虫的假死性震落树上的成虫，加以捕杀；人工或机械除草；采用高分子膜保护枝干等。

1. 黑光灯诱杀　有些害虫喜欢在夜间活动，并对黑光灯有明显的趋性，可利用此习性，设置黑光灯诱杀成虫。黑光灯能诱杀百余种害虫，其中有严重为害核桃树的如枯叶蛾、毒蛾、卷叶蛾、金龟子、木蠹蛾、地老虎、天牛等害虫。这些害虫的活动时间有一定的规律，有的上半夜活动，有的下半夜活动。为了充分诱杀各类害虫，应全夜亮灯。若只为诱杀某一种害虫，可根据该虫活动规律适时开灯。

黑光灯在诱杀害虫的同时，也诱杀了一些天敌昆虫。所以此法只有在核桃园害虫大面积成灾的情况下才采用。

2. 利用害虫的趋化性，配制毒饵诱杀害虫　比如可配糖醋液（适量杀虫剂、糖6份、醋3份、酒1份、水10份），诱杀小地老虎。

3. 利用害虫的假死性捕杀害虫　利用金龟子等的假死性，清晨或傍晚摇动树干，害虫落地后将其捕杀。

4. 越冬前诱集害虫，翌年集中消灭　利用一些害虫在树皮裂缝中越冬的习性，在树干上束草，绑破布和废报纸等，诱集害虫越冬，翌年害虫出蛰前集中消灭。

5. 冬季树干涂白　可防日灼、冻裂，也可阻止芳香木蠹蛾、天牛等害虫产卵为害。

6. 温汤浸种　温汤浸种是核桃病虫害防治较常用的一种物理防治方法。核桃育苗时，在适当的温汤中浸种，既可杀菌，又可杀死核桃中的害虫。浸泡时间的长短应根据水温的高低决定，以能杀死果实中的害虫而又不影响核桃的食用和发芽为原则。

第四节 农药使用标准及禁用、限用农药

一、农药使用标准

目前,使用农药对病虫害防治,特别是在病虫害大发生与大流行时的防治,仍具有重要的作用,是目前病虫害防治的最主要的方法。合理地使用农药,能有效地控制病虫害的发生和流行,减少病虫害对农药的抗药性,保护生态环境,生产出无污染、低残留的绿色果品。要使农药充分发挥药效,必须根据农药防治病虫害的机理,采用科学施药技术,尽量少用农药,而能收到好的防治效果。

首先,我们要充分了解病虫害发生的规律,做到提前预防。病虫害的发生要经历一个过程,但应以不受经济损失或不影响产量为标准。不同的病虫害发生部位不同,在防治中用药时要根据不同病虫害的特点做到:重点部位喷到、喷细。如白粉病、蚜虫多发生在顶梢,顶梢部位应该重点喷布;红蜘蛛初发期在叶背为害,此时就应重点对叶背喷布农药。

其次,要把握好农药的使用剂量,严格按照说明书提供的剂量使用农药。各种农药对防治对象所用的药量都是经过科研试验而制定的,生产中要严格根据说明书提供的用量使用,不要随意增减。增大用药量,不但浪费农药,而且容易产生药害,增加核桃果品中农药的残留量,污染环境,影响消费者的身体健康;减少用药量,达不到预期效果,不但浪费农药,而且误工、误时、误事。初用药时,按照说明书上药量的下限用药,随用药年限增加,用药量向药剂量的上限不断增加。

再次,农药使用时,几种药要交替轮换使用,不要长期使用单一品种的药剂,尽量使用复配药。长期使用单一的药剂,病虫害容易产生抗性群体,造成果园中病虫害发生与用药量的恶性循环,最

终增加核桃果实中的农药残留量。轮换用药时,要选用作用机制不同的药剂。如生物制剂、拟除虫菊酯制剂、有机氮制剂、氨基甲酸酯制剂可以轮换使用;内吸杀菌剂宜与代森类、无机硫制剂、铜制剂轮换使用。这些均是有效延缓病虫害产生抗药性的良好途径。

另外,农药使用时,还要注意严格按照国家制定的安全间隔期标准使用。核桃近熟时喷药,要经过农药的安全间隔期后才能采收上市,以保证生产出的核桃达到无污染、低残留的绿色果品标准。一般农药的安全间隔期为 7～15 天。

二、禁用农药

禁止使用剧毒、高毒、高残留的农药和致癌、致畸、致突变的农药,核桃生产中不得使用国家明令禁止使用的化学农药,如久效磷、对柳磷、甲基对硫磷、水胺硫磷、甲胺磷、三氯杀螨醇、杀虫脒、六六六、滴滴涕、福美胂、砷酸钙、砷酸铅、甲基胂酸锌、甲基胂酸铵、福美甲胂、薯瘟锡、三苯基氯化锡、毒菌锡、西力生、醋酸苯汞、氟化钙、氟乙酸钠、氟乙酰胺、氟铝酸钠、氟硅酸钠、林丹、艾氏剂、狄氏剂、二溴乙烷、二溴氯丙烷、甲拌磷、乙拌磷、甲基异柳磷、氧化乐果、氧化菊酯、磷胺、克百威、涕灭威、灭多威、溴甲烷、五氯硝基苯、杀扑磷。

三、允许、限用农药

允许使用低毒、低残留化学农药,如吡虫啉、马拉硫磷、辛硫磷、敌百虫、双甲脒、噻螨酮、克螨特、螨死净、菌毒清、代森锰锌类、新星(福星)、甲基硫菌灵、多菌灵、异菌脲、甲霜灵、百菌清、福美双、炭疽福美.乙膦铝、毒死蜱、抗蚜威、甲萘威、丙硫克百威、丁硫克百威(好年冬)、敌敌畏、亚胺硫磷、杀螟硫磷、乙酰甲胺磷、三唑酮、倍硫磷、喹硫磷、溴丙磷、哒嗪硫磷、氯唑磷、甲氰菊酯、氟氯氰菊酯、贝塔氯氰菊酯、氰戊菊酯、高效氯氰菊酯、顺式氰戊菊酯、顺式氯氰菊酯、联苯菊酯、氯化苦、杀螟丹、杀虫双、杀虫丹。

允许使用植物源农药、动物源农药、微生物源农药、矿物源农药中的硫制剂与铜制剂。允许有限度地使用部分有机合成化学农药，对一些低毒和个别中毒农药的种类、施药量、使用方法、使用次数，距采收间隔天数与允许的最终残留量等有严格限制。如低毒农药异菌脲，其50%可湿性粉剂1000～1500倍液，允许喷雾1次，但需距采收20天以上使用，允许每千克苹果有残留2毫克以下；中毒农药溴氰菊酯，其2.5%乳油1250～2500倍液，允许喷雾1次，需距采收30天以上使用。

第九章　果实处理及加工技术

核桃坚果品质除受品种特性和栽培管理水平影响之外，还与采收后的一系列处理和加工方法有关。通常，果实采收后须经脱皮、漂洗、干燥、取仁、分级、贮藏等处理，才能成为用途各异的商品。

第一节　脱青皮(果皮)

核桃果实采收后，应尽快脱掉坚果外面青皮(总苞或果皮)，以保持坚果面洁净，增加商品外观品质。脱青皮的方法如下。

一、传统堆沤脱皮法

将采后未脱皮果放到阴凉处或通风室内(严禁在室外阳光下暴晒，以免核仁发热变色变质)，然后将青皮果堆成50厘米左右高的脱皮堆，堆上覆盖厚10厘米左右的秸秆、杂草，以提高堆内温度促进皮核脱离。经4～6天，当青皮膨胀或出现绽裂时，用木棍敲击使青皮裂开坚果脱出。部分不能脱皮的果实应再集中堆沤数日，直到全部脱皮为止。堆沤时间长短与果实成熟度有关，成熟度越高，需要堆沤时间越短。为防止青皮腐烂变黑污染坚果，切勿堆沤时间过长以至青皮变黑，汁液污染坚果壳皮和核仁。

二、乙烯利脱青皮

将已达成熟和刚采下的果实，用3000～5000毫克/千克的乙烯利浸蘸青皮果半分钟，也可用喷雾器向青皮果喷洒上述浓度乙烯利，然后充分搅拌使每果均蘸有。再将蘸有乙烯利的青皮果堆成50厘米厚的果堆，上面适当覆盖些保湿秸秆，使堆内温度保持在30℃和80%～90%的湿度，一般经过2天青皮即可“离核”膨胀，开始脱掉青皮，3～4天离皮率可达95%以上。采用乙烯利脱青使用浓度、处理时间与果实成熟度有密切关系，果实成熟度越高，用药浓度应低，催熟和脱皮所需时间越短。此外，用乙烯利脱青皮时必须有良好的通气条件，以保持核桃果实的正常呼吸作用。

第二节 洗涤和漂白

青果脱皮后应及时洗净坚果表面残留的腐烂青皮、泥土和其他污物。洗涤坚果的方法分人工洗果法和机械洗果法。人工洗果法是将脱青皮果装在筐内并将筐放在流水和水池中，边浸泡边搅拌，并及时换水清洗，但不宜洗涤时间过长，以免水中污物进入核内污染核仁，洗涤后的坚果若国内销售可不进行漂白，直接放在室外苇席上晾晒。若以外销为目的，经过洗涤的坚果应进行漂白处理。漂白用陶瓷缸，首先将次氯酸钠溶液溶于药液重4～6倍的清水中(缸内)，配成漂白液，再将洗净的湿坚果倒入缸内漂白液中，使漂白液淹没坚果，随即用木棍充分搅拌4～5分钟，坚果表面变为白色时，停止搅拌捞出，用清水冲洗坚果表面残留的漂白液，置苇席上晾晒。

用作播种用的核桃坚果，脱青皮后不需水洗和漂白，可直接晾干后贮藏备用。

第三节 坚果干燥

经过漂洗的坚果，不宜立即放在直射阳光下暴晒，应放在通风处待大部分坚果表皮干燥无水时，再移到阳光下摊开晾晒，以免带水坚果在日光暴晒下壳皮翘裂，造成污染，降低商品质量。晾晒坚果的厚度以2层坚果为宜，并应经常翻动，达到干燥均匀，颜色一致，通常经过5～7天即可晾干，干燥坚果含水率应该低于8%，晾晒气温不宜超过43℃。

除自然晾晒外，秋雨连绵时，也可用火炕烘干。坚果的摊放厚度以不超过5厘米为宜，过厚不便翻动，烘烤也不均匀，易出现上湿下焦；薄果更易烤焦或裂果。烘烤温度至关重要，刚上炕时坚果湿度大，烤房温度以25℃～30℃为宜，同时要打开天窗，让大量水分蒸发排出。当烤至四五成干时，关闭天窗，将温度升到35℃～40℃；待坚果七八成干时，降低温度至30℃左右，最后用文火烤干为止。果实上炕后到大量水汽排出之前，不宜翻动果实，经烘烤10小时左右，壳面无水时才可翻动，越接近干燥，翻动越勤，最后阶段每隔2小时翻动1次。

第四节　分　级

核桃坚果市场价格的高低主要取决于坚果大小，坚果愈大价格愈高。根据外贸出口的要求，以坚果直径大小为主要指标。通常将商品坚果分为四等，＞30毫米为一等，28～30毫米为二等，26～28毫米为三等，直径达不到26毫米者为等外果。此外，要求坚果表面光洁，干燥，成品内不许有杂质，烂果、虫蛀果及破裂果不超过10%。

1987年国家标准局发布的《核桃丰产与坚果品质》标准中，以坚果外观、单果重、取仁难易、种仁颜色与饱满程度、核壳厚度、出仁率及风味等8项指标将核桃坚果品质划分为优级、一级、二级、三级4个等级。标准中还明确规定露仁、缝合线开裂、果面或种仁有黑斑的坚果超过抽检样品数量的10%时，不能评为优级与一级；抽检样品中夹仁果超过5%时列为等外果。

第五节　取仁方法及核仁分级

核桃取仁是核桃加工过程中的一个重要环节，随着生产的发展，机械取仁已成为加工行业和生产者的共同愿望。近些年，河南省林业科学研究所及其他科研单位和生产厂家先后研制出多种取仁机械的样机，在试用过程中因受多种条件所限，迄今未能在生产中推广应用。目前，手工砸取仍是我国核桃取仁的主要方法。

用于外贸出口的核桃仁主要依其颜色及完整程度分为白头路、白二路、白三路、浅头路、浅二路、浅三路、混四路、深三路等8个等级。

第六节　包装与标志

核桃用麻袋包装，每件净重45千克，装核桃的麻袋要结实、干燥、完整、整洁卫生、无毒、无污染、无异味。提倡用纸箱包装，装袋外应系挂卡片，纸箱上要贴上标签，标明品名、产品标准编号、品种、等级、净重、产地、包装日期、保质期、封装人员姓名或代号等。

第七节　坚果贮藏

核桃坚果的贮藏方法随贮藏数量与贮藏时间长短而异。一般可分为普通室内贮藏法和低温贮藏法，普通室内贮藏法又可分为干藏法和湿藏法。

一、普通室内贮藏法

1. 干藏法　将脱去青皮的核桃置于干燥通风处阴干，晾至坚果的隔膜一折即断、种皮与种仁分离不易、种仁颜色内外一致时，便可贮藏。将干燥的核桃装在麻袋中，放在通风、阴凉、光线不直接射到的房内。贮藏期间要防止鼠害、霉烂和发热等现象的发生。

2. 湿藏法　在地势高燥、排水良好、背阴避风处挖 1 条深 1 米、宽 0.5～1 米、长随贮藏量而定的沟。沟底先铺一层 10 厘米左右厚的洁净湿沙，沙的湿度以手捏成团但不出水为度。然后一层核桃 1 层沙地铺上，沟壁和核桃之间以湿沙充填，不留空隙，至距沟口 20 厘米左右时，再盖湿沙与地面平，沙上培土呈屋脊形，其跨度大于沟的宽度的四周开排水沟，避免雨水渗入太多，造成湿度过高，易使核桃霉烂。沟长超过 2 米时，在贮核桃时应每隔 2 米竖一把扎紧的稻草作通气孔用，草把高度以露出“屋脊”为度。“屋脊”的培土厚度随天气而变化，冬季寒冷地区要培得厚些。

二、低温贮藏法

长期贮存核桃应有低温条件。如贮量不多，可将坚果封入聚乙烯袋中，贮存在 0℃～5℃的冰箱中，可保存良好品质 2 年以上。在有条件的地方，大量贮存可用麻袋包装，贮存在 0℃～1℃的低温冷库中，效果更好。

在无冷库的地方，也可用塑料薄膜帐密封贮藏。具体做法是：选用 0.2～0.23 毫米厚的聚乙烯膜做成帐，帐的大小和形状可根据存贮数量和仓贮条件设置，然后将晾干的核桃封于帐内贮藏，帐内含氧量在 2%以下。北方冬季气温低，空气干燥，秋季入帐的核桃，不需立即密封，待翌年 2 月下旬气温逐渐回升时再进行密封。密封应选择低温、干燥的天气进行，使帐内空气相对湿度不高于 50%～60%，以防密封后霉变。南方秋末冬初气温高，空气湿度大，核桃入帐时必须加吸湿剂，并尽量降低贮藏室内的温度。当春末夏初，气温上升时，在密封的帐内贮藏亦不安全，这时可配合充二氧化碳或充氮降氧法。充二氧化碳可使帐内的二氧化碳浓度升高，既能抑制呼吸，减少损耗，又可抑制霉菌的活动，防止霉烂。如果二氧化碳浓度达到50%以上，还可防止油脂氧化而产生的酸败现象及虫害。若帐内充氮量保持在1%左右，不但具有与上述二氧化碳同样的效果，还可以在一定程度上防止衰老，贮藏效果也很理想。

为防治贮藏过程中发生鼠害和虫害，可用溴甲烷（40～56 克/米^3）熏蒸库房 3.5～10 小时，或用二硫化碳（40.5 克/米^3）密闭封库房 18～24 小时，有显著除虫效果。

第八节　核桃仁食品加工

核桃仁不仅含有丰富的脂肪和蛋白质，还含有大量的矿物质和维生素等，是理想的营养与医疗保健食品。为了满足市场需要，以核桃为原料加工成的食品越来越多。主要有以下几类产品：一是以坚果为原料的主要有椒盐核桃和五香核桃等产品；二是以核桃仁为原料的产品较多，其中罐头制品有甜味核桃仁、咸味核桃仁、琥珀核桃仁等。作糕点原配料的制品有核桃茯苓夹饼、桃仁月饼及各种糕点等。作糖果制品有桃仁麻片、核桃蘸、核桃奶糖等。作烤制食品配料的主要有夹心面包、各种高级蛋糕等。作饮料食品的主要有雪糕、冰淇淋、果茶等。还有将核桃仁经过蜜制后加入牛奶制品中制成各种乳制品。

一、核桃乳的生产技术

随着人民生活水平的日益提高，对保健营养食品的需求越来越大。动物蛋白营养价值较高，但价格昂贵，且含有较多的胆固醇，大量摄取动物蛋白易导致动脉硬化，高血压，肥胖病等现代“文明病”。

核桃是一种营养丰富的食品原料，不含胆固醇，含有丰富的核黄素、卵磷脂、微量元素、维生素、氨基酸及大量不饱和脂肪酸，可以防止机体早衰，促进脑细胞发育，减少胆固醇的合成，防止动脉硬化，是一种理想的营养保健食品。这里介绍的核桃乳营养价值极高，具有浓郁的核桃香味，香味柔和，口感细腻，入口滑爽，比其他饮料有独特的优越性，特别是采用一种新糖源作为甜味剂，对钙、铁吸收不良者有较好的食疗效果，对婴幼儿、青少年、老年人尤为适用，正常人经常食用，对增强体质、抵抗疾病也有很好的效果。并且采用国际先进的加工工艺生产核桃乳，最大程度地保护和利用了核桃中的有效成分，产品饮用方便，冷热皆宜，既可解渴又能充饥，营养丰富，价格适宜，市场前景十分广阔。

1. 核桃仁的选择　选择品种优良、成熟度好、饱满的核桃仁，剔除泥沙、叶梗及虫咬、霉变的核桃仁。

2. 磨浆　一是将核桃仁用 0.2%～0.5%小苏打水浸泡，一般冬季浸泡 6～8 小时，夏季浸泡 2～4 小时，春秋季浸泡 4～6 小时，浸泡好的核桃仁应掰开后无白色硬心。沥去碱水，清水漂洗干净；二是生产核桃露的配料用水要求为软水，用 0.05%小苏打调节 pH 值；三是用砂轮磨浆，磨浆水温一般为 80℃，核桃仁和磨浆水的比例为 1∶10～15；四是过滤，砂轮磨一般用尼龙滤网过滤，其过滤目数为 100～150 目，如有离心过滤机，核桃浆可在砂轮磨过滤后直接进入下道工序，如无离心过滤机，核桃浆可在砂轮磨过后，用 250 目的尼龙滤网过滤。

3. 预热　将核桃浆加热至 95℃左右，5 分钟后，用 250 目的离心过滤机过滤一遍。

4. 调配　一是将白砂糖用 2～3 倍的沸水溶解，糖浆用过滤机过滤后备用(或用 150～200 目的尼龙滤网过滤)；二是将稳定剂用 30～50 倍的沸水搅拌溶解 10～15 分钟，趁热用胶体磨一遍(或用高速乳化溶解稳定剂稳定 10 分钟)，加入核桃浆中，搅匀成混合核桃浆。稳定剂用量可根据核桃的用量而定，核桃用量大，稳定剂用量相应增大；但核桃用量少，增加稳定剂用量，可明显提高产品的稠度感；三是将异维生素C钠、一基麦芽酚、香精分别用适量温水溶解，分别加入调配罐中。加无菌水定容，充分搅匀，通蒸汽加热至75℃～80℃。

5. 灭菌 采用超高温瞬时灭菌，出料温度控制在70℃～75℃。

6. 胶磨、均质 调配好的核桃浆即可进行胶磨、均质，一般第一次均质压力可比第二次的压力低，根据设备额定压力，均质效果以压力高为好，第一次压力20～25兆帕，均质温度为75℃～80℃。

7. 灌装、封口 常规灌装和封口。

8. 即时高压杀菌 杀菌公式为15-20-15/121℃。如包装容器较大，则保温时间要长。

9. 产品质量要求

(1)感官指标 色泽，呈乳白色或乳白色显微黄色；风味，具有核桃特有的香味、甜酸适口、爽口、无异味；组织状态乳浊型，无沉淀，无分层；杂质不允许存在。

(2)理化指标 可溶性固形物(以折光计)含量为9%～10%；pH值为4.1；总糖含量为8.5%～9.3%。微生物指标，细菌总数(个/毫升)≤100；大肠杆菌(个/100毫升)＜3；致病菌不得检出。

10. 操作流程

果品→脱青皮→洗果→去壳→精选核桃仁→磨浆→过滤→预热→调配→精滤→胶磨→均质→超高温灭菌→灌装→封盖→二次灭菌→冷却→吹干→贴标→装箱→入库。

二、核桃晶的加工技术

核桃芳香味美，营养丰富，以其为原料加工的核桃晶是一种新型的固体保健饮料，冲饮方便，风味甘美。核桃晶加工技术：

1. 脱壳、去内衣、护色 人工去除外壳，用碱液洗去内衣，洗时用3%的碱液浸泡3～5分钟，迅速捞出冲净表面的碱液和已被腐蚀掉的内衣。核桃仁去内衣后，立即投入2%～4%的盐酸内中和2～3分钟，然后放入0.1%柠檬酸+1%食盐的护色液中浸泡5分钟。果实从护色液中捞出后，投入沸腾的预煮液中预煮30分钟。

2. 糖浆制备　按配方比例（核桃40千克，白糖30千克，蛋白质400克，黄原胶5千克，香兰素20克，麦芽糖20千克，维生素C 0.5千克，柠檬酸钠25克，羧甲基纤维素钠50克，加水至100千克）将砂糖、蛋白糖、麦芽糖等加热溶解后，煮沸。

3. 研磨　糖浆和果实混合，先用筛孔直径为5毫米的打浆机打浆，再用胶体磨细磨，转入搅拌缸中备用。

4. 配料、混合　称取香兰素、柠檬酸等，混合均匀后，一同转入搅拌缸，开动搅拌器，使搅拌缸内各种原辅料充分混匀。

5. 均质　均质机启动后，压力逐渐调整至7兆帕，使颗粒细度达1～2微米及以下，并充分乳化混合。

6. 脱气　为了防止浆料在干燥时由于混入空气而溢出烘盘，造成浪费，并有利于提高干燥速度，均质后的浆料应于真空度0.095兆帕以上的真空中脱气。

7. 干燥　采用真空干燥，待真空度达0.079兆帕，打开放气阀门，为防沸腾时浆料外溢，真空度尽快上升至0.095兆帕以上，一般干燥时间为100～120分钟，快要结束前10分钟，关闭蒸汽阀门，通入冷水冷却至35℃以下出锅。

8. 粉碎、包装　烘干后的核桃晶及时出锅，转入在相对湿度为40%～50%的情况下，于篮式搅拌离心粉碎机内粉碎，及时包装即成。

三、核桃油和速溶核桃粉综合加工新技术

核桃是一种高级绿色食品。自古以来，核桃的保健功能就为

人们所认识和推崇，被誉为“万岁子”、“长寿果”。《本草纲目》还认定它能补气养血。通过科学加工提取的核桃油，与其他食用植物油配比后制成的营养核桃调和油，更能体现核桃的营养价值。核桃营养极其丰富，果仁中含有17%～27%的蛋白质，10%的碳水化合物，还含有维生素A、B、C、E、K、胡萝卜素、核黄素、硫胺素、尼克酸和钙、磷、铁、锌、钾、铜、钴、硒、碘等多种元素，特别是脂肪含量为60%～70%，居所有木本油料之首，被誉为“树上的油库”。核桃油含有不饱和脂肪酸(P)、亚油酸、亚麻酸和18种烯酸。核桃油中P/S值高达12(S为饱和脂肪酸)，经国内外营养医学专家研究确认，核桃油中富含高达90%左右的多种不饱和酸，其中亚油酸含量较多，为普通菜籽油含量的3～4倍。亚油酸是人体必需的脂肪酸，如缺乏必需的脂肪酸，人体所有系统均会出现异常。但人体自身不能合成亚油酸，必须靠从食物中摄取，而一般的食用植物油如菜籽油不能供给人体正常需要的亚油酸。因此，经常食用核桃调和油，能使高密度脂蛋白水平上升，将胆固醇运送至肝脏进行代谢排出体外，从而防止胆固醇形成。同时，食用核桃油还能防治高血压、高血脂、糖尿病、肥胖症等多种常见的“富贵病”。

在欧美等发达国家，食用核桃油已成为一种消费趋势，美国还将其指定为宇航员食品，更证明了核桃油对人体的重要性。另外，核桃油亦可用于高级化妆品。

由于核桃油中有如此多的营养成分，综合开发利用核桃仁势在必行。目前，生产核桃油的方法多采用冷榨法，由于出油率低，劳动强度大，不适合规模化生产。传统的预榨浸出工艺由于螺旋压榨机榨膛形不成压力，根本无法预榨。目前采用溶剂浸出核桃油是比较理想的工艺。溶剂主要成分为丁烷和丙烷，本技术是常温浸出，低温脱溶，为此所得核桃粕中的有效成分(植物蛋白)几乎不变性，同时也保存了浸出油中原有的生物活性物质，所得的毛油色淡、质优。

利用核桃低温粕生产的速溶核桃粉，由于有预处理的去皮，解决了市场上流行的核桃粉具有苦涩味和色泽变深两大难题，并且按照营养互补的科学原理，配以脱脂花生粉、奶粉、微量元素等，利用喷雾干燥技术，生产的速溶核桃粉具有良好的流动性、分散性和溶解性，冲调时能迅速溶解和复原，并能保持原有的色、香、味，解决了目前市场上流行的核桃粉速溶不完全、保质期短的问题。

1. 工艺简介

(1)预处理工艺

①工艺流程

核桃仁→去种皮→烘干→破碎→轧胚→去浸出车间。

②工艺说明

A. 核桃仁的挑选。选果实饱满，无虫、无霉烂变质的核桃仁。

B. 去种皮。核桃仁的种皮如果不去掉，会影响后续产品的风味和色泽。采用2%氢氧化钠溶液，加热至95℃，将核桃仁浸入溶液1分钟左右，立即捞出，用大量清水将脱皮的核桃仁漂洗干净。

C. 烘干。把去皮后核桃仁的水分烘至4%以下即可。

D. 破碎。破碎是预处理的一道关键工序，破碎时既要保证破碎后的核桃块大小均匀(一般颗粒直径在3～5毫米)，又要保证核桃油不溢出。要求粉末度小，破碎成的颗粒大小符合轧胚条件，便于轧胚机吃料。

E. 轧胚。轧胚是一个非常重要的工艺过程，它直接影响着浸出效果。采用专用轧胚机，轧出的核桃仁胚具有一定韧性的外形结构，且外形松散，粉末度小，适合萃取。萃取时溶剂容易渗入胚内部，这样浸出后粕残油低，结果比较理想。

(2)溶剂低温浸出工艺

①工艺流程

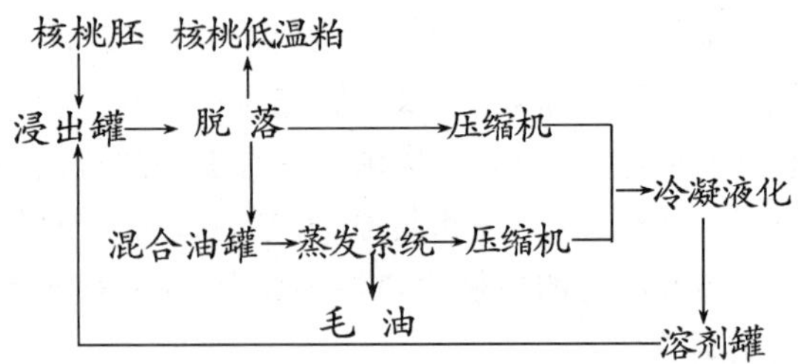

②工艺说明。溶剂在常温常压下为气体，加压后为液态。本工艺的基本原理是，在常温和一定的压力下（0.3～0.8 兆帕），用溶剂逆流浸出油料核桃粕，然后使混合油和核桃粕中的溶剂减压汽化，汽化的溶剂再经过压缩机压缩冷凝液化后循环使用，脱溶过程基本上不需加热。

该工艺采用罐组式浸出器，其装料量为罐容积的 65%左右，料溶比为 1∶1。物料的浸出和脱溶，在同一个设备内进行。所得的核桃油色泽为浅黄色，油中残溶在 10×10^{-6} 以下；粕为白色，残油在 8%以下，残溶在 400×10^{-6} 以下。毛油及粕中的有效物质（维生素、生物活性酶等）基本不破坏。

(3)速溶核桃粉制取工艺

①工艺流程

低温脱脂核桃粕→超微粉碎→筛 分→核桃蛋白粉
↓（加上适当的脱脂花生粕）
（软化水）→两次磨浆→离心分离→调 剂→均质→瞬间灭菌
↓
成品←包装←速溶核桃粉←喷雾干燥←高压均浆←浓 缩

②工艺说明。溶剂浸出所得的核桃低温粕，蛋白几乎不变性，适宜核桃蛋白的开发应用。利用超微粉碎机粉碎低温粕，得到一定细度的核桃蛋白粉，可用于食品添加，亦可用于制作香味浓郁、

极富营养的保健低脂蛋白粉，以满足市场的需要。也可进一步通过磨浆，在磨浆时配入一定比例的脱脂花生粉、奶粉、微量元素等，经过均质、瞬时灭菌、浓缩等一系列步骤，最后喷雾干燥，得到速溶核桃粉。

③主要工艺技术指标。水分含量≤3%，蛋白质含量≥20%，脂肪含量≤8%，碳水化合物含量>40%，色泽为乳白色。

④速溶核桃粉产品的特点。一是富含人体必需的亚油酸、亚麻酸，可以较好地提高人脑智商；二是所含磷、锌、维生素等可延缓细胞老化和记忆力减退，维护大脑的思维、分析、记忆能力，预防老年性痴呆病的发生；三是丰富的亚油酸、亚麻酸含量，常食不仅不会升高胆固醇，还能软化血管，减少肠道对胆固醇的吸收，阻滞胆固醇的形成并使之排出体外，很适合动脉硬化、高血压、冠心病患者饮用；四是丰富的优质蛋白质、维生素、矿物质等协同作用，营养均衡，能满足人体所需营养，促进身体发育，强壮体质。

2. 应用前景　通过制取核桃油的新工艺和新方法，打破了核桃油不能浸出的定论，证明了溶剂浸出工艺在营养油保质浸出方面有其得天独厚之处，不仅造价低、工艺成熟，而且无“三废”污染。生产的速溶核桃粉完全顺应了食品饮料“纯天然、保健型、方便化”的消费趋势。目前国内市场价格核桃油 56000 元/吨，速溶核桃粉 40000 元/吨，具有广阔的市场前景。

四、核桃红枣复合饮料加工工艺

核桃仁和红枣营养丰富，富含功能性成分。近年来对红枣、核桃的加工利用越来越多，红枣除用于鲜食外，还可加工成蜜枣、干枣、枣粉、枣汁等。核桃仁除直接食用外，也可制成核桃乳、蜜制核桃仁、核桃粉等加工品。当前人们对饮料的要求越来越高，更趋于将营养、安全、保健融为一体。在植物蛋白饮料中加入果汁，既可以增加饮品的营养，又能掩盖某些蛋白饮料的不良风味，改善其口感。若将核桃仁加工成单纯的核桃汁，则汁液黏稠，风味单一。而配以风味独特的枣汁，再调制成酸性饮料，不但风味爽口，而且营养合理。截至目前，尚未见到将核桃、红枣复合制成酸性蛋白饮料的研究报道。以红枣、核桃仁为原料，使两者在营养、口感、风味等方面互补，加酸红枣核桃复合蛋白饮料的加工工艺如下。

1. 原辅材料 红枣、核桃、白砂糖、蛋白糖、羟甲基纤维素钠(厘米 C)、藻酸丙二醇酯(P 克 A)、黄原胶、单甘酯、蔗糖酯(食品级)、柠檬酸、磷酸二氢钠(分析纯)和果胶酶(诺和诺德公司提供)。

2. 主要仪器 打浆机(HP-550A)、胶体磨(250 型)、均质机(克 XB60-68)。

3. 工艺流程 核桃→去外壳→挑选→浸泡→去皮→磨浆→过滤→核桃浆。

红枣→挑选清洗→烘烤→破碎→浸提→澄清→过滤→澄清汁→调配→均质→灌装→脱气→杀菌→冷却→成品。

4. 核桃浆的制备

(1)挑选浸泡 取优质核桃仁，用清水浸泡 8～10 小时，核桃仁和水的质量比为 1∶2。

(2)去皮 将核桃仁用 100℃，10 克/升氢氧化钠溶液处理 3 分钟，再用冷水冲洗。

①碱液浓度对去皮效果的影响。选优质核桃仁，用清水浸泡 8～10 小时，核桃仁和水质量比为 1∶2，然后将核桃仁置于温度为 70℃，质量浓度分别为 10、20、30 和 40 克/升的氢氧化钠溶液中(溶液质量为核桃仁的 2 倍)，分别浸泡 1、2、3、4、5 分钟，观察核桃仁的去皮情况。试验结果表明，碱液浓度越高，核桃仁去皮所需时间越短，但腐蚀程度越严重。核桃仁在 70℃，10 克/升氢氧化钠溶液中处理 5 分钟，能去皮且无腐蚀现象，当氢氧化钠浓度达到 20 克/升以上时，虽核桃仁去皮所需时间缩短，但核桃仁受到腐蚀。因此，氢氧化钠质量浓度以 10 克/升为宜。

②碱液温度及处理时间对去皮效果的影响。选优质核桃仁，用清水浸泡 8～10 小时，核桃仁和水质量比为 1∶2，再将核桃仁置于质量浓度为 10 克/升、温度分别为 40℃、60℃、80℃和 100℃的氢氧化钠溶液中（溶液质量为核桃仁的 2 倍），分别浸泡 2、3、4、4.5、5、5.5、6、6.5、7 分钟，观察核桃仁的去皮情况。结果发现，碱液温度越高，核桃仁去皮所需时间越短。核桃仁在 40℃的氢氧化钠溶液中处理 7 分钟时，仍不易去皮；60℃下处理 5.5 分钟，核桃仁不易去皮且有少许腐蚀；当温度升至 80℃，处理 4.5 分钟时，核桃仁虽易去皮，但有明显的腐蚀现象；100℃下处理 3 分钟，无腐蚀现象且易去皮；100℃下处理 4 分钟，虽更易去皮但会产生腐蚀作用。因此，核桃仁去皮适宜的氢氧化钠溶液温度为 100℃，处理时间为 3 分钟。

综合以上试验结果可知，核桃仁碱液去皮的工艺条件为：在 100℃，质量浓度 10 克/升氢氧化钠溶液中处理 3 分钟，再用冷水冲洗。

(3)磨浆　加入核桃仁 8 倍质量的热水打浆，采用孔径 1 毫米的筛布过滤后，再用胶体磨细磨。

5. 枣汁的制备

(1)选料清洗　选优质干枣，流动水冲洗 2～3 次。

(2)烘烤　在 60℃～80℃温度下烘烤 1～2 小时，至红枣发出焦香味。

(3)保温提汁　将红枣适当破碎，加红枣质量 10 倍的水，再加入 0.1 毫升/升(Pectinex Smash)，于 45℃下浸提 8～10 小时，用孔径 2 毫米筛网过滤后，向滤液中加入 0.5 毫升/升(Pectinex5XL)，在 40℃下保温 8 小时，过滤得澄清枣汁。

6. 稳定剂选择　核桃乳蛋白饮料常发生脂肪上浮，蛋白质颗粒下沉等不良现象。另外，加入呈酸性的枣汁及柠檬酸后，也会使蛋白质发生变性而沉淀。要解决这一问题，需选用合适的稳定剂以提高复合饮料的稳定性。

(1)单一稳定剂对酸性核桃红枣复合饮料的稳定效果　取1升核桃红枣复合饮料(其中含枣汁600毫升,核桃浆300毫升,蔗糖40克,蛋白糖3克,单甘酯1克,磷酸二氢钠1.5克),当柠檬酸加入量分别为1、2和3克时,分别将1、2和3克/升的黄原胶、羟甲基纤维素钠及2、3、4克/升的藻酸丙二醇酯加入到此复合饮料中,观察不同稳定剂在不同浓度下对酸性核桃红枣复合饮料的稳定效果。研究结果发现,当柠檬酸加入量分别为1、2和3克/升,羟甲基纤维素钠用量为1克/升时,该复合饮料明显分层;羟甲基纤维素钠用量为2克/升时,饮料在杀菌前有少许絮状物,杀菌后蛋白质絮状物下沉;羟甲基纤维素钠用量为3克/升时,饮料杀菌前有许多絮状沉淀,说明加入羟甲基纤维素钠并未改进饮料的稳定性。

黄原胶加入浓度为3克/升时,复合饮料稳定性虽有所改善,但此时黄原胶的使用量已超过国家标准GB 3760—1996允许黄原胶的最大使用量(1克/升);随藻酸丙二醇酯加入量逐渐增大,饮料的稳定性也随之增强,当藻酸丙二醇酯加入量为4克/升时,饮料稳定效果最好,且在国家标准GB 2760—96允许的范围内。

(2)复合稳定剂对酸性核桃红枣复合饮料的稳定效果　取1升核桃红枣复合饮料(含枣汁600毫升,核桃浆300毫升,蔗糖40克,蛋白糖3克,单甘酯1克,磷酸二氢钠1.5克),当柠檬酸加入量分别为1、2和3克时,加入4克黄原胶和藻酸丙二醇酯复合稳定剂(其中黄原胶和藻酸丙二醇酯的质量比分别是1∶3,1∶4,1∶5),观察复合稳定剂对酸性核桃红枣复合饮料的稳定效果。黄原胶与藻酸丙二醇酯的质量比为1∶3、1∶4、1∶5时,分别加入1、2和3克/升柠檬酸,观察发现饮料均有明显分层现象,可见复合稳定剂不及单一稳定剂藻酸丙二醇酯的效果好。

(3)乳化剂对酸性核桃红枣复合饮料的稳定效果　取1升核

桃红枣复合饮料(含枣汁 600 毫升,核桃浆 300 毫升,蔗糖 40 克,蛋白糖 3 克,藻酸丙二醇酯 4 克,柠檬酸 3 克,磷酸二氢钠 1.5 克),分别将 2、3 克/升单甘酯,1、2 克/升蔗糖酯及 1 克/升单甘酯+1 克/升蔗糖酯组成的复合乳化剂加入到此复合饮料中,观察不同乳化剂在不同浓度下对酸性核桃红枣复合饮料的稳定效果。试验可以看出,单独使用单甘酯的效果较单独使用蔗糖酯或使用单甘酯与蔗糖酯组成的复合乳化剂效果好,所以选用单甘酯为酸性核桃红枣复合饮料的乳化剂。

7. 杀菌温度和杀菌时间对酸性核桃红枣复合饮料稳定性的影响 将酸性核桃红枣复合饮料分别在 85℃、100℃的热水中杀菌 10、15 和 20 分钟,观察杀菌温度和时间对饮料稳定性的影响。酸性蛋白饮料通常采用热杀菌法,杀菌时间过长或过短,温度控制不当均达不到最佳杀菌效果。试验发现,在 85℃杀菌 10、15 和 20 分钟,酸性核桃红枣复合饮料的稳定天数仅有 2～3 天;而在 100℃杀菌 10、20 分钟也只能稳定 3～5 天;只有 100℃下杀菌 15 分钟的稳定时间最长,可达 210 天以上,所以本试验选用的杀菌条件为 100℃下杀菌 15 分钟。

8. 酸性核桃红枣饮料配方优选 在以上稳定剂选择试验的基础上,取藻酸丙二醇酯和柠檬酸的加入量分别为 4、3 克/升,进行 4 因素 3 水平正交试验,采用 $L9(3^4)$正交设计表,请 10 名人员进行品评,根据产品的色泽、香味、口感、组织状态评分,选出最优配方,并测定离心沉淀率。配方优选试验级差分析表明,最佳配方是枣汁和核桃浆体积比为 2∶1,蔗糖 40 克/升,蛋白糖 3 克/升,单甘酯 1 克/升,离心沉淀率为 28%,此时该复合饮料的 pH 值为 3.8。

9. 加样顺序对复合饮料稳定性的影响 通过试验,加样顺序可简要表示为:藻酸丙二醇酯+单甘酯+糖→核桃浆←枣汁←柠檬酸+磷酸二氢钠。若将藻酸丙二醇酯直接加入核桃浆,会有结块现象；若将核桃浆加入枣汁，则立即分层。

五、薄壳即食手剥核桃烘烤加工工艺

由于传统核桃的果壳比较厚，要剥掉核桃外壳非常困难，食用较麻烦，无法加工成开口即食的核桃产品，并且核桃加工技术设备落后，传统的烘烤设备采用煤加热，温度控制难，烘烤不均匀，污染大，能耗高。所以，传统核桃深加工制品品种单一，产品档次低，并且市场上没有即时烘烤核桃产品。中国农业机械化科学研究院新开发了即食手剥原味核桃和五香核桃及其烘烤加工设备。此产品利用薄壳核桃经烘烤加工后，具有可用手非常方便地压碎核桃外壳取出果仁的特点，食用极其方便，口感香脆。对薄壳核桃进行深加工开发，充分利用我国的核桃资源，将有着非常广阔的前景。烘烤薄壳核桃产品投放市场后会深受消费者欢迎，可获得良好的经济效益和社会效益。

1. 薄壳即食手剥原味核桃烘烤

(1)工艺流程　选料→分级→烘烤→冷却→包装。

(2)操作要点

①选料。将鲜核桃去除青皮后，自然风干，选择饱满、无病虫害和果壳无严重破损的作为下一步深加工原料。

②烘烤。将核桃放在烘烤机中烘烤，温度控制在75℃～80℃，防止温度过高产生内果皮焦煳现象，影响果仁口味。烤到核桃仁发脆，有浓郁香味为止。

③冷却。将烘烤后的高温核桃快速冷却至常温，防止果仁吸湿，降低酥脆程度，并连续进入下一生产工序。

④分级。把核桃按外形尺寸大小分开，进行不同的包装，可以分成两级或三级。

⑤包装。复合塑料食品袋真空连续包装，保质期可以达到1年。

2. 薄壳即食手剥五香核桃烘烤

(1)工艺流程　选料→配料→高压浸泡→脱水→烘烤→冷却→分级→包装。

(2)操作要点

①配料。调味液的组成和含量如下(可根据当地口味适当增减):大料1.2%、豆蔻0.4%、桂皮0.3%、丁香0.2%、甘草0.3%、小茴香0.3%、花椒0.1%、食盐4%、水92%左右。将上述各种调料按比例称取后混合均匀,用水煮沸1小时左右(注意增补损失的水分),其水溶液即为饱和调味液。

②高压浸泡。将核桃直接泡在调味液中,在饱和调味溶液中,在高压空气的作用下,溶液的渗透压增加,加强了溶液向核桃的渗透力,所以在较短的时间内即可将核桃完全浸泡入味,又由于饱和溶液可以均匀地向核桃内渗透,因而所泡制的果仁香味较为均匀。

六、核桃酒的研制

核桃青皮内含有胡桃醌、氢化胡桃醌-4、葡萄糖苷、鞣质、没食子酸、胡桃醌生物碱和萘醌等。未熟核桃青皮中含有丰富的维生素C和6%以上的水分。核桃青皮中所含有的胡桃醌物质具有抗肿瘤作用,可直接杀死小鼠肉瘤S8,对小鼠实体肝癌S8有显著抑制作用;对HePA小鼠生命延长率为9%。在医方中,核桃皮叫龙,酒泡后治些肤病胃经;核桃核浸出酒对溃疡、二肠疡胃和神痛患者均有明显的止疼作用;青核桃和红糖用黄酒浸泡,常用可治寒痛。在外国有用核桃核制酒习惯,在每年7月下旬收病害青桃,洗净,切成碎块,添加一定量的香辛料,如桂皮、丁香和柠檬皮等,用食用酒精对其进行浸泡13个月,过滤;在滤液中添加一定量的糖和水,陈化31个月,再次过滤,就能获得金黄色、味香醇美的核桃核酒供餐饮。核酒,含儿茶素279毫克/升左右,其中单宁类物质儿茶素约为136毫克/升,二者之间呈正相关的关系。用DPPH

(二苯代苦味酰自由基)法证实青核桃酒具有明目抗氧化功能,可与葡萄相媲美。

核仁和核壳中含有丰富的具有生理活性的多酚类物质。Setao 等人研究表明,带壳鲜核桃和去壳鲜核桃中单宁含量分别是(儿茶素 32105 毫克)/10 克和(儿茶素 3367 毫克)/10 克干质量,核桃仁的收敛性与单宁的含量呈正相关的关系,相关系数=0.949。Leonard Jurd 研究表明,核桃仁种皮含有邻苯三酚的衍生物即鞣花酸、没食子酸、没食子酸甲酯和胡桃苷。Toshiyuki Fukuda 等人从核桃中分离出的多酚类物质有:2,3-HHDP-D-吡喃糖(2,3-HHDP-D-glucopyranose)、异小木麻黄素(Isostrictinin)、长梗马兜铃素(Pedunculagin)、木麻黄鞣宁(Casuar－ictin)、小木麻黄素(Strictinin)、铁马宁Ⅰ和Ⅱ(Tellimagrandin Ⅰ和 Tellimagrandin Ⅱ)、小飞阳草(Rugosin)和大麻黄鞣宁(Casuarinin)等多种多酚类物质。这些多酚类化合物具有 SOD 的功能,可以有效清除超氧阴离子自由基。长梗马兜铃素直接作用于凝血酶,抑制血纤维蛋白原凝血酶的活性,显著延长凝血时间。Koren J. Anderson 从英国核桃中提取多酚类物质,用液相色谱和质谱分析表明,核桃的提取物中含有鞣花酸单体、聚合鞣花单宁和其他酚类化合物。以鞣花酸为对照,进行体外的血液和低密度脂蛋白抗氧化试验,鞣花酸和核桃提取物对 AAPH(2,2-Azobishydrochloride2,2-偶氮-2-眯基丙烷)诱导的低密度脂蛋白氧化的抑制率分别为 87%和 38%;对钴离子催化的低密度脂蛋白氧化的抑制率分别为 14%和 84%;可以显著抑制血浆中硫代巴比土酸反应物的形成;核桃提取物的 Trolox 当量抗氧化能力要高于维生素 E。他认为在评价核桃的抗动脉粥样硬化的作用时应该考虑到核桃多酚的作用。孟洁等人用体积数为 95%的乙醇、乙酸乙酯、正已烷依次萃取核桃仁中的可溶部分,测定其抗氧化活性。结果表明,核桃仁各提取物对 DPPH(二苯代苦味酰自由基)自由基均有清除作用,以体积分数为95%的乙醇提取物为最佳。胡博路等人用化学发光法和硫代巴比妥酸法研究了核桃壳提取物的抗氧化作用，其中正己烷和乙酸乙酯的提取物可以有效抑制亚油酸的脂质过氧化，可以与同浓度的茶多酚相媲美；核桃壳提取物能有效清除羟基(OH^-)自由基抑制脂质过氧化，但是对超氧阴离子自由基无清除作用。核桃壳中可能含有丰富的多酚类物质，但是需要进一步进行定性和定量分析。

1. 原料要求

(1)核桃　采用水洗核桃，果实要求完整、干净、无虫蛀霉变，不夹带任何杂质。果仁呈浅黄色至琥珀色。

(2)香料　无霉变、无虫蛀现象，不得含有杂质。

(3)酒精　二级以上食用酒精。

(4)白砂糖　洁白晶体，含糖95%以上。

(5)柠檬酸　无色、无臭，含量98%以上。

2. 操作要点　核桃经过挑选后，进行破碎，要求果实破而不碎，然后进行浸泡。第一次和第二次浸泡，加入2倍于核桃量的体积分数为75%的食用酒精，分别浸泡10天。第三次用与核桃等质量的软水浸泡10天。

3. 香料浸泡液的制取　将桂皮、丁香、覆盆子等药料粉碎后，用体积分数为75%的酒精浸泡3个月后，分离过滤。

4. 配制　将白砂糖、柠檬酸、香料浸泡液和核桃浸提液按比例混合，陈化3个月以上。

5. 感官指标色泽　酒液呈琥珀色，澄清透明，无沉淀，无明显悬浮物。

6. 香味　具有核桃酒应有的浓郁醇香，香气怡人。

理化指标酒度(20度)18%，糖度(以葡萄糖计)200克/升，总酸(以酒石酸计)4克/升，重金属离子含量符合国家规定标准。

附　录

附录1　核桃园病虫害防治历

1. 休眠期(1～2月份)

(1)刮除老树皮,清除树皮中的越冬病虫,并兼治腐烂病。

(2)喷5波美度的石硫合剂,防止核桃黑斑病、核桃炭疽病等多种病虫害。

(3)在树干基部,刮平树干后,涂6～10厘米宽黏胶环,阻杀草履蚧的若虫;于根颈及表土喷6%柴油乳剂或喷50%辛硫磷乳油200倍液杀死土壤中的越冬若虫。

(4)敲击树干砸皮缝中的刺蛾茧、舞毒蛾卵块;清除石块下越冬的刺蛾、核桃瘤蛾、缀叶螟虫茧及土缝中的舞毒蛾卵块。

2. 萌芽前(3月份)

(1)树上挂半干枯核桃枝诱集黄须球小蠹成虫产卵,在6月中旬或羽化成虫前全部烧毁。

(2)喷3～5波美度石硫合剂防治草履蚧、核桃黑斑病、核桃炭疽病、核桃腐烂病等;用50%甲基硫菌灵可湿性粉剂、50%多菌灵可湿性粉剂50～100倍液涂刷树干预防腐烂病感染。

3. 萌芽、开花、展叶期(4月份)

(1)喷25%噻嗪酮可湿性粉剂2500倍液防治草履蚧。

(2)早晨震动树干人工捕杀金龟子成虫。

(3)喷2.5%氯氟氰菊酯乳油或2.5%溴氰菊酯乳油1500倍液,防治舞毒蛾、木橑尺蠖幼虫。

(4)剪除不发芽、不展叶的虫枝,消灭核桃小吉丁虫、黄须球小蠹、豹纹木蠹蛾幼虫；剪除的虫枝集中烧毁。

(5)雌花前后喷50%甲基硫菌灵可湿性粉剂500～800倍液；中下旬喷波尔多液(1∶0.5∶200)1～3次防治黑斑病；用波尔多液(1∶2∶200)交替喷洒防治核桃炭疽病；用70%甲基硫菌灵可湿性粉剂、50%多菌灵可湿性粉剂、65%代森锌可湿性粉剂200～300倍液涂抹嫁接、修剪伤口防止腐烂病菌侵染。

防治核桃炭疽病、黑斑病、腐烂病，在生长期每15天左右喷1次药。

4. 果实膨大期(5月份)

(1)核桃举肢蛾：树盘覆土阻止成虫羽化出土；喷50%辛硫磷乳油800倍液、2.5%溴氰菊酯乳油1500～2500倍液，每15天左右喷1次药，连喷3～4次，或地面撒3%辛硫磷颗粒。

(2)桃蛀螟：用黑光灯、糖醋液诱杀成虫；用2.5%溴氰菊酯乳油1000倍液杀成虫、卵、幼虫。

(3)木橑尺蠖：晚上用灯光或堆火诱杀成虫。

(4)芳香木蠹蛾：用50%敌敌畏乳油20～50倍液注入虫道内，并用泥土封口杀幼虫，或用毒签塞入虫道封杀幼虫。

(5)核桃横沟象：人工捕杀成虫和刨开根颈部的土，用浓石灰浆涂封根际防止产卵。

5. 花芽分化及硬核期(6月份)

(1)云斑天牛：人工捕杀成虫、砸卵、灯光诱杀成虫、用棉球蘸80%敌敌畏乳油5～10倍液塞虫孔。

(2)芳香木蠹蛾：人工捕杀、黑光灯诱杀成虫；于根颈部喷50%辛硫磷乳剂400倍液杀幼虫。

(3)木橑尺蠖、核桃瘤蛾：用灯光诱杀成虫。

(4)人工捕杀核桃横沟象成虫。

(5)桃蛀螟：用黑光灯、糖醋液诱杀成虫，摘虫果、拾落果深埋灭幼虫；2.5%溴氰菊酯乳油1000倍液杀成虫、卵与幼虫。

(6)核桃小吉丁虫、黄须球小蠹：喷2.5%溴氰菊酯乳油2000倍液杀死成虫，诱饵枝烧毁。

(7)核桃溃疡病、枝腐病、核桃褐斑病：树干涂白，喷石灰倍量式波尔多液100倍液或70%甲基硫菌灵可湿性粉剂800倍液。

6. 种仁充实期(7月份)

(1)核桃举肢蛾、桃蛀螟幼虫：捡拾落果、采摘虫害果，集中深埋。

(2)核桃瘤蛾：树干上绑草诱杀。

(3)云斑天牛、芳香木蠹蛾、桃蛀螟：人工捕杀、灯光诱杀成虫。

(4)核桃横沟象、举肢蛾成虫：喷25%氯氟氰菊酯乳油、2.5%溴氰菊酯乳油1000倍液。

(5)芳香木蠹蛾幼虫：撬开被害部树皮捕杀，根颈部喷50%辛硫磷乳剂400倍液。

(6)刺蛾、核桃瘤蛾、木橑尺蠖幼虫、核桃小吉丁虫、黄须球虫成虫：喷2.5%溴氰菊酯乳油1500～2500倍液，或2.5%溴氰菊酯乳油800～1000倍液，或10%氯氰菊酯乳剂3000～4000倍液喷雾。

(7)核桃褐斑病：喷200倍石灰倍量式波尔多液，或70%甲基硫菌灵可湿性粉剂800倍液。

7. 成熟前期(8月份)

(1)木橑尺蠖幼虫：喷2.5%溴氰菊酯乳油1500～2000倍液、2.5%溴氰菊酯乳剂800倍液。

(2)核桃瘤蛾二代、缀叶螟、刺蛾：喷50%敌敌畏乳油800倍液，或2.5%溴氰菊酯乳油1500～2000倍液，或2.5%溴氰菊酯乳油800倍液。

(3)芳香木蠹蛾幼虫：用40%乐果乳油20～50倍液注、喷入虫道内并用泥土封严。

(4)桃蛀螟：糖醋液诱杀成虫。

(5)核桃横沟象成虫:人工捕杀和喷50%辛硫磷乳油、2.5%溴氰菊酯乳油800倍液。

(6)核桃褐斑病:喷70%甲基硫菌灵可湿性粉剂800倍液。

8. 采收前、落叶前期(9月份)

剪除枯枝或叶片枯黄枝、落叶枝;采果后结合修剪剪除枯死枝、病虫枝,防治核桃小吉丁虫幼虫、黄须球小蠹成虫、核桃黑斑病、炭疽病、枝枯病、褐斑病等,剪除的病枝要集中烧毁。

9. 落叶期(10月份)

防治核桃腐烂病、枝枯病、溃疡病,刮除病斑,刮口涂抹70%甲基硫菌灵可湿性粉剂,或3波美度石硫合剂,或1%硫酸铜液,或10%碱水消毒伤口;树干涂白防冻。防治核桃腐烂病、枝枯病、溃疡病,刮皮范围应超出病组织1厘米左右;刮口光滑严整,刮除病皮集中烧毁。

10. 休眠期(11~12月份)

(1)清园(铲除杂草、清扫落叶,捡拾落果并销毁),树盘翻耕,刮除粗老树皮,清理树皮缝隙。

(2)人工挖除越冬态的幼虫、蛹、卵。

(3)刨开根颈周围的土,用50%敌敌畏乳油5倍液喷根颈部后封土。铲除的杂草、落叶等集中烧毁。

附录2　核桃无公害生产周年管理历

时　间	物候期（生长发育期）	管理技术要点	注意事项
1～2月份	休眠期	1. 冬季修剪。常用树形有主干疏层形和自然开心形，主干疏层形留6～7个主枝，分2～3层。对结果后的大树重点培养结果枝组，枝组间保持0.6～1米距离。盛果期以疏除病虫枝、过密枝、重叠枝、下垂枝为主。结合修剪采集接穗 2. 早春刨园子（改土、保墒、松土） 3. 病虫害防治 （1）刮老树皮，兼刮治腐烂病 （2）喷5波美度石硫合剂，防止核桃黑斑病、核桃炭疽病等多种病虫害 （3）防草履介壳虫若虫，树干基部涂6～10厘米宽黏胶环阻杀若虫。于根颈及表土喷6%柴油乳剂或喷50%辛硫磷乳油200倍液 （4）刺蛾、核桃瘤蛾、舞毒蛾等，敲击树干，砸皮缝中的刺蛾茧、舞毒蛾卵块；清除石块下越冬的刺蛾、核桃瘤蛾、缀叶螟虫茧及土缝中的舞毒蛾卵块	1. 防草履介壳虫若虫，涂胶带前先刮平树干 2. 敲击树干，砸皮缝中的刺蛾茧、舞毒蛾卵块工作要求细致
3月份	萌芽前	1. 合理灌水追肥（复合肥为主） 2. 播种育苗，枝接法嫁接，高接换优 3. 采用人工辅助授粉、去雄花、疏花疏果等方法提高坐果率 4. 病虫害防治 （1）树上挂半干枯核桃枝诱集黄须球小蠹成虫产卵 （2）对草履介壳虫、核桃黑斑病、核桃炭疽病、核桃腐烂病喷3～5波美度石硫合剂；用50%甲基硫菌灵可湿性粉剂、10%苯并咪唑50～100倍液涂刷树干，防腐烂病感染	1. 坡地、旱地宜推广穴施肥水，覆膜等保墒增肥技术 2. 注意树上挂半干枯核桃枝防治黄须球小蠹，在6月中旬或羽化成虫前全部收回烧毁

时　间	物候期（生长发育期）	管理技术要点	注意事项
4月份	萌芽、开花、展叶期	1. 果园管理同3月份 2. 病虫害防治 (1)喷25%噻嗪酮可湿性粉剂5000～6000倍液，或40%乐果乳油800倍液防草履介壳虫 (2)早晨振动树干人工捕杀金龟子成虫 (3)喷50%敌敌畏乳油800倍液，或25%甲萘威乳剂、50%杀螟硫磷乳剂800倍液，25%亚胺硫磷2000倍液，防治舞毒蛾、木橑尺蠖幼虫 (4)剪除不发芽、不展叶的虫枝，消灭核桃小吉丁虫、黄须球小蠹、豹纹木蠹蛾幼虫 (5)雌花前后喷50%甲基硫菌灵可湿性粉剂500～800倍液；中下旬喷波尔多液(1∶0.5∶200)1～3次防治黑斑病；用40%波尔多液(1∶2∶200)喷洒防治核桃炭疽病；用50%甲基硫菌灵可湿性粉剂、10%苯并咪唑乳油、65%代森锰锌可湿性粉剂200～300倍液涂抹嫁接、修剪伤口防止腐烂病菌侵染，生长期每隔15天左右喷1次	1. 消灭核桃小吉丁虫、黄须球小蠹、豹纹木蠹蛾幼虫。剪除的虫枝集中烧毁。 2. 核桃炭疽病、黑斑病、腐烂病在生长期每半月左右喷药一次。
5月份	果实膨大期	1. 苗圃管理为高接后管理 2. 病虫害防治 (1)核桃举肢蛾：树盘覆土阻止羽化成虫出土；喷50%辛硫磷乳油2000倍液、25%甲萘威乳剂600倍液、2.5%溴氰菊酯乳油1500～2500倍液或地面撒杀螟硫磷粉、甲萘威粉 (2)桃蛀螟：黑光灯、糖醋液诱杀成虫；用50%杀螟硫磷乳油1000倍液杀成虫、卵、幼虫 (3)木橑尺蠖：晚上用灯光或堆火诱杀成虫 (4)芳香木蠹蛾：用40%乐果乳油20～50倍液注入虫道内并用泥土封口杀幼虫 (5)核桃横沟象：人工捕杀成虫和刨开根颈部的土，用浓石灰浆涂封根际防止产卵	对核桃举肢蛾每15天左右喷1次药，连喷3～4次

时　间	物候期（生长发育期）	管理技术要点	注意事项
6 月份	花芽分化及硬核期	1. 芽接法嫁接。高接树除萌，绑支架 2. 苗圃地中耕除草，施肥 3. 花芽分化前（6 月上中旬）追肥（以复合肥为主） 4. 叶面喷肥，增加磷钾含量 5. 病虫害防治 （1）云斑天牛：人工捕杀成虫、砸卵、灯光诱杀成虫、用棉球蘸 5～10 倍敌敌畏液塞虫孔 （2）芳香木蠹蛾：人工捕杀、黑光灯诱杀成虫；于根颈部喷 50％辛硫磷乳剂 400 倍液杀幼虫 （3）木橑尺蠖、核桃瘤蛾：灯光诱杀成虫 （4）人工捕杀核桃横沟象成虫 （5）桃蛀螟：黑光灯、糖醋液诱杀成虫，摘虫果、拾落果深埋灭幼虫；50％杀螟硫磷乳油 1000 倍液杀成虫、卵与幼虫 （6）核桃小吉丁虫、黄须球小蠹：喷 10％溴氰菊酯乳油 5000 倍液杀死成虫；收回诱饵枝烧毁 （7）核桃溃疡病、枝枯病、核桃褐斑病：树干涂白；喷石灰倍量式波尔多液 100 倍液或 50％甲基硫菌灵可湿性粉剂 800 倍液	
7 月份	种仁充实期	1. 果园管理同 6 月份 2. 病虫害防治 （1）核桃举肢蛾、桃蛀螟幼虫：捡拾落果、采摘虫害果 （2）核桃瘤蛾：树干上绑草诱杀 （3）云斑天牛、芳香木蠹蛾、桃蛀螟成虫：人工捕杀、灯光诱杀 （4）核桃横沟象、举肢蛾成虫：喷 50％辛硫磷乳油 800 倍液、50％杀螟硫磷乳油 1000 倍液 （5）芳香木蠹蛾幼虫：撬开被害部树皮捕杀；根颈部喷 50％辛硫磷乳油 400 倍液	

时　间	物候期（生长发育期）	管理技术要点	注意事项
7月份	花芽分化及硬核期	(6)刺蛾、核桃瘤蛾、木橑尺蠖幼虫、核桃小吉丁虫、黄须球虫成虫：喷2.5%溴氰菊酯乳油1500～2500倍液或50%杀螟硫磷乳剂800倍液，或25%亚胺硫磷乳剂2000倍液，或10%氯氰菊酯乳剂1000倍液 (7)核桃褐斑病：喷石灰倍量式波尔多液200倍液，或50%甲基硫菌灵可湿性粉剂800倍液	防治核桃举肢蛾、桃蛀螟幼虫，捡拾落果、采摘虫害果要集中深埋
8月份	成熟前期	1. 果园管理同6月份 2. 病虫害防治 (1)木橑尺蠖幼虫：喷25%甲萘威乳剂600倍液，或2.5%溴氰菊酯乳油1500～2000倍液，或50%杀螟硫磷乳剂800倍液，或25%亚胺硫磷2000倍液 (2)核桃瘤蛾二代、缀叶螟、刺蛾：喷50%敌敌畏乳油800倍液，或2.5%溴氰菊酯乳油1500～2000倍液，或50%杀螟硫磷乳剂800倍液 (3)芳香木蠹蛾幼虫：用40%乐果乳油20～50倍液注、喷入虫道内并用泥土封严 (4)桃蛀螟：糖醋液诱杀成虫 (5)核桃横沟象成虫：人工捕杀和喷50%辛硫磷乳油1000倍液、50%杀螟硫磷乳油1000倍液 (6)核桃褐斑病：喷50%甲基硫菌灵可湿性粉剂800倍液	

时　间	物候期（生长发育期）	管理技术要点	注意事项
9月份	采收前、落叶前期	1. 适期采收，采后加工处理 2. 采收后施基肥，大树每株施100～200千克农家肥，混合加入复合肥 3. 果园覆盖秸秆类，结合深翻改土、修剪 4. 病虫害防治：防治核桃小吉丁虫幼虫、黄须球小蠹成虫、核桃黑斑病、炭疽病、枝枯病、褐斑病，剪除枯枝或叶片枯黄枝或落叶枝，采果后结合修剪剪除枯死枝、病虫枝	防治核桃小吉丁虫幼虫、黄须球小蠹成虫等，剪除病虫枝要集中烧毁
10月份	落叶期	1. 果园管理同9月份 2. 病虫害防治：防治核桃腐烂病、枝枯病、溃疡病，刮除病斑，刮口涂抹50%甲基硫菌灵可湿性粉剂、3波美度石硫合剂、1%硫酸铜液、10%碱水消毒伤口，树干涂白防冻	防治核桃腐烂病、枝枯病、溃疡病，刮皮范围应超出病组织1厘米左右；刮口光滑严整，刮除病皮集中烧毁
11～12月份	休眠期	1. 清园（铲除杂草、清扫落叶、捡拾落果并销毁），树盘翻耕，刮除粗老树皮，清理树皮缝隙 2. 冬灌（封冬前灌水）利于幼树越冬 3. 幼树越冬前防寒（树干涂白，根部培土等） 4. 冬季修剪 5. 人工挖除越冬态的幼虫、蛹、卵 6. 刨开根颈周围的土灌人尿：用50%敌敌畏乳油5倍液或50%辛硫磷乳油50～100倍液喷根颈部后封土	刮下的树皮，铲除的杂草、落叶等集中烧毁

参考文献

[1] 郗荣庭,张毅萍. 中国果树志核桃卷[M]. 北京:中国林业出版社,1996.

[2] 曹尚银,李建中. 怎样提高核桃栽培效益[M]. 北京:金盾出版社,2006.

[3] 曹尚银,郭俊英. 优质核桃无公害丰产栽培[M]. 北京:科学技术文献出版社,2005.

[4] 曹尚银,李建中. 核桃标准化生产技术[M]. 北京:金盾出版社,2007.

[5] 曹尚银. 核桃良种引种指导[M]. 北京:金盾出版社,2008.

[6] 曹尚银,郭俊英,等. 中核1号、中核2号、中核3号核桃选育初报. 干果研究进展. 北京:中国林业出版社,2005.

[7] 沈熙环. 林木育种学[M]. 北京:中国林业出版社,1992.

[8] 罗秀钧,魏玉君. 优质高档核桃生产技术[M]. 郑州:中原农民出版社,2003.

[9] 沈德绪. 果树育种学. 北京:农业出版社,1992. 313-315.

[10] 奚声珂. 我国胡桃属(Juglans L.)种质资源与核桃(JuglansregiaL.)育种[M]. 林业科学,1987,23(3):342-349.

[11] 杨文衡. 我国的核桃[J]. 河北农业大学学报,1984(2):1-9.

[12] 余德浚. 中国果树分类学. 北京:农业出版社,1979.

[13] 吴燕民,刘 英,董凤祥,等. 应用RAPD对我国栽培核

桃不同地理生态型的研究[J]. 北京林业大学学报,2000,22(5):23-27.

[14] 梅立春,郭春会,刘林强. 中美核桃业之差距与对策[J]. 西北农林科技大学学报,2002,30(4):79-82.

[15] 王国安,侯 平,祁德刚. 新疆的核桃生产与良种栽培[J]. 新疆林业科技,2001(1):10-13.

[16] 高焕章,姜学知,吴 楚,等. 兴山核桃优树选择研究[J]. 福建林学院学报,2001(4):351-354.

[17] 高绍棠,代树坤,杨吉安,等. 洛南核桃优树选育的研究[J]. 经济林研究,1987(增刊):221-227.

[18] 高焕章. 兴山核桃初选株系核果主要经济性状研究[J]. 湖北林业科技,1997(4):1-3.

[19] 高绍棠,杨吉安. 洛南核桃和扶风隔年核桃优良株系选育研究[J]. 中国果树,1989(3):15-17.

[20] 李明亮,张宏潮,王 校,等. 核桃优良新品种——京861[J]. 中国果树,1991(3):21-23.

[21] 高绍棠,刘晓愚,杨吉安. 扶风隔年核桃优树选择研究[J]. 果树科学,1990(1):37-40.

[22] 白仲奎. 河北省核桃新品种选育决选研究[J]. 河北果树,2000(4):14-16.

[23] 罗秀钧,王汉涛,武显维. 河南省核桃良种选育研究[J]. 武汉植物学研究,1990(4):365-373.

[24] 朱益川,赵世远,李家荣,等. 四川核桃优良单株选择研究[J]. 四川林业科技,2000(4),11-14.

[25] 刘文德,蔡后全,牛步泉,等. 山西省核桃优良单株选择的研究[J]. 经济林研究,1987(1):32-38.

[26] 张美勇,徐颖,杨茂林,等. 果材兼用型核桃新品种——鲁核1号的选育[J]. 落叶果树,2001(6):3-5.

[27] 杨俊霞,郭宝林,张卫红,等．核桃主要经济性状的主成分分析及优良品种选择的研究[J]. 河北农业大学学报,2001(4):39-42.

[28] 徐纬英,朱湘渝,胡长令,等．用选择方法改良我国核桃品种[J]. 林业科学,1963,10(1):18-31.

[29] 高焕章,吴楚,姜学知,等．湖北兴山核桃复选优系主要经济性状主成分分析[J]. 湖北农学院学报,2001(3):207-211.

[30] 高焕章,吴楚,艾天成,等．用主成分分析法决策湖北核桃优系核仁加工产品类型[J]. 湖北农业科学,2002(4):58-61.

[31] 高焕章,吴楚,李申如,等．综合指数法在核桃选种中的应用研究[J]. 林业科学,2002(3):172-176.

[32] 郭宝林,杨俊霞,李永慈,等．主成分分析法在仁用杏品种主要经济性状选种上的应用研究[J]. 林业科学,2000(6):53-56.

[33] 方文亮,杨振帮．核桃杂交育种研究报告[J]. 经济林研究,1987(增刊):228-233.

[34] 郗荣庭,张毅萍．中国核桃[J]. 北京:中国林业出版社,1992.

[35] 叶茂富,吴厚钧．山核桃与薄壳山核桃杂交的研究[J]. 林业科学,1965,10(1):50-56.

[36] 方文亮,杨振邦,黄谦,等．核桃杂交育种研究[J]. 经济林研究,1987(4):6-10.

[37] 方文亮,杨振邦,黄谦,等．干果研究进展[J]. 北京:中国林业出版社,1999.

[38] 赵廷松,方文亮,曾清贤,等．核桃杂交新品系鲁甸县区域性试验初报[J]. 云南林业科技,2002(1):43-46.

[39] 云南省气象局．云南气候图．昆明:云南人民出版社,1982.

[40] 范志远,习学良,方文亮,等. 早实核桃新品种云新90306的选育[J]. 中国果树,2005(3):5-7.

[41] 张雨,方文亮,习学良,等. 滇中地区核桃杂交早实优株无性系的种植试验[J]. 西北林学院学报,2003,18(4):51-54.

[42] 中华人民共和国国家标准·核桃丰产与坚果品质[J]. 北京:中国林业出版社,1988.

[43] 方文亮,范志远,习学良,等. 云新90301等3个杂交优良早实核桃新品种的选育[J]. 西部林业科学,2005(1):1-8.

[44] 方文亮,杨振邦,黄谦,等.5个核桃杂交新品系的特性及栽培技术要点[J]. 云南林业科技,2002(2):34-37.

[45] 王磊,李霞,杨辽,等. 新疆野核桃种质资源数量分类研究[J]. 北方园艺,1998(1):3-5.

[46] 有祥亮,刑世岩,张友朋,等. 核桃抗病育种研究进展[J]. 山东林业科技,2001(6):35-36.

[47] 王春玲,张野平. 核桃青皮对S180-实体瘤的作用研究[J]. 食品科学,2004,25(11):85.

柠檬优质丰产栽培	8.00元
香蕉无公害高效栽培	10.00元
香蕉优质高产栽培(修订版)	10.00元
荔枝高产栽培(修订版)	6.00元
荔枝无公害高效栽培	8.00元
怎样提高荔枝栽培效益	9.50元
荔枝龙眼杧果沙田柚控梢促花保果综合调控技术	12.00元
杧果高产栽培	5.50元
怎样提高杧果栽培效益	7.00元
香蕉菠萝芒果椰子施肥技术	6.00元
香蕉菠萝病虫害诊断与防治原色图谱	8.50元
香蕉贮运保鲜及深加工技术	6.00元
菠萝无公害高效栽培	8.00元
大果甜杨桃栽培技术	4.00元
仙蜜果栽培与加工	4.50元
龙眼早结丰产优质栽培	7.50元
龙眼枇杷梅李优质丰产栽培法	1.70元
龙眼荔枝施肥技术	5.50元
龙眼荔枝病虫害诊断与防治原色图谱	14.00元
怎样提高龙眼栽培效益	7.50元
杨梅丰产栽培技术	7.00元
枇杷高产优质栽培技术	8.00元
枇杷无公害高效栽培	8.00元
大果无核枇杷生产技术	8.50元
橄榄栽培技术	3.50元
油橄榄的栽培与加工利用	7.00元
大樱桃保护地栽培技术	10.50元
图说大樱桃温室高效栽培关键技术	9.00元
樱桃猕猴桃良种引种指导	12.50元
樱桃高产栽培(修订版)	7.50元
樱桃保护地栽培	4.50元
樱桃无公害高效栽培	7.00元
怎样提高甜樱桃栽培效益	11.00元
樱桃标准化生产技术	8.50元
樱桃园艺工培训教材	9.00元
桃杏李樱桃果实贮藏加工技术	8.00元
无花果栽培技术	4.00元
无花果保护地栽培	5.00元
无花果无公害高效栽培	9.50元
开心果(阿月浑子)优质高效栽培	10.00元
树莓优良品种与栽培技术	10.00元
人参果栽培与利用	7.50元

以上图书由全国各地新华书店经销。凡向本社邮购图书或音像制品，可通过邮局汇款，在汇单“附言”栏填写所购书目，邮购图书均可享受9折优惠。购书30元(按打折后实款计算)以上的免收邮挂费，购书不足30元的按邮局资费标准收取3元挂号费，邮寄费由我社承担。邮购地址：北京市丰台区晓月中路29号，邮政编码：100072，联系人：金友，电话：(010)83210681、83210682、83219215、83219217(传真)。